建筑名家口述史丛书

寻觅建筑之道

侯幼彬　口述
李婉贞　整理

中国建筑工业出版社

图书在版编目（CIP）数据

寻觅建筑之道 / 侯幼彬口述；李婉贞整理 . — 北京：
中国建筑工业出版社，2017.9
（建筑名家口述史丛书）
ISBN 978-7-112-21129-6

Ⅰ . ①寻…　Ⅱ . ①侯…　②李…　Ⅲ . ①建筑学 – 文集
Ⅳ . ① TU9-53

中国版本图书馆 CIP 数据核字（2017）第 207170 号

责任编辑：易　娜　陈海娇
责任校对：李欣慰　张　颖
书籍设计：付金红

建筑名家口述史丛书

寻觅建筑之道

侯幼彬　口述　李婉贞　整理

*

中国建筑工业出版社出版、发行（北京海淀三里河路 9 号）
各地新华书店、建筑书店经销
北京方舟正佳图文设计有限公司制版
北京中科印刷有限公司印刷

*

开本：787×960 毫米　1/16　印张：24$\frac{1}{2}$　字数：360 千字
2018 年 1 月第一版　2018 年 1 月第一次印刷
定价：76.00 元
ISBN 978-7-112-21129-6
　　（30776）

目录

一、家史片段

图 1-1　祖父侯子英　　　　　图 1-2　祖父与童年父亲

老照片里的祖辈、父辈

家里有几张老照片，妈妈一直珍藏着，在抗日战争到处漂泊的日子，一次次的搬家、迁移，这些老照片都没丢失，幸运地保存了下来。

老照片里有祖父侯子英的标准照（图1-1）和祖父与童年父亲的合照（图1-2）。合照上的童年父亲看上去大约是六七岁，他生于1908年，这照片应当是1915年前后拍的，距今已有一百年。

祖父有5个男孩，老大、老二幼年夭折。老三，我的三伯，名德新，字勤如；老四，我的四伯，名德成，字勉如；我的父亲最小，排行第五，名德馨，字彬如。祖父的事我几乎一无所知，印象里似乎妈妈说过他是一位私塾教书先生；比我大10岁的表哥陈笃敬告诉我，说我祖父做过当铺的记账先生，可能他两者都当过。从他给儿子的取名，可以看出他是有些文化的。看他的照片，确是典型的私塾先生形象，好像是挺严厉的。

祖母很早就病故，父亲是由他的姑妈带大的。这位姑妈嫁的姑夫姓陈，在电报局里当"报务员"，我的三伯、四伯和我的父亲以及三伯的二儿子，也都因此跟随这位表伯相继干上了打电报这一行。姑妈自己的孙子陈笃敬也子承父业学会打电报。这样，父亲这边的一大家子就成了"电报世家"（图1-3）。只不过三伯、四伯、堂哥和笃敬表哥干的是"有线电报"，在厦门、涵江、莆田等地的电报局系统工作；父亲干的是"无线电报"，在海军系统工作。在那个年代，打电报的算是洋务兴起之后带来的新的、有技术含量的工作，有点像今天的"IT"行业。

在我开始写口述史时，笃敬表哥已是93岁高龄（图1-4）。他身体康健，

图1-3 "电报世家"。前排右起：母亲、表伯母、三伯；后排右起：父亲、堂哥（三伯之子）、四伯。因为表伯是报务员，跟随着三伯、四伯、父亲和表伯之子、三伯之子都干上电报这一行

思维明晰，记忆力还很好。我现在回顾家史，许多涉及前辈的事，都是向他询问的。他告诉我，我的侯家和他的陈家的长辈，在福州一直是住得很近的邻居，曾在能补天、赛月亭、大雅里住过几十年。我上网搜索，这三条巷现在都在福州市内的鼓楼区。"能补天"这个巷名很奇特，原来有它的历史典故。传说闽北有一位穷秀才，到省城福州赶考，住在这条巷中。因下雨，一群蚂蚁困在积水中，秀才动了恻隐之心，捡了一根枝条搭桥，救了众多蚂蚁。这位秀才考试文章写得很好，可惜把"天"字写成"大"字，按例不能录取。但考官阅卷时，居然发现有蚂蚁排成一行，把欠缺的一横补上了。考官大感惊异，查知情由后破例不作错字处理，秀才得以中举。这条巷居然因为这个有趣的传说而取名"能补天"，如今还被列为福州地名传说的非物质文化遗产名录。知道祖父先后曾迁居这么多处宅屋，不难推想他是买不起房子的，没有自家的房产，应该是一介寒伦的平民。

母亲这边的祖辈，有外曾祖母、外祖父、外祖母的照片（图1-5～图1-7）。能有外曾祖母的照片留存，真是难得，小时候看到这张照片，我总是联想到《红楼梦》里的刘姥姥。外公姓陈，名国麟，外婆姓罗，生有四个女儿，没有男孩，妈妈是第三女（图1-8）。四姐妹都没有正式上学，但是都能识字、

图1-4 表伯之子，比我大10岁的陈笃敬表哥。这次写口述史，许多祖辈、父辈的情况都是这位表哥告诉的。可惜口述史还没写完，表哥就病逝了

图1-5 外曾祖母

图1-6 外公陈国麟

图1-7 外婆

图1-8 妈妈的娘家人。前排左起：二姨、婶婆、大姨、妈妈；后排左起：四姨、舅舅（婶婆之子）、六姨（婶婆之女）

图1-9　四姨夫林缠民　　　图1-10　林缠民姨夫给我们的贺年照

看书。我很小的时候，妈妈就跟我说：你的外公中过举，喜欢作诗，写得一手好字。你的大姨，是妈妈四姐妹中最漂亮的，可惜童年摔了一跤，腿骨损伤弄得有些跛脚。你的大姨夫很有些名气，是福州的数学名师。

福州人有很多是当海军的，我的二姨夫、四姨夫和我爸都在海军部门工作。大姨夫最初进的也是马尾海军的造船部门，后来派到烟台培训学医，在厦门海军当医官助理。他酷好数学，自学钻研，不仅看英文版数学书，还特地进修德语，研读德文版数学书。为了搞数学，他不惜离开海军，转到福州的中学任教，成了福州的数学名家。二姨夫、四姨夫都毕业于马尾海军学校。这所著名的海校被誉为中国海军的摇篮，在当时福州人心目中是最响亮的。它是一所8年制的学校，分设"航海""轮机"等科，多数课程都用英语讲授。学生入校就如同进了海军，不用交学费，管吃管穿，待遇挺好，毕业后当海军军官，福州家长普遍都把孩子进入海校当作升学的首选。二姨夫学的是"航海"，军舰停泊在烟台港。非常不幸的是，婚后没多久，他就病故了。悲苦的二姨没有再嫁，她虽然没有正式上过学，却能文善写，做了很多年文秘工作，艰难地扶养她的女儿。这个女儿我们称她"乖姐"，是我们这一辈表姐妹、表兄弟中出生最早的大表姐。

四姨夫林缠民学的是"轮机"，在军舰上当轮机长。他个子高高的，长得特帅气，字也写得很帅，一看他的字就知道聪慧过人，很让我崇敬（图1-9～图1-11）。这位四姨夫有几件事值得一说。他是林觉民的堂弟，我

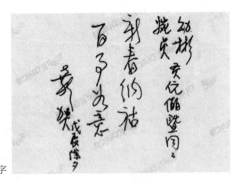

图 1-11　贺年照背面林缠民姨夫写的潇洒的字

小时候从中学课本上读到林觉民的《与妻书》时，妈妈曾告诉我，这位黄花岗烈士就是四姨夫林缠民的堂哥。林觉民的侠骨柔肠，大义凛然，感人魂魄，让我觉得四姨夫这个福州林氏家族很是了不起。等我进入清华建筑系之后，知道了梁思成先生的夫人叫林徽因，林徽因的父亲叫林长民，而林长民是林觉民的堂哥，也是林缠民的堂哥，更觉得出了林觉民、林长民和林徽因的这个福州林氏家族真了不起。四姨有一女一子，女儿叫林晖，是我的表姐；儿子叫林彦文，是我的表弟。有了这一层关系，我曾经开玩笑地说，我和林徽因也能拉得上亲戚关系啦，她是我表姐的堂姐。有趣的是，这个八竿子打不着的"亲戚"，只用"表姐的堂姐"五个字，就能够表述，从字面上看还不觉得那么疏远。

　　四姨夫自己也有感人至深的故事。他原先在国民党海军舰艇上工作，后来调任江西湖口海军军事工厂，任工务课长和上海崇明分厂厂长。1949 年随厂迁到台湾。1953 年台湾海洋学院在基隆成立，他被聘为轮机系副教授，后晋升教授。这所学院 1989 年更名为台湾海洋大学。

　　四姨夫去了台湾，他的老母亲住在老家福州，四姨和晖表姐、彦文表弟也都留住福州，由此形成了母子、夫妻、父女、父子无尽期的漫长别离。只身在台的四姨夫没有另组家庭，整整苦熬了三十多年朝思暮想亲人的日子。在这段被切断联系的岁月，他采用了一个办法，把家信从台湾寄给香港友人，再由香港友人套上一重信封，转寄给福州家人；同样，福州这边的家人也通

图1-12　1987年林缠民姨夫从台湾地区回大陆定居，福州大学欢迎他来校任教

过香港友人的中转，把信件寄给他，以此保持了与家人的通信联系。不仅如此，他也以同样的方式，每月不断地把寄家的钱辗转汇给家人。海峡的禁阻隔不断赤诚的心，他尽心尽意地尽到为子、为夫、为父的真情。四姨夫的感人亲情，在亲友圈里都传为美谈，备受赞誉。

事情并没有到此为止。1981年10月，四姨夫还奇迹般地从台湾地区回到大陆定居了。那时候台湾当局是根本不许在台人员返回大陆的。思亲心切的四姨夫居然果敢地通过曲折的途径，安全地回到大陆！他毅然放弃台湾的优厚退休待遇，抛弃多年在台积攒的财物，辗转通过香港回来了。他回大陆家乡定居的壮举，受到了党和政府热烈的欢迎。从香港抵达广州时，广东省委有关部门不仅设宴接待，还陪同他到黄花岗七十二烈士墓，凭吊他的堂哥林觉民烈士。他回到家乡福州，福建省委、省政府和福州市有关部门，都派人和四姨家人一起到火车站迎接。当时的福建省委书记、副省长金昭典也接见、宴请他。他得到周到的安排，在福州大学任教授（图1-12），住进福州大学的教授住宅，担任全国政协委员，并受到国家领导人的亲切接见。

四姨夫在离别32年之后，得以回家团聚，实在是天大的喜事，天大的幸事。这一年是1981年，四姨夫已是78岁高龄，身体还健好。四姨也是74岁的高龄，身体也健好。膝下女儿、女婿、儿子、儿媳、孙子、外孙、外孙女齐全，真是苦尽甘来，迎来了最最珍贵的团圆、幸福。

当得知四姨夫回福州定居的喜讯时，住在杭州的妈妈就急切地想回福州去贺喜。赶巧这时候我要去九江开一个民居研讨会，就从哈尔滨赶赴杭州，陪着妈妈（爸爸这时已过世），一起坐火车到福州，去祝贺四姨家的团圆喜庆。我记得很清楚，四姨夫头一天抵达福州，我和妈妈紧跟着第二天就到了。这时候四姨住在福州三坊七巷中的黄巷，我和妈妈就这样也住进黄巷四姨的家。在四姨夫刚刚到家的大喜日子，我也身历其境地、最贴近地分享了四姨全家久别团圆的喜庆。

如果说，福州的这个林氏家族，林觉民积极投身革命事业，置生死于度外，抛却与爱妻的儿女情长，演绎了侠骨柔肠、感天动地的伟大爱情故事；林徽因与建筑学家梁思成、新月派诗人徐志摩、北大教授金岳霖传奇般的爱情，演绎了灵魂相惜、纯洁美好、大度雅量的圣洁爱情故事；那么可以说，林缠民的故事正是林觉民故事、林徽因故事的继续。他只身在台，三十余载，演绎着他对妻儿家人的纯真的亲，圣洁的爱；他毅然果敢地突破海峡的封禁，成为挡不住、隔不断的两岸沟通的先行者；他谱写了福州林氏家族爱情、亲情传奇故事的新篇章，成为大陆、台湾两岸一家亲的生动范本！林觉民故事、林徽因故事早已家喻户晓，口碑戴道；而林缠民故事还鲜为人知，我觉得在这里应该重重地补上这一笔。

网上查到的外公史料

祖辈亲人中我最关注的是中了举的外公，从小我就听妈妈叨叨外公的两件事：一件是外公的书法。在妈妈印象中，外公总是给人写这写那。家里登门的客人，多数都是请外公写字的，书写匾联序文成了外公的主要经济收入；当他不当官的时候，更成了养家糊口的主要财源。写好的楹联通常都需要裱褙，为此，外公的三弟特地开了一家装裱字画的店铺，就近承接外公字联的裱装。另一件是外公的写诗。外公经常去诗友家聚会写诗，每次都得到深夜才回家。妈妈四姐妹为此得轮流值班，为外公晚归开门。这是熬夜的苦差事，

图 1-13 外公的印
章：陈国麟印

图 1-14 外公的别
号印章：韦睢

妈妈记忆极深，跟我们说了很多次。我对外公的这些活动很有点兴趣，很想看看外公写的字和作的诗是什么样的。2013 年，我和老伴，与住在杭州的两个妹妹，相约一起回福州看望三四十年未见面的亲戚，顺便也想从各家表姐妹处看看外公留存的诗和字。在晖姐家，她让我见到了外公的两枚图章，一枚是外公的大名"陈国麟印"（图 1-13），另一枚是外公的别名"韦睢"印（图 1-14）。由这两枚图章我才准确知道外公的名和字。在这之前，我连外公的名字都不知道。我问众表姐妹，有没有留存外公的诗篇和字幅，她们都说没有，一点点都没有。原先曾经留有一大箱外公写的字幅，收藏在大表姐家中，"文化大革命"中"破四旧"，全部都拉走烧掉了，这使我极为痛惜。大姨的女儿孟传秀表妹对我说，要想看外公的字，只有一处还能见到，那就是闽王祠门额上的字是外公写的（图 1-15）。我赶忙和老伴、妹妹去拜谒闽王祠。这闽王祠原是五代闽国君王王审知的故居，后立祠奉祀，现存殿屋是明代的，祠的前方有一道高高的门墙，墙上辟三个圆券门，左门上有书写"报功"两字的嵌额（图 1-16），右门上有书写"崇德"两字的嵌额（图 1-17），当是某次门墙维修时请外公给写的。可惜仅仅是四个字，连一个外公名字的落款都没有。

由于没找到外公的诗文、字幅，我突发奇想，上网以外公的名和字试作搜索。真是大出意外，居然查到了几条信息。

一条是"百度百科"跳出来一段文字：

陈国磨　一作国麟，字韦睢，福建长乐感恩人。光绪二十九年（1903）举人，

图 1-15　福州闽王祠券门上外公题写的嵌额

图 1-16　左门嵌额上的"报功"两字

图 1-17　右门嵌额上的"崇德"两字

图1-18 网上查到《长乐陈氏乡情》一书，是2004年新编的外公家族的族谱精华版

官浙江盐大使，福建省第十一旅旅部秘书官兼执法官。

这实在是意想不到的喜出望外，一位清末普普通通的举人，在逝世80多年之后，在网络上居然会有他的"小传"。这让我特激动，再查"搜狗百科""互动百科"，也都有外公的条目，文字和"百度百科"完全一样。我感到很奇怪，网上的这条标准的外公小传的文字，是源自哪里的呢？

我从网上查到了《长乐陈氏乡情》一书，那是一部由长乐市海内外陈氏文化联谊会编纂的，类似于族谱、祖谱摘编的精华本（图1-18）。这部书的篇幅达200万字，2004年编成，2005年上网。书中收入的人物，属于科班出身的以举人为下限。这样，中了举的外公就在书中列有传略。外公的传略见于此书第八章"古槐镇感恩村娘宫里（自然村）"这一节，全文是：

国麘 一作国麟，字聿晗，感恩人，省居。光绪二十九年举人，官浙江盐大使，福建省第十一旅部秘书官兼执法官。

我特别感谢《长乐陈氏乡情》的这段记述，也特别感谢《乡情》一书能够上网，"百度百科""搜狗百科"等的外公传略都源于上网的《乡情》。由于有这段记述，我才知道外公的祖籍在哪里，才知道他的大名是"陈国麘，一作国麟"，在这之前我们并不知道他还有"国麘"这个大名。由此我们也才知道外公是光绪二十九年中的举，原来他做过浙江盐大使，民国时期当过旅部秘书官兼执法官。《乡情》的记述虽然极为简略，却提供了外公最基本的信息，这使得我对外公有了最基本的了解。

网络对外公史料的查寻还不止于此，非常幸运的是，从新浪"袖手天涯"博客上，我看到了一则很不起眼的、短短的、题为"陈海瀛之师友感逝录（近代闽诗）"的博文，文中只说了一句话："师友感逝录，陈海瀛，专门记录过从诗友尤其是说诗社、托社里人物"。在这句话之后，博文作者抄列了陈海瀛所记录的 25 人小传的名单，里面居然有"陈国蘑（聿睢）"。这使我大喜过望。原来这位陈海瀛是清光绪二十八年举人，比外公早一年中举，他是外公的诗友，在《感逝录》里居然写有外公小传，这是多么难得、多么可贵。我迫不及待地上国家图书馆查阅，见到了这本薄薄的《感逝录》，看到了他所写的记述外公的这段文字，通篇仅 198 字：

陈国蘑字聿睢长乐县人由县学生中光绪癸卯科举人旧例乡试放榜前选能为宋体书者若干人入闱及期列长案伸纸于上纸乃由礼部颁发者一人唱名一个书之君之尊甫以能书宋体者在选列放榜之日唱至君名其尊甫闻而失喜手战不能下笔主试及诸执事者询知其故群向称贺亦一佳话也君沈嘿寡言笑和易可近嗜饮而不及乱书法在欧赵之间为人书寿序每一篇可数十金以故贫尚能自给余识君自入託社始君卒前二日余趋视之犹能下床坐谈不虞其遽死也卒时年仅五十余（图1-19）

这段短短的文字，对我来说实在是太珍贵了，可遇而不可求。这里，我先译出它的语体文：

陈国蘑，字聿睢，长乐县人，由县学生考中光绪癸卯科（二十九年，1903 年）举人。按照旧例，乡试放榜前要选几名善写宋体字的人参与发榜，到时候排列长案，案上铺展榜纸，榜纸是由礼部颁发的。发榜时，一人高声唱出中举者的名字，另一人在榜纸上写出中举者名字。他（国蘑）的父亲因善于书写宋体字，被选参与写榜。发榜那天，当唱到国蘑的名字时，他父亲听了，喜到极点而不能自制，以至于手抖战而不能下笔，主试官和几位办事人员询问出了什么事，得知是这个原故，都向他称贺，这可以说是一个佳话。他为人沉默，寡言笑，和易近人，嗜好喝酒，但不会达到醉乱迷糊的程度。他的书法介乎欧（指唐欧阳询）、赵（指元赵孟頫）之间，为人写寿联序文，每一篇可得数十金，因此虽然家境并不富裕，还能够自给。我认识他是从加入"讬社"诗社开始的。他病故前两日，我曾去他家看视，他还能下床坐谈，没想到会遽然逝去，卒时年仅五十余。

这篇文字提供了外公的很多信息：一是得知外公的父亲，我们的曾外祖父也是一位善书法的文人，外公中举正是由他书榜，留传下一段佳话；二是得知外公的性格，和易近人，沉默寡言笑；三是得知外公的书体品格介乎欧（欧阳询）、赵（赵孟頫）之间；四是得知外公为人书写寿联序文，每篇可得数十金；五是得知外公家贫，由书法收入尚可自给；六是得知外公加入的是讬社，与陈海瀛是讬社诗友；七是得知外公病逝时，年仅五十余岁。

知道了外公加入的是讬社，我试查《中国文学大辞典》，还真列有"讬社"条目，只是以简体字写作"托社"。条目说：

清光绪末福建福州诗人林苍、陈国磨、陈福敷等在当地所组织。社集时每个成员按统一规定作诗一联，须对仗，谓之诗钟。争奇斗胜。社集活动一直延续到民国年间。见萨伯森、郑俪生《诗

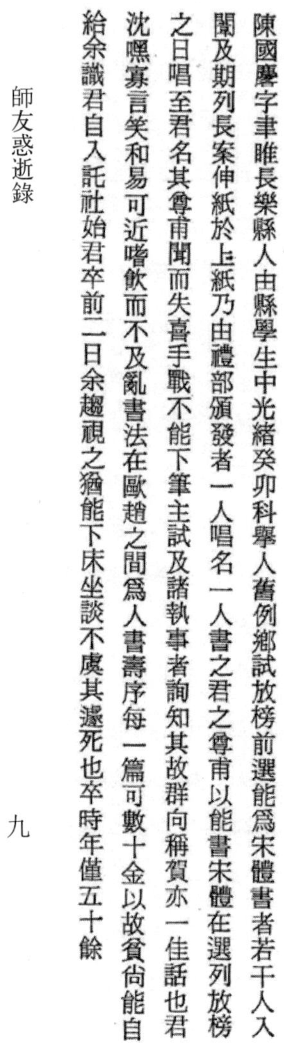

陳國磨字聿睢長樂縣人由縣學生中光緒癸卯科舉人舊例鄉試放榜前選能爲宋體書者若干人入闈及期列長案伸紙於上紙乃由禮部頒發者一人唱名一人書之君之尊甫以能書宋體在選列放榜之日唱至君名其尊甫聞而失喜手戰不能下筆主試及諸執事者詢知其故群向稱賀亦一佳話也君沈嘿寡言笑和易可近嗜飲而不亂書法在歐趙之間爲人書壽序每一篇可數十金以故貧尚能自給余識君自入讬社始君卒前二日余趣視之猶能下床坐談不虞其遽死也卒時年僅五十餘

師友感逝録

九

图1-19 陈海瀛《师友感逝录》中，对外公的一段记述

钟史话》。

由此知道，外公原来是讬社的发起人之一，讬社诗友所作的诗，是一种称为"诗钟"的诗。这是我第一次接触到"诗钟"这个词。为了了解外公，我自然饶有兴致地去追索"诗钟"是什么？

原来"诗钟"是韵文的一种体裁，每首诗由两句七言对偶构成，最常见的是两种格式：一种叫分咏格，随机拈出两个毫不相干的事物作为命题，要求上下联分咏成对。如以"不倒翁·钱"为题，分咏为"此老平生唯倔强；乃兄何处不流通"。另一种叫嵌字格，也称"折枝"，随机拈出任意的两字作"眼字"，再指定嵌于联句七字中的第几字，嵌于第一字的为第一唱，标为"七一"；以此类推，嵌于第七字的为第七唱。林则徐曾经做过一首以"陈·人"为第一唱的嵌字格："陈迹浑如牛转磨；人情几见雀衔环"，很贴切地表述对因循守旧、世风浇薄的感慨。这种"嵌字格"比"分咏格"更为风行，诗钟的诗以嵌字诗联占大多数。

这种诗为什么叫"诗钟"？原来诗友社集咏诗是要限时完成的。设有一种称为"诗钟"的定时器。徐珂《清稗诗钞》描述它的做法是：

> 缀钱于缕，系香寸许，承以铜盘，香焚缕断，钱落盘鸣，其声铿然，以为构思之限。

在福州三坊七巷的光禄坊"许厝里"的一所故宅，还能看到这样的实物。那是一座铜铸的仙鹤，嘴里衔着一根红线，下面承一铜盘，红线一端系铜钱，另一端系于香炉中的一根香上。以点香开始作诗，香燃至线断，铜钱落铜盘发声，停笔收卷。这种限时、限字或限题的诗体，就称为"诗钟"。不过这种有趣的定时做法后来已简化为直接燃香计时。

诗社每次集会，大约参加的诗友十余人或二十余人。前期的做法是设正、副两位词宗阅卷。诗卷隐名誊录正、副两本，分别由两位阅卷人评出元、殿、眼、花、胪、录、监、斗八等。评后宣唱，获正、副元卷者即为下次诗会的正、副词宗。后期的评阅多不设词宗阅卷，而改为"连环唱"，就是人人都评。先公推甲、乙、丙三人，甲任取一书，乙、丙分别盲报某页、某行、第几字，由此定出嵌字的两个"眼字"，并商定用第几唱。然后开始燃香限时作诗。

诗成隐名誊抄后，与会者人人传阅、评等，最后综评出等第，自低到高依次轮唱。这样的一局每人例交3卷（3首诗），也可加倍交6卷。每交一卷都得交纳卷费，以卷费为优胜者发奖金。

诗钟以唱为乐，宣唱者高声朗诵，要求字音准确，句读分明，唱得抑扬顿挫，听得意趣盎然。诗的创作通常约20分钟就限时完成，而唱吟则很费时间。因此，社集诗会全日只做三四局，半日只做两局。

实际上，诗钟的创作是大有难度的。短短的一联七言两句，要限时、限字或限题完成，要求平仄严谨，对仗工整，还得像名句"鼠无大小皆称老；鹦不雌雄尽叫哥"（"老·哥"第七唱）那样，嵌字工稳，构思灵巧。诗钟诗人不仅需要扎实的诗学功力，还得在瞬间吟作，需要才智的渊永和文思的敏捷。陈海瀛说它"简短十四字中，或歌咏承平，或指陈时事，或居今论古，或鉴往知来，言近而旨远，为用甚大"。福州被誉为"诗钟国"，诗钟首创于福州，盛行于福州及附近地区，远及闽人所到的京、沪、粤、台和东南亚、美国等地，为闽人独好、独擅、独精，带有闽文化的浓厚特色，是中华文苑的一朵奇葩。许多福州名士都是诗钟的爱好者和高手。末代皇帝的帝师陈宝琛是诗钟执牛耳的人物。林则徐、沈葆桢、林纾、林旭、陈衍……都有诗钟名作留传。

福州的诗社极盛，蔚为时尚风气，盛期可达二三十社。讬社的成立正值清末民初诗钟的鼎盛期，外公是讬社发起人之一，我很想查到外公的诗作。在《诗钟史话》中，提到有一册《福州讬社诗录》，是林宗泽辑的，大约1926年前后的写本，录有讬社联吟嵌字格诗钟五百余联，中多名作。我想这里面肯定会有外公写的。遗憾的是，这个写本未刊，仅是誊抄本，还不知道现藏福州何处，我现在还没有精力去福州查阅。我也很想了解讬社在诗钟界处于什么地位。幸运的是，我看到《福建省志·文化艺术志》在论及福州是"诗钟国"时，对福州的著名诗钟组织，作出了"城内有讬社，城外有志社"的概括和评价。这是一句很有分量的话，可知讬社的知名度是很高的，外公作为讬社的核心，应该可以算得上是福州诗钟界的精英人物、活跃人物。从妈妈四姐妹轮班为外公诗会晚归守门的频繁，也可看出外公对诗钟社集的痴

图1-20 上海崇源艺术品拍卖公司拍卖的、外公书写的一副对联

迷和热衷。诗钟这种文学形式，集诗歌创作与智力竞赛于一体，克尽斗博、斗巧、斗捷之能事。这是一种高雅的、高智商的时尚，既是诗的创作，也是雅的娱乐。通过认知诗钟、认知诘社，外公在我心目中丰满了起来，这样一位外公是多么可敬、可爱的啊！

对于外公的书法，网络也给了我意外的惊喜。我在网上看到了一则拍卖通告，上海崇源艺术品拍卖公司在2008年4月22日迎春拍卖会第二场中，居然拍卖了一对外公书写的寿联。联文是：

寿寓觴宾荔支手擘；
名场望子款段言遊。

上联抬头：成元老伯大人七秩开一双庆；下联落款：愚侄陈国麐敬祝，钤印"陈国麐印""聿睢"。拍卖通告附有寿联照片（图1-20）。这样，我就看到了外公的一幅完整的寿联书法作品了。寿联上的钤印，正是我在晖姐家中见到的那两枚。寿联为八言，措辞尽量用典，欠缺古文功底的我，没能完全读懂它的含义。寿联用字偏僻，把"宇"字写成"寓"字，以至拍卖行把这个字误认为"寓"字。字体行书，写得端庄、流畅、雅美，确如陈海瀛所述，介乎欧、赵之间。在外公字幅遍寻不得的"山穷水尽"之际，突然获得了这幅寿联照片，实在是喜出望外，感受到天遂人愿的万般欣喜，也让我深深感叹网络的神奇，不由得庆幸我们赶上了网络时代。

二、童年・少年・今日同窗

图 2-1　穿海军服的父亲　　　　　图 2-2　穿着入时的母亲

漂泊童年

1932年，我生于福州于山脚下的鳌峰坊大雅里。爸爸是一名在海军服务的电报员。福州是中国海军的摇篮，福州人有喜欢当海军的传统，爸爸能在海军当一名有一技之长的电报员（图2-1），算是很不错的职业。外公显然很接纳海军，四个女儿都是海军女婿。我听妈妈说，媒人提亲原是奔着四姨来的，外公说老三还没出嫁，先不忙老四。这样爸爸就娶了排行老三的妈妈（图2-2），妈妈的年龄反比爸爸大了两岁。

婚后头几年，爸妈在福州过的日子还是很美好的。我有一张十个月大时拍的照片（图2-3），照得很可爱，照相馆曾在橱窗展示过。虽然在我之前、之后，妈妈生的两胎女婴都在出生不久夭折，因为有了健康成长的我，爸妈很快就冲淡了丧女之痛。爸爸上学不多，却很文雅。他喜欢读历史，我手边还珍藏着一套袁了凡、王凤洲编辑的《纲鉴合编》线装书。这是爸爸一直带在身边阅读的。他读得很仔细，有时候还写上眉批，各卷封面上都工工整整地写着本卷纪年的帝号，字也写得不错（图2-4）。年轻时，爸爸还曾有过写诗的兴致。有一次福州"大新"绸布店开张，举办征诗盛会，爸爸曾经应征获得佳奖。已经90高龄的笃敬表哥，还记得这件事。他说这诗经过了外公的润色，诗句是：

十万犀军供大阅；
九重凤诏予新除。

图 2-3　我的第一张照片，10 个月时摄于福州

图 2-4　父亲留下的一套《纲鉴合编》，成了我们的家藏文物

　　我刚听到这诗时，还以为表哥只记得七律诗中的这两句，等我这回知道"诗钟"之后，才明白这诗正是嵌字格"大·新"第六唱的"诗钟"。爸爸和外公之间能有这样高雅的互动，真是够美好的。

　　论经济状况，祖父这边不如外公，因此妈妈的嫁妆成了小家庭的主要家底。外公为四个女儿置办的是统一的标准嫁妆，等我长大了还能看见妈妈嫁妆中的一对大皮箱和一对小皮箱在家中摆着，是福州老字号的高档品。妈妈还有一位陪嫁的丫鬟，能帮妈妈做很多家务。那时候物价很便宜，爸爸的薪水够家庭开销，妈妈专职地勤快理家。她还很会烧菜，因为外公文人好美食，又用不起厨师，外婆和妈妈四姐妹自然都成了烹饪高手，家里的饭菜都很好吃。应该说这段时间爸妈的生活是很安逸的。

　　可惜好景不长，日本人的入侵打破了我们家的安宁。爸爸所在的海军陆战队第一独立旅调动去了江西，妈妈、我和丫鬟小姨作为随军家属也迁居到江西。我们先住在九江，在那里我的弟弟出生了，因为九江史称"浔阳"，爸爸给弟弟取名"浔生"。这时期留有一张 1935 年拍的全家照（图 2-5）和我的儿童照（图 2-6）。依在妈妈身边的我那年刚三岁，弟弟浔生刚几个月，扶立在高高的藤椅上。爸妈都还年轻，丫鬟小姨大约十五六岁。这张照片显示的生活还是欢快的。爸爸这时候还有雅兴，订制了一整套上百件的景德镇细瓷餐具，每件都题写着"彬如旅浔选制"字样。这个时候还添置这么累赘、极易破损的东西，还潇洒地、美美地称之为"旅浔选制"，说明爸妈还没意识到战事的迫近。

很快，抗日战争爆发了。"七·七"事变后不久，我们家新添了妹妹"小庄"，家也从九江搬到庐山。庐山上有牯岭一条街，沿街是两层高的铺面房，我们就住在铺面房的楼上。庐山是避暑胜地，而我们却是大冷天的寒冬搬去，这是因为旅部电台为防避日机轰炸而不得不搬，家属也就随着上山了。寒冬的庐山对于福州人来说实在是太冷了。地面上有雪，屋檐下悬着一根根冰锥，在这样寒冷的异乡，妈妈要操持我们三兄妹，日子已经开始不好过了。

在庐山住了不到一年，爸爸的旅部又调往湖南。这时妈妈怀上了第6胎，没有随军搬迁，而是挺着大肚子，带着我们兄妹三人去了福建建瓯。丫鬟小姨这时已是成年人了，家里经济显得愈发拮据，她就嫁给了当地农家青年，从这以后我们再也没能得到她的音讯。

在建瓯，我们是奔着姑婆（爸爸的姑妈）去的。爸爸打小就是由这位姑婆带大的，如同我们的祖母一样亲。姑婆的儿子早故，家里有儿媳和孙子（我们的表哥）。表哥那年才17岁，已经子继父业在建瓯电报局工作，他就是现已93岁高龄的笃敬表哥。他还记得那时我们一起租住在建瓯南门街中医师徐佩昭的宅子。

建瓯古称建州，是福建的重要府郡，福建的省名就是由福州的"福"字和建州的"建"字组成。到建瓯时，我已经7岁，在这里开始上小学。赶巧那年建瓯遭受百年不遇的洪水和60年一遇的鹅毛大雪，挺着大肚子的妈妈在这样的灾年拉扯我们三兄妹着实艰难。年过七旬的姑婆又骤然病逝。爸爸远在千里之外的湖南，爸妈愁苦于如何应对即将诞生的孩子，不得不下决心把孩子送给别人家。当时妈妈待产的医院是建瓯的一所教会医院，妈妈托医生、护士代为寻找愿意收养孩子的人家。很快找到了一户信教、开杂货铺的人家，弟弟出生后就直接被抱给了这对信教的夫妻。妈妈出院回家时茫然悲伤的神情深深地烙印在我幼小的心中。后来妈妈一再告诉我，这位老板叫"叶松发"，他的店名叫"叶发兴号"。妈妈的信念是信教的人心好，会好好地疼爱孩子。

爸妈一直有个心愿，期望能从侧面打听建瓯弟弟的信息，暗中了解他后来的成长状况，然而这个心愿一直没能实现。

从1940—1944年，爸爸所在的海军陆战队第一独立旅一直在湘西的安江、洪江、辰溪一带驻留。妈妈领着我们也千里迢迢地从建瓯转来，成了随军家属，和爸爸一起，在这几个地方搬进搬出，往返迁徙。

在我的印象里，安江是个很小、很不起眼的地方。后来才知道，原来高庙遗址就在这里，7600多年前这里就开始种植粳稻，是世界稻作文化的发源地（袁隆平院士的杂交水稻发源地也在这里）。在安江我们住在一位跛脚老道家中。这位老道很慈祥，孤身一人，在房前屋后种菜、莳花，在厅屋里架机织布，过着一种与世无争、自给自足的原生态生活。那时候安江还用不上电，家里点的是浸在油碟里的灯心草。爸爸的电台用的是"手摇发电机"，由两名士兵面对面坐着摇动，发出隆隆响声，我很奇怪爸爸竟能在这么大的噪声中收发电报。我在安江上小学，学校很小，我的考试成绩都是班上第一，但有一个学期在班上的名次却很低，全班9人我排名第8，原来是被旷课扣分拉了下来。至于为什么会旷课，我已经想不起来了。

在安江记忆最深的事就是四姨一家迁来和我们同住。这时候，四姨夫所在的海军驻扎在湖南芷江，四姨怀孕要生孩子，妈妈在安江时也怀上了第7胎，也要生孩子。坐月子得有人照顾，四姨就带着女儿，搬来安江，和妈妈相互轮流照顾月子。四姨的女儿比我大两岁，我叫她晖姐，就是上一章提到过的林徽因先生的堂妹。这位晖姐在妈妈心目中是最好的，我也觉得她真的是那样的美、特别的乖、分外的亲。我们在跛脚道士营造的原生态住居环境中，度过了我漂泊的童年生活中一小段难忘的日子。妈妈和四姨先后都生了男孩。四姨生男孩，是四姨全家久久期盼的，特别的欢欣喜庆，妈妈还当上了新生小表弟林彦文的干妈。而妈妈生的安江弟弟，却成了我们家的累赘。爸妈拉扯我们三兄妹已经心力交瘁，只好把安江弟弟如同建瓯弟弟一样也送给别人收养。恰巧爸爸电台的一位同事婚后多年不育，安江弟弟就由他们夫妇欢天喜地地抱走了。这位同事名叫郑规中，和爸爸一样是旅部的"电信官"，夫妇都是福州人，给孩子起名"郑榕"。他们一家后来随国民党海军去了台湾。

四姨夫曾经为我们打听，好像听说郑规中从海军退休后，在台湾开了一家面粉厂，但没弄清是在台湾的哪个县。爸妈的心愿也是不要打扰他们一家，只想能悄悄地了解到榕榕后来成长的状况就好，而这个心愿也仍然没能实现。

我们住在洪江的时间不长，大概只有几个月，在我印象中它比安江热闹多了。现在才知道，洪江可是很有来头，它位处沅水、巫水交汇之地，商贾云集，烟火万家，被誉为"中国第一古商城"。这里有古商埠、古驿站、古镖局、古商行，七省通衢，既是货物吞吐枢纽，也是金融划拨中心，被视为"中国资本主义萌芽时期的活化石"。当时年少的我当然对此一无所知。我只记得在洪江住的房子很大，是高高砖墙围合的，四面楼房、走马廊环绕着高高大大、有前院也有后院的天井，好多家海军家属都聚居在这里。等我后来了解中国民居后，才知道这就是湘西的"窨子屋"。我们住的大概是大型的、面阔五间、带楼房、带前后院的窨子屋。一座大院里住着十几家，这些军官们、太太们、孩子们说的都是福州话，熙熙攘攘，整个儿就像是在洪江的一块福州"飞地"。我们这个窨子屋大院应该是一家很富有的商号的产业，他可能拥有好几处这样的窨子屋。我们搬来后赶上这家富商的老人病故，大办丧事，连续好几天宴请乡邻，天天都把饭菜送到各院各家。很奇特的是，饭菜送来后，碗盆都不再收走。这样，窨子屋大院每家都积攒了一大摞盆盆碗碗。这种习俗真是够排场、够浪费的。

在安江、洪江、辰溪三地中，辰溪是县城，显得比较大，我在那儿住了两年多，在辰溪县中心小学读到小学毕业（图2-7）。在学校学习的情况都没有留下印象，却是家旁边的一处废墟深深刻印在记忆中。

我们住在辰溪街区，临街商号叫"黄恒记"，它的后门是一片断墙残垣的废墟。穿过废墟有一座小院落，我们好多家海军家属就住在这个院落中。这个地段有个特异之处，就是这片废墟毁废时死了不少人。为此，住在这里的人，总是在一起叨叨一个话题："这个地段不干净"。所说的"不干净"就是"闹鬼"的意思。大人们说死了这么多的人都成了"冤鬼"，荒颓的废墟显得那么阴森凄凉，成了恐怖之地。大人们自己都害怕，我们这些小孩听了更是非常害怕。因此我每天上学、放学，从黄恒记进进出出穿过废墟，总

图 2-5 1935 年在江西九江拍的全家照。我时年 3 岁，弟弟
浔生刚几个月，父亲右侧是丫鬟小姨

图 2-7 小学时期的唯一照片

图 2-6 1935 年，三岁摄于江西九江

是提心吊胆地，很有点毛骨悚然。我们居然在这种状况下呆了近两年。

在辰溪，妈妈又怀上第8胎，生下了辰溪弟弟。这个辰溪弟弟也同建瓯弟弟、安江弟弟一样，不得不送给别人家收养。这回送的人家是旅部的一位后勤小官，夫妻俩都是福州人。妈妈后来告诉我这位小官叫林震秋。弟弟送走一年多，旅部面临大调动时，他来我们家告知，孩子生病死了。这意外的打击深深刺痛了爸妈的心。妈妈就像鲁迅先生笔下的祥林嫂似的，老是叨叨说要是没送给他家，这孩子不会养不大。妈妈还曾经怀疑，没准孩子还好好地，而是林震秋为切断与我们的联系，骗我们的。我觉得妈妈的这个想法能起到一些自我宽慰的作用。

这次陆战队大调动，爸爸被调到军舰上去，那条军舰叫"楚同"号，停泊在四川万县（现在是重庆的万州）。爸爸很快就赶往楚同舰报到，来不及带家属一起走。这下子就把我们家的搬迁重担压到了妈妈身上。从湖南辰溪到四川万县，要坐汽车沿川湘公路开到重庆，然后再坐船转达万县。川湘公路要穿越高山峻岭，路途特别艰险，翻车事故不断，在大家心目中简直是一条阎王路。而且这条路的交通还特别繁忙，根本买不到正规的客车票，只能搭乘"黄牛车"，就是由运货卡车司机私下捎带。不知道妈妈费了多少周折，花了多少钱，总算我们母子四人连同行李搭上了黄牛车。我们分坐在两辆送货卡车的司机舱里。行李中包含着妈妈嫁妆的那两只非常累赘的大皮箱和两只小皮箱，也包含着景德镇买的小半套细瓷餐具（扔掉了实在没法带的大半套）。这一路上心惊肉跳地颠簸，总算安全到达重庆。我们住进重庆码头的一家小旅馆，等候第二天乘船去万县。这晚在小旅馆里，妈妈心情很好，因为平安闯过了川湘公路；我们小孩也很兴奋，明天就能到爸爸身边了。有趣的是，这个小旅馆的房间是薄薄的木板间隔的，有很大的缝隙，只用报纸糊上。隔壁房间里不停地传来男男女女的不正经的嬉闹声。我好奇地很想捅破报纸看看，终于胆小不敢捅，在不雅声中睡着了。

在万县我们住在离市街很远的山坡——王家坡，在那儿住了近一年。我这时候该进初中了，不知道是因为什么原因，我没有上学，失学在家。王家坡完全是地道的农村，我们的住房很差，一座三开间的平房，已有两家海军家属分住东间、西间，我们来得晚只能住堂屋，用竹编泥墙简易地间隔。有一次，妈妈在西屋那间和女主人说话时，天棚上突然掉下一条大蛇，差点砸在妈妈身上，几乎把妈妈吓晕了。原来这天棚是报纸糊的，上面有蛇穿行时，能听见蛇滑动时报纸的吱吱声。还有一次我和弟弟睡在一床，半夜里我仿佛觉得腰部顶着一根横杆，很不得劲，用手一抓，"横杆"居然扭动滑走，我猛然惊醒，知道是蛇，赶紧叫醒弟弟、爸妈，在邻居的帮助下，把蛇找到打死。从此，全家人战战兢兢地不知道蛇在什么时候、从什么角落再冒出来。我和弟弟床上的蚊帐也尽量罩着，把薄薄的蚊帐权且当做一道防蛇的防线。

简陋的住屋也失去防贼的作用。有一个贼在漆黑的夜晚撬门进了我们屋。他拿着一把点着的香，在房间里舞动，划出一道道光的弧线来照明。妈妈朦朦胧胧地被闪动的弧光搅醒，迷迷糊糊地没有在意。贼把一只小皮箱拎了出去，在屋外打开，挑出毛衣等衣物，又返回屋内再偷。这时候妈妈发现再次闪动弧光，还夹杂着人影，知道有贼，这才大声叫嚷，把贼轰跑了。这次被盗虽然损失不很大，小皮箱也没丢失，但箱里的毛衣全被偷走了。那时候毛衣还是比较金贵的，过冬都靠它，一下子全家人的过冬都成了问题，只好挤出钱来买毛线。这时候妈妈又怀上了第9胎，繁重的家务再加上紧迫地赶织全家人的毛衣，真是雪上加霜，让妈妈疲劳至极。这种时候妈妈就恨极日本鬼子，恨日本的侵略给我们全家带来的无尽苦难。

突然有一天，万县王家坡这个寂静的村庄也敲响锣鼓，放起鞭炮，原来是日本无条件投降了，海军家属和全村老乡一起狂欢。抗战胜利了，刻骨铭心的苦难日子熬到头了，我们不用东奔西跑、到处漂泊了，不用怕"鬼"、蛇，也不用躲警报了。这时候大家说的一个话题就是"复原"。重庆的陪都要还都南京，大西南的千军万马要涌回上海，这股洪流挤爆了长江航运。一般人要想弄到一张去南京、上海的船票，几乎像中彩票大奖一样难。但是我们这回可"牛"了，因为爸爸在军舰上，停泊在万县的军舰要开赴南京，允许家属随舰乘坐。这实在是幸运之极，我们一点没费劲，很快就登舰离开万县，驶向南京。

这艘"楚同"号军舰当时在我看来很大，一切都很好奇，我们住在爸爸

图 2-8 在南京市立第
五中学，初中时的照片

的小舱房。大人们心情特欢快，孩子们在甲板上蹦蹦跳跳，舰上生活很潇洒。停泊汉口时，爸爸和几个同事领着我一起上岸，我看到街上汽车来来往往，我们还坐上了公交汽车。这是我第一次坐公交汽车，也是我第一次知道城市还会有公交车，这表明童年漂泊在小县城的我是多么闭塞。我上小学也是断断续续的，有时候没上完一学期就因搬迁中断，有时候甚至连续几个月失学。我完全记不得上学的情景，印象中整个小学期间，我好像没怎么接触过课外书，没有练过字，没有上过一堂英语课。抗日战争的结束，也是我闭塞的童年阶段的结束，"楚同"舰带着我走向少年。

我对"楚同"舰很有些好感，但欠缺了解。我上网查索，知道"楚同"舰是张之洞向日本川崎订造的，是 6 条同一规格的"楚"字号浅水炮舰之一。全长 200 尺，宽 29.6 尺，排水量 780 吨，是一条小小的军舰。"楚同"舰也有它的光荣历史。1949 年 4 月，国民党海军海防第二舰队司令林遵率领包括"楚同"舰在内的官兵在南京笆斗山江面宣布起义，转帜成为中国人民解放军海军。这位英雄般的林遵正是民族英雄林则徐的侄孙。我很高兴"楚同"号有这样一页光荣的历史。不讨"楚同"号起义时，爸爸早在两年前已退役，转到铁路部门工作了。1945 年 10 月"楚同"舰把我们从万县、从困苦闭塞的大后方一下子送到了刚刚光复的南京，送到了当时的首都，我的生活由此翻开了新的一页。

读书少年

我们一家来到刚刚光复的南京，与几家海军、空军家属一起住进一座老屋宅院。老屋位于光华门外，门牌写着"响水桥一号之一"。隔几十米就是军用机场"大校场"的大门。宅院前方有宽宽的场地，后面是大片农田，秦淮河静静地流淌而过。这里住的六七家全是福州人，各家都有和我们兄妹差不多大的孩子，形成一大帮男孩、女孩，大人小孩都会说福州话，叽叽喳喳非常热闹，整个宅院成了南京的一小块福州"飞地"。

到南京后的第一件大事就是妈妈住医院生孩子，这个医院就是地处中山东路的中央医院。妈妈在这里生了小妹妹"秀萱"。三个弟弟送人的悲剧，随着八年苦难的终结，没有再演，小妹妹留住了，全家人都很喜庆。爸爸忙于舰上的公务，家里欠缺帮手，这年 13 岁的我就担当了侍候妈妈坐月子的重任。妈妈教我买什么食材，邻居阿姨帮着我烧煮，我拎着保温饭盒从家里送到医院。这个路程不近，我一次次地走过中和桥，穿过光华门，绕过明故宫，把月子餐送到妈妈的产科病房。我一次次地感到这间医院特大、特高档。后来我熟悉了中国近代建筑，才知道这座中央医院大楼是杨廷宝先生的杰作，是中国近代建筑的一个重要实例。我很高兴这里曾留下我深深的美好回忆。

到南京后的第二件大事就是上学。我该上初中，弟弟浔生和妹妹小庄该上小学。这时候，"还都"的人口骤增，南京就开办了三所国立临时中学。我上的是 1945 年 12 月成立的"南京国立第二临时中学"，借用的是国立中央高级助产职业学校的校舍，校址离新街口不远。我没想到，我上的居然是国立中学，我开始读初一，学校是年底开学的，属春季班。不过到第二年学校就改归市属，更名为"南京市立第五中学"（图 2-8）。

从家里到学校，应该说是很远，拿公交汽车站来估算，总得有七八站吧。那时候，没有对应的公交车可坐，学生们都得步行。赶巧大校场大门口，每天一早总有一辆机场部队炊事班的车要到新街口菜市场去买菜。我们这帮孩子就都搭这辆便车。我弟弟和妹妹上的是大光路小学，这车正好路过，也就跟着搭这个车。每天早上大卡车开到机场大门口停下，大大小小的学生就一拥而上，麻利地从车轮、车栏快捷地攀登，我和弟弟、妹妹也都成了快捷攀车的能手。这段长达三年的搭车记忆一直久久不忘。现在想起来，真得感谢那几位司机和炊事兵，他们的不厌烦解决了我们的大难题。

在南京五中完整地上完了三年初中。我在同班同学中深深地记住了班长吴乃敦，他是江苏震泽人，比我大三岁，显得很成熟，对每个同学都很热忱，很像是亲切的小哥哥。我还特别难忘班上的一位才子，他叫汤永年，是浙江鄞县人，比我小一岁，个子略矮一些，特别的聪明，作文做得好，字也写得好，特适合用成语"出类拔萃"来形容。他酷爱文学，我也很快喜欢上文学，我们一下子就谈到一起去了，不仅在校内聊，放学回家的路上也聊。他家住在半山园，放学时我特地绕路跟他一起走，一路聊个没完。我们的文学兴趣越来越浓厚，居然与四五个同班同学成立了"文华研究会"，由汤永年当社长，打算出一份油印的、给小朋友看的读书文摘小报。当然，办小报谈何容易，没有弄成，书倒是真的读了。那时候，学校跟前有一些敞着门脸的"租书屋"，里面摆着五花八门的连环画、画报、杂志和各种小说，可以租一两天，也可以租包月，包月很便宜，随看随换。那时候家里钱很紧，我只好租包月的，好不容易挤出这点钱租包月，当然得尽量快看、多看，看四大名著，看"三言二拍"，看武侠小说，看侦探小说；言情小说也看，新出的杂志、刊物也看，什么都看。三年下来断断续续地真看了不少，只是都没有细读、精读，更没有专题地读，完全是一种随机的、浏览式的泛读。

在我初三的时候，爸爸从海军退役，转到浙赣铁路局杭州电务段工作，妈妈和弟弟、妹妹一起都搬到杭州，只剩我一个人留在南京。等到我初中毕业，紧随着也到杭州。杭州是个好地方，爸爸上班的铁路电务段在山青水秀的"里西湖"葛岭，环境美极了，但我们的家却因为付不起高房租，搬了几次都没能住上过得去的房子。我们曾经住在昭庆寺里，也曾经住过武林路的竹编屋。住在武林路 45 号竹编屋时，四姨夫曾经到过我们家。他一看这房子完全是竹编抹泥的简易房，一大片好几十家，不仅居住条件恶劣，而且有很大的火灾隐患，实在不能住。为此，爸妈就下决心想迁回福州老家，托人联系寻觅福州电信部门的工作。我在杭州，曾报考杭州高级中学，2000 人报名只录取

100名，我没考上。上私立学校又太贵，也因为准备举家搬回福州，我就没上学。这段在杭州失学的日子，我用爸爸的铁路图书证，天天去铁路图书馆看书。这个图书馆也在"里西湖"，环境幽美，面积不大，藏书不多，但已足够我看的。我可以在那里看各种杂志、看各种画报，也可以借小说、散文回家看。我迷上了看文学选集，一本本地看鲁迅选集、巴金选集、茅盾选集、沈从文选集……也看萧红的《呼兰河传》，等等。现在回顾起来，那段时间大量、密集的读书，于我是大有裨益的"阅读"，这段时间虽然失学，却让我转变成了读书少年。

　　读的多了，就有一种想"写"的冲动。我因为总去井口打水，常见到水桶滑落沉入井底的事，捞起来很麻烦，我想出了一个解决办法。当时《科学画报》有一个"我的小发明"栏目，我就写了短文投给它。没想到真的在第15卷第2期上登出来了。这是1949年2月的事。这事很小，却是我的第一次投稿，第一次"发表"，让我兴奋得很，触发了我想写文学习作的尝试。

　　我真的这么干了，在一次读完老舍先生的《猫城记》后，写了一篇"玲玲"，写的是把三岁女孩送给别人的故事，用"玲玲"自己的口吻写，以轻快的笔触表述沉沉的伤悲。这当然是因为我有送走三个弟弟的刻骨铭心的经历，因此第一篇习作就用了这个题材。我把文稿投给了杭州《大华日报》，它有个副刊叫《龙门阵》。我没想到，没过多久《龙门阵》的主编林莘莞先生就给我来了信（图2-9），信很短，便笺上写着：

　　幼彬先生：

　　函稿均收到，写得还可以。近日内当可发表，待发表后当寄 给剪报（你发表的作品给你）。你对写作很感（兴）趣，那很好。只要多读多写，也不会比在校念书差些，我想。你所问的关于几点投稿的"规则"，我可以告诉你，是没有什么"规则"的，只要笔画清楚地写在稿纸上就行，没有别的要求。兹为联络本刊各作者情谊起见，附上调查表乙纸，请即填寄为荷。

　　专此并

　　握手

　　　　　　　　　　　　　　　　　　　　　林莘莞 二·廿八

图 2-10　我的第一篇少年习作"玲玲"，发表在 1949 年 3 月 7 日的杭州《大华日报·龙门阵》

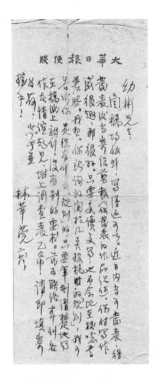

图 2-9　杭州《大华日报》副刊《龙门阵》编辑林莘莞先生的信

　　这封信真是让我高兴到极点，自己写的东西真的要发表了，想不到能有这样的幸运，这成了对我的最大激励。我兴奋得第二天又写了一篇"笑国"投去。我家隔壁有个临街的阅报栏，我就天天去看"玲玲"发表了没有，终于在 3 月 7 日这天的《龙门阵》上见到了（图 2-10），我那时实在是太高兴了。家里太穷，穷到连当天的《大华日报》我都没舍得花钱去买。我知道报社会寄剪报给我，而且隔壁的阅报栏每天一大早就会换新报，我可以在换报前把这张旧报摘下。我真的这么做了。当我从报栏上摘下这张报纸时，让我大吃一惊，这张报纸的背面是空白的。我才知道，原来用作张贴的报纸没有必要两面都印。

　　"玲玲"刚发表，"笑国"刚投出去，我就离开杭州了，"笑国"后来有没有发表我至今都不知道。妈妈带着我们兄弟姐妹回到福州，爸爸留在杭州，还没来得及调转，杭州就解放了。爸爸不能回福州了，也没法给我们寄信、寄钱。正当我们在福州走投无路之际，涵江的三伯母难产去世，新生儿和一大家子

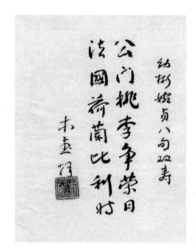

图 2-11 90 岁高龄的表哥陈笃敬录
送的一副趣联

急需照顾，三伯来信让我们去，我们家就匆匆搬到涵江了。

涵江那时候是莆田县的一个镇，是个热闹的港口商埠，三伯在那儿当电报局局长。我那位原先在建瓯的笃敬表哥这时候也在这个电报局工作，我们都住在涵江长埕头8号，同住在一座宅院中。笃敬表哥虽然比我大10岁，但我们志趣相投，完全能聊到一起。他酷爱文学，喜好书法，我老缠着他聊文学，聊在杭州铁路图书馆看到的这个书、那个书。他也很来劲地跟我说这样那样的文学见闻。记得有一次他对我说，我的四伯曾跟他讲过一则有趣的对联故事。说是有一位名师过生日，他的学生济济一堂为他祝寿，席间有人触景生情，咏出了一句上联："公门桃李争荣日"；大家正在构思下联，没想到有一位从国外回国的学生应声答出："法国荷兰比利时"，这样就构成了一副文不对题，但对仗又十分工整的中西合璧对联。我很喜欢这种奇特风趣的妙对，就牢牢记住了。没想到敬哥也没忘，有趣的是，在我后来也有了一批"桃李"时，90 岁高龄的敬哥居然以他的娴熟的书法写了这副对联，赠送 80 岁生日的我和老伴（图 2-11），亦庄亦谐，演绎了一段"趣中趣"的佳话。

那时候涵江有一份《闽中日报》，正处在投稿兴头的我，自然向《闽中日报》副刊《弯弓》投稿，写的还是像"玲玲"那样的"小小说"，先后发表了"弟弟的日记"、"春雨"（上、下）、"小小"（上、下）等篇，写的题材仍然是穷人家的苦难和孩子送人的事。说它是"小小说"，是因为真有点像写小说的笔触，比如"春雨"一文是这样开头的：

细雨霏霏，是初春的傍晚。长发从店里出来，走在归家的路上。手中撑着伞，雨点轻轻地落在上面，发出微微的嗒嗒声。他的步伐走得很快，但不大整齐；脸色苍白，嘴唇颤颤地动，特像受了重大的刺激，不时地把脚步收慢，凝神地呆想，像是沉入了回忆。

我现在看了觉得很有趣，是当时小说看得太多了，全然模仿着小说的架势写。我那时候也模仿着写咏物的诗，发表的只有"炉子"和"草鞋"两首，剪报和底稿都丢失了，只有"草鞋"还留下了一页手抄件，写的是：

> 永远被压在人的脚下，
> 负荷着重担；
> 走在崎岖的山路上，
> 摩擦、摩擦，终于死亡。
> 生命是那么短促、渺茫，
> 无声无息地逝去，
> 尸体被弃在道路旁。

这"诗"写得很直白，显现的是初中生的纯情和初学者的稚嫩。

《闽中日报》只是很小很小的报，我连续发表几篇文章后，就想往大报投稿试试。那时我心目中本地区的大报就是厦门的《星光日报》，它是华侨胡文虎创办的星系报纸之一，它有个副刊《星星》，我很喜欢读，觉得它很有档次，就鼓足勇气写了一篇"踟蹰者"投去。居然没让我失望，真的在8月9日刊登了（图2-12）。我写的是当保姆的张妈的踟蹰事，刊登时编辑把题目改为"踟蹰"，删去了一个"者"字，我觉得改得真好，编辑真有水平。我很冲动地又写了一篇"墙内墙外"投去，说的是一墙之隔的贫富两重天，很快也刊登了，文章长了些，分成"上、下"，两天登完。这样连续地顺利发表，让我大受鼓舞。按说我会兴高采烈地继续写下去，但是没有，因为福

图 2-12 少年习作"踌躇",发表于厦门《星光日报·星星》

州在那年的 8 月 17 日解放了,涵江跟着也解放了。"墙内墙外"在厦门发表之日,正是涵江解放之时,我的"小小说"习作也就此中止了,我该上高中了。可以说,在上高中前的这半年,从杭州面临解放到涵江面临解放的这段日子,我这个不幸的失学少年,有幸地经历了一段意想不到的少年期文学习作,成为我人生中的一段美好回忆,也为后来从事建筑史论研究的我,积淀了一些写作的潜能。

图 2-13 涵中中学高中一年级部分同学合影。
前排右一,曾纪琰;右二,侯幼彬

"一中"同窗

我高一上的是涵江的"涵中中学",这是一所私立的、在涵江算是很好的中学。我留有一张照片,是部分同班同学的合照(图2-13)。前排右二是我。我的学习成绩不错,但是每门课都是第二,得第一的总是前排右一的曾纪琰,他是门门功课第一的学霸。我们两人都属于老实巴交,只知道读书的;照片上的其他同学都很活跃、很能干,我们班曾经演出过歌剧《王秀鸾》,都是他们登台表演的。后来我们都没联系。最近我上网搜索,查到曾纪琰一点信息,知道他毕业于厦门大学化学系,曾是中国科学院药物研究所专家,后调入北京市蜂产品研究所,对我国蜂胶产品的研究和生产有重要贡献。

在涵江只待了一年,家就搬回了福州。这是我三岁离开福州后,真正回到家乡居住。这时爸爸还远在杭州,妈妈把家安在"衣锦坊"(图2-14),这是福州著名的"三坊七巷"中的一个坊。当我后来知道"三坊七巷"是极负盛名的中国历史文化街区时,我很庆幸自己曾经有过这段居住经历。"三坊七巷"最初形成于唐末。它位于老城市中心"南街"西侧,以"南后街"为中轴,向东排列七条"巷",向西排列三片"坊",呈"非"字形格局。街区内坊巷纵横,石板铺地,白墙瓦屋;南后街商贾云集,柴米油盐一应俱全,还有花灯、书坊等传统工艺店铺。这里人文荟萃,历代众多著名的政治家、军事家、文学家、诗人从这里走向辉煌,是一块特有历史感和文化感,也特宜居、特接地气的宝地。我们租住在衣锦坊8号,原是大户人家的祠堂,天井很大,敞口的大厅也很大,显得十分宽敞,颇有气势。我们的居室在头进东房,有一间窄窄的"偏榭"做厨房。衣锦坊隔着南后街的对面就是"黄巷",四姨、晖表姐、文表弟就住在黄巷29号,和我们挨得很近。宁静的坊巷,便捷的商业街,近在咫尺的亲邻,整个居住环境十分祥和。

我该插入高二学习,首选的学校当然是福建省福州一中。学校在"三牧坊",离家很近,是福建省首屈一指的名牌中学,曾被列为全国最优秀的10所中学之一,高考升学率在全国名列前茅。进这所学校当然是大不易,我担心会像报考杭州高级中学那么难。按现在的概念,这事得费多大的劲来运作

图 2-14　在福州，家住"三坊七巷"的衣锦坊 8 号。旧居已拆除，无法拍照了

图 2-15　1951 年，在福州一中，高二留影

呀。爸爸不在身边，妈妈没想很多，让我自己去学校联系插班。我到三牧坊学校怯怯地找到教导主任，他看了看我在涵中中学读高一的成绩单，二话没说，就给我批了字条，插入高二上乙班。我真是太高兴了，这么几分钟时间，就如此顺利地进入了福州一中（图 2-15）。这是影响我一生的一次重大关口，没想到这个节骨眼竟是这么便当地闯过，真得深深感激这位教导主任，可惜我已记不起他的姓名了。

我们这个班真是一个美好的、朝气蓬勃的集体。我们有几位同学响应号召，在高二就毅然参军、参干去了；留下的同学全都热情洋溢地投身福州市郊土改工作，从 1950 年 12 月到 1951 年 4 月，足足干了 4 个多月。我去的是鼓山土改工作队，被分配到鼓岭小组。整个鼓山工作队就让我一个人长住岭上。这鼓岭海拔 800 多米，每次上岭、下岭都要沿着高高窄窄的石级山路走很长时间。我独自一人住在鼓岭的一座俗称"炮楼"的石头建筑中，每天有一位农会安排的胖姐姐来给我做三顿饭，我担任着土改材料员的角色。这鼓岭是传教士开辟的著名避暑胜地，建有大批供洋人避暑的别墅，高峰期曾达到 300 多幢。土改时已经没有洋人住，一幢幢别墅都由洋人业主委托看房的当地教民住着。这样就形成了奇特的景象，阔气的洋式老别墅，住的却都是当地的贫下中农，有的别墅还带有游泳池。我当时觉得，这里的贫下中农遇到的是比"天上掉馅饼"更幸运的"地上冒别墅"。在避暑胜地度过的这个奇特的冬天，是我第一次参加社会工作，受到了一次难忘的锻炼。

在福州一中的这两年，我最大的幸运就是遇到了好老师，我们的数学老师、物理老师、化学老师都非常棒。特别是数学老师林景贤先生，最受同学欢迎。他的讲课慢条斯理地，把一个个原理、一组组方程、一道道示例，一层层地娓娓地演绎、推导、解析，我觉得他不是在讲数学，而是在讲怎样动脑子；不是教数学，而是教"聪明之学""理智之学"。他讲课用的时间很少，一多半时间就足够了，余下一小半时间他都穿插着讲一些相关的、饶有趣味的、富有启迪的故事，拓展我们的思路，开阔我们的视野，调动我们的发散性思维。值得一提的是，当时福州公认的数学名师有两位，除我们这位林景贤老师外，还有一位是福州格致中学的孟绪莱老师。赶巧这位孟老师正是我的大姨夫。从杭州回到福州，在去涵江之前，我曾暂住在大姨家，大姨夫曾经在家里一对一地给我补数学。有趣的是，他刚一开讲，就把我镇住了，原来他是用英语讲，开始我没听懂，他还照讲，逼得我适应。我这才发现，讲数学涉及的英语词汇不多，听听倒也能听懂。可惜我不到一个月就搬迁去涵江，总共上不到几次课；不然的话，我可能就得天独厚地领略到两位福州数学名师的教学风采了。

时间已经过去了整整一个甲子，我的印象里还深深觉得我们这个班挺优秀。我们班有当团委干部的领军人物何友信，有当全国学联代表的龚一鸣，有显露出作家苗子的卓如，有偏好哲理的彭燕韩，有对时事滚瓜烂熟的何文光。更可贵的是，有一个赛一个的数、理、化强手，王乃彦、刘治平、林群更算得上是强手中的尖子。我们班还有一位女生叫叶以同，她是高三才插班入学的。当她初来时，我们这些老生曾在背地里嘀咕她能否跟得上我们班的水平。没料到几门课考下来，她的成绩不是第一，就是第二，真不知道是何方学圣半路杀到我们班来了。

我自己在这样的班中，数、理、化也可以算在强手之列，但够不上尖子。我有一个潜能，就是"写作"。这时候没有再写"小小说"，而是写通讯报道，我当上了《福建日报》的学生通讯员。那时候《福建日报》的新闻报道，常常是综合通讯员的来稿，文稿后面加括弧署上通讯员的名字。每次通讯稿

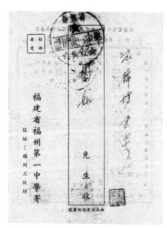

图 2-16　福州一中高三下学期的成绩报告表

图 2-17　成绩报告表中的各科成绩和名次

能被综合署名，我都很来劲。大概我的通讯员工作做得还不错，《福建日报》内部刊物《通讯与读报》还发表过我写的当通讯员的心得。

我虽然能写，语文课的成绩并不高。我存有一张高三下学期的成绩单（图2-16、图2-17），"语文"成绩只有79分，是各科中除"体育"之外最差的。而算学、物理、化学、英语、历史都在90分以上。全班到毕业时大约40人，我的"名次"列在第5。其实我的真正实力达不到这个档次，应该在十名开外。

我的这种状态，在高考填志愿时让我很纠结。按我的兴趣是很想搞文学，但那时候信奉的是"学了数理化，什么都不怕"。在大家心目中，理工科最吃香。我觉得自己的数理化还行，不考理工科有些可惜，搞物理又担心素质不够，于是就奔着工科去找。在工科中选哪一行呢？说实在当时一片茫然。赶巧在这时候，我在《新观察》杂志和别的什么报上，看到梁思成先生写的文章。他充满激情、极富感染力地高扬古都北京的城市规划和中国建筑的文化遗产，很是吸引我。而且从梁先生的文章中，知道了建筑是技术与艺术的结合，是工科中的文科，这很打动我。再加上梁先生是清华大学的建筑系主任，对清华大学的神往，对梁思成先生的敬仰，我就认定报考清华建筑系了。

1952年是全国高校统一招生的第一年，新生录取名单统一由《光明日报》刊登。发榜那天，《光明日报》出了好多版面，我们急切地挤在一长列《光明日报》前查找自己的名字。我一下子就在"清华大学建筑系"里找到了自己。能上清华大学建筑系，实在是太幸运、太高兴了。我们班的同学，王乃彦、刘治平、林彰达、陈坚、林仁明都考上北京大学物理系，一个小班能同时有5个人上北大物理，这可是够辉煌的。喜好哲理的彭燕韩也如愿以偿地进入北大哲学系。作家苗子的卓如在高二时参军去了，她后来上的也是北大中文系。这次高考，我们班的状况可以用四个字来概括——"皆大欢喜"。大多数同学都录取在第一志愿：报医科的，进了北京大学医学院、中国医科大学；报航空的，进了北京航空学院；报教育的，进了北京师范大学。那位叶以同更是演出了一幕意想不到的"压轴戏"。她填报的第一志愿是"北京大学数学系"，但是遍查《光明日报》，不仅第一志愿没录取，第二、第三志愿也都没录取，弄得大家百思不解。过两、三天后才传来消息，原来她的录取刊登在《光明日报》的最末了，写着："下列诸考生政府分配至北京俄文专修学校二部学习"。这是直接录取到"留苏预备班"去了，真是名副其实的"压轴"。

大学毕业后，我待在偏远的哈尔滨，和我们班的同窗很少联系，只是片断地听说几桩事：一个是叶以同的事，她在留苏预备班读了一年俄语后，因为肺病，未能留苏，转回北大数学系学习，留在北大任教；一个是刘治平的事，他在北大物理系特冒尖，被誉为数学奇才，准备派他留苏，不幸打成右派，送兰州劳改，困难时期断粮，上山挖食胀肚骤逝，实在令人悲怆、痛惜。还有一个是陈荐的事，这位女同学很神奇，北师大毕业后，进入外交部领事司工作，常年驻外，好像一度当上钓鱼台国宾馆的秘书长，听说外交部曾要她写中国领事史，她收集了很多资料，不知道后来写了没有。这次我要写口述历史，很想说说我们这个班，已经长期失去联系，只好上网查看，还真行，查到一些我所期盼的信息。

先说卓如，当年的作家苗子真的成了文学界的名家。她1959年开始发表作品。30年前，她曾送给我一本她编著的书，书名《闽中现代作家作品选评》，从那本书的精心遴选和精彩评述，我已感受到她的文学慧眼和文笔才华。她是研究冰心的著名学者，是冰心研究会的副会长；由她编辑的8卷本《冰心全集》，曾获第二届国家图书奖荣誉奖。她出版了《冰心传》《何其芳传略》

《一川烟雨任平生》等文学研究专著。她既是社科院中国现代文学研究室主任，也是中国现代文学研究会秘书长，这是中国文学界举足轻重的角色，可以想见她在中国现代文学研究领域，做了大量的组织、推动、导引的工作，我觉得很是了不起。

再说彭燕韩，当年的哲理爱好者真的成了哲学界的名家。他师从国学泰斗冯友兰、张岱年、任继愈学习中国哲学史；师从西学泰斗贺麟、张世英学习康德、黑格尔哲学、西方现代哲学。他一直在北大执教，有一系列国学界、国际哲学界的头衔。他是国际哲学会会员、中华孔子学会理事、美国黑格尔学会会员、美国存在主义与现象学学会会员、香港孔教学院荣誉院长、香港孔教学院台北分院院长。他的研究领域贯通中西哲学，贯通西方古典和西方现代。他是研究康德、黑格尔的专家，也涉猎西方现代的萨特哲学、存在主义的马克思主义、弗洛伊德的马克思主义、结构主义的马克思主义。他出版了《辩证法研究》《辩证逻辑导论》《康德、黑格尔研究》《黑格尔＜逻辑学＞及其范畴辨析》《若干马克思主义哲学原著的历史地位》《西方人看马克思主义》等一系列专著。他为本科生、研究生开设"中国儒家、法家人性论与萨特人性论比较研究""黑格尔《大逻辑》《小逻辑》选讲""萨特《存在与虚无》""存在主义的马克思主义"等课程；他为外国学生举办"孔子与苏格拉底，韩非与马基亚维利论人性""萨特与康有为论人类未来社会""王阳明的顿悟与巴克莱的主观哲学"等英语哲学讲座；他也开展儒家文化、儒商精神与东亚管理模式、企业文化建设的专题研究。真没想到我这位老同学在中西古典与现代哲学的诸多领域，能够取得这么耀眼的研究成果。

网上搜索显示，我们班也出了院士，不是一位，而是两位：

一位是数学家林群。他毕业于厦门大学数学系，曾任中国科学院数学与系统科学研究所副所长，第九届、第十届全国人大代表，连续两届任中国数学会副理事长。1993年评为中国科学院院士，1999年评为第三世界科学院院士。担任过国家自然科学基金委员会数学天元基金领导小组成员，2002年国际数学家大会筹委会领导小组成员，中国大学生数学竞赛组委会主任，人教版初中数学教材主编。他是我国泛函分析、计算数学研究领域的学科带头人，在微分方程求解的加速理论研究中，取得一系列卓越成果，形成了系统理论，被列为"当今最有希望的三种加速理论之一"，先后获得中国科学院自然科学奖一等奖、捷克科学院数学成就奖和何梁何利奖的科学与技术进步奖。他在回顾自己的成长时，多次说到他有幸在福州一中念书，有幸遇到数学老师林景贤，说这位老师"是半堂课把课讲完，半堂课讲故事，讲感受，讲科学家的故事"。我惊喜地发现，原来他和我对林景贤老师的忆念竟然如出一辙。

另一位是核物理学家王乃彦。他就读北大物理系，大三时进入原子能专业，成为我国核科学首届毕业生。毕业后分配到原子能研究所钱三强小组，做中子能谱学研究。1959年，24岁的王乃彦由钱三强先生推荐，破格进入苏联杜布纳联合核子研究所工作。回国后跟随王淦昌先生从事粒子束和氟化氪激光聚变的研究，参与第一颗氢弹的科研工作。他领导和参加了核武器试验中极其重要的近区物理测试项目，对探测器系统的响应函数、测试数据解卷积的复原处理等重要问题做了创造性研究；在高功率脉冲技术、束流物理和束靶相互作用诸方面也取得了开创性的研究成果。他为我国建成了第一台测量中子能谱和截面的中子飞行时间谱仪，测量了中国第一批中子核数据，为原子弹等核武器的设计、试验、改进提供了重要的实验数据。他是中国原子能科学研究院研究员，北京师范大学核科学与技术学院院长，中国核学会理事长，核工业研究生部主任，国家自然科学基金委员会副主任，泛太平洋地区核理事会理事长。1993当选中国科学院院士；2004年被授予世界核科学理事会全球奖，当时全世界只有4人获此殊荣，他是第一位获此奖的中国人。

我真被他的一连串业绩、贡献震惊了。他和林群一样，在应答媒体访问时，同样情深意长地感念母校福州一中，感念数学老师林景贤先生。我手边还有一张剪报，是王乃彦、宋伯生和我三人在1951年6月合写的，标题是"在抗美援朝运动中怎样开展学习——福州中学一个典型班的经验"，发表在《福建青年》上。我记得当时王乃彦是团支部宣委，宋伯生是班长，我是通讯员，斗转星移，这已经是66年前的往事了。

网络上看到的我们班同窗一个赛一个的辉煌，让我非常兴奋。我不了解其他同窗的情况，我相信他们也会有各自的精彩。

"五中"四友

2007年3月我收到黑龙江科技出版社曲家东社长的信，他在信里给我带来南京五中老同学吴乃敦的信息，这使我大喜过望。1948年，我从南京五中初中毕业后，一直没能找到同班同学，隔了半个多世纪，想不到老班长吴乃敦居然神奇地联系上我了。

原来他一直苦苦地在寻觅五中同窗。他这次是怎样找到我的呢？说来有趣，得从江苏吴江市震泽镇的名宅"师俭堂"说起。这座师俭堂是他外婆的家，他小时候跟着外婆就住在那里。后来师俭堂成了全国重点文物保护单位，修整后出了《苏州师俭堂》一书。当他收到这本书时，因为写的是他外婆的家，他自然极认真地阅读，就连书后面的"参考文献"也逐一细看。他看到参考书目中有一条写着：

侯幼彬著.中国建筑美学.哈尔滨：黑龙江科学技术出版社.1997.9

他马上意识到这个"侯幼彬"应该就是五中同窗，迫不及待地就给黑龙江科技出版社写信，这样通过曲家东先生的中介，我们就联系上了。

我这才知道，南京五中初中毕业后，他继续在五中上高中，担任过两届校学生会主席。高中毕业后，他考上复旦大学银行系，院系调整时并入上海财经学院财政金融系。刚学两年，被学校提前分配到上海俄专（上海外国语学院前身）当政治助教；在俄专，他又被抽调到复旦大学，读苏联专家指导的研究生班，然后返回到上海外国语学院（现上海外国语大学）当哲学教师。1960年代初，三年困难时期，他被任命为膳食科长，抓全校的伙食大事。1980年代初，让他担任外语学院工会专职副主席。到1980年代后期，又任命他当外语学院教育出版社副社长。这样他就成了典型的"双肩挑"，一边当哲学教研组副教授，一边当校工会专职副主席和教育出版社副社长，直到退休。这真是党让学啥就学啥，党让干啥就干啥，我们心目中的初中好班长，持续地谱写着他那不折不扣的任劳任怨。

老班长告诉我，我们五中的初中同窗，他只找到一位赵振寰，那是在一次游览黄山时不期而遇的。这位赵振寰初中毕业后，也继续在五中上高中。

他有很强的社会工作能力，高中没毕业就被抽调到区委会工作，后来考取南京工学院土木系。经院系调整转入同济大学桥梁与隧道工程专业，毕业后留同济任教，同时读研究生，师从桥梁界泰斗李国豪大师，成长为著名的工程地质学家，著有《工程地质学》《岩地力学》《边坡工程》《边坡和洞室工程地质》等书。他还担当重要的行政管理工作，曾任同济大学常务副校长。能当同济大学这样著名学府的副校长，在我看来是很了不起的。等到我们见面一阵畅谈之后，我马上意识到，他实际上具有更大的潜能，他的见识、谈吐、才华，当个大学副校长那是绰绰有余。

我们有了三人聚会，自然想继续寻觅同窗。第一个想找的就是汤永年。在校时，他和我们三人都很好。20世纪60年代，他曾到上海找过赵振寰，赵振寰记得汤永年那时在西安的一家与化工有关的工厂工作。

该怎样寻找汤永年呢？我想最便捷的方法就是上网搜索。果然，一查就查到了"汤永谦、汤永年兄弟基金会"。网上显示，汤氏兄弟都是浙大校友，这个基金会为浙江大学做了大量捐助，捐资建造了"永谦学生活动中心""永谦数学大楼""永谦化工大楼"；捐资成立了以汤永谦夫人姚文琴命名的"艺术总团"；还捐资设立了"化工学院汤永谦、汤永年基金""城市学院汤氏教育基金""永谦学科建设发展基金""幼教研究发展基金""永谦奖学金"等。我一看，这位汤永谦可是大有实力的实业家，这位汤永年是不是我们的同窗呢？我从网上查到汤氏兄弟的籍贯和合照。籍贯浙江鄞县，与同窗汤永年相符。照片上的汤永年与同窗汤永年在年龄上也相符。麻烦的是照片上的汤永年个子很高，与我印象中的矮个同窗截然相反，这一点让我很泄气，觉得没戏了，就搁置了下来。直到吴乃敦后来到北京我家，我让他看网上的汤氏兄弟照片，吴乃敦一看就说，赵振寰说过，1960年代见到汤永年时，惊讶地发现汤永年变成高个子了。再看照片上的汤永年，脸型与同窗汤永年吻合。由此他断定，这位汤永年应该就是我们要找的同窗。这让我们重新燃起希望，当即与浙大联系，知道汤氏基金会现由汤永年的儿子汤昌丹管理。这样我就给在深圳的汤昌丹打电话，把汤永年找到了。2011年9月23日我们终于在上海的汤永年家中聚会了，这是阔别63年之后的四位五中同窗的聚会。聚会时，有一个小插曲。我们互赠礼物，我是福州人，恰好上海能买到福州老字号的"福建肉松"，我就选购了送给同窗。当我把"福建肉松"送给汤永年时，他突然大笑起来。原来他送给我的礼物，也正是同样品牌的"福建肉松"。他说："我知道你是福州人，外地很难买到福建肉松，上海却有一家老字号生产，特地选这个送你"。我们大家都会心地大笑不已。什么叫"心有灵犀一点通"，我们真正演绎了同窗灵犀的生动一幕。

聊起来才知道，汤永年和我曾两度失之交臂。1948 年底，我们从南京五中初中毕业，原来我和他都去了杭州，不约而同地都报考"杭州高级中学"，汤永年考入，我没考上，因而互相错过。汤永年"杭高"毕业后，进入浙江大学化工系。毕业后分配到哈尔滨 449 厂工作，这时我在哈尔滨工业大学任教，两人同处一地，可惜互不知道，又一次互相错过。他后来调到西安 446 厂（后为西安绝缘材料厂），任总工程师、厂长。改革开放后被派往深圳，创建中美合资的太平洋绝缘材料公司，任总经理。退休后先后在瑞士魏德曼公司和美国杜邦（中国）公司任职。非常难得的是，阔别一个甲子的同窗重逢，大家的身体都还康健，四位同窗都有自己的美好家庭。四位同窗的伉俪如今都已年过八十，八位老人相聚，不仅四位老先生同窗情深，情同手足（图 2-18）；四位老太太也是一见如故，极为融洽（图 2-19）。我们无拘无束地促膝谈心，深深感受到"同窗"这个特定人际关系的美好（图 2-20），深深庆幸耄耋之年还能与少年同窗如此欢乐地会聚。

在我们的心目中，初中时代的汤永年就是"出类拔萃"的。60 多年后重逢，他给我们的强烈印象，仍然是"出类拔萃"。只是他和他的夫人，都特别随和、低调。我们大家虽然什么都聊，他俩却没跟我们谈及他哥哥的事。而我从网上知道了他哥哥的感人业绩，忍不住要在这里说一下。

我们这位汤永年的哥哥永谦先生，是 1944 年公费赴美留学，先在匹兹堡大学攻读化工硕士学位，后在哥伦比亚大学取得博士学位，1949 年进入美国标准包装材料公司。这个公司有 30 几个工厂，28 个分公司，9000 多名员工，他是其中唯一的华人。他凭借学识才智和奋发努力，从工程师做到品质经理、开发经理直到分公司总经理，进入公司管理高层。1967 年自己独立创建特克

图 2-18 南京五中四友。右起：汤永年、吴乃敦、侯幼彬、赵振寰

图 2-19 五中四友的四对伉俪。自左至右：赵振寰、梁惠娟伉俪，汤永年、夏宝华伉俪，侯幼彬、李婉贞伉俪，吴乃敦、刘良芳伉俪

图 2-20 南京市立第五中学 1948 年初中毕业班师生合影。前排左二，汤永年；
三排左二，侯幼彬；五排左二，吴乃敦；五排右二，赵振寰

里公司，出任公司总裁。他以"补漏拾遗，以小搏大"的经营思路，重视技术创新，不断开发看着不起眼却有独特实用功能的新产品，使特克里公司在美国包装材料行业中发展成为佼佼者。他从被人忽视的药瓶盖着手，富有创意地研发了能自行粘结成完全密封的瓶盖复合材料，一经推出就被广泛采用。他又改进生熟食品包装，创新设计了超市用的可以直接放入微波炉加热后食用的塑料包装盒，由于方便实用而被大量应用。更值得称道的是，他针对瓶装药片大包装的使用不便，研发了"药片塑料小包装"。这个产品立即引起轰动，受到病人、医院和厂家的广泛欢迎，成为药品包装的突破性进展，改变了全球药品的包装面貌。这使我对永谦先生肃然起敬，没想到他原来离我们这么近，我们每次打开瓶盖，每天在超市见到生熟食品包装盒，每回服药接触到的药品塑料小包装，都得益于他独具慧眼的研发成果，给亿万人群日常生活带来便利和安全。他的"补漏拾遗，以小搏大"经营思路和成功事例，对于青年创业者也是极好的启迪。他的广阔襟怀，对母校浙大基础建设和学科发展的慷慨捐助，更凸显人格的高尚和无私，让我们倍感敬佩，也为同窗汤永年有这样杰出的哥哥而感到骄傲。遗憾的是，我们还未及拜见，永谦先生于2013年5月29日以95岁高龄在杭州病逝。我们谨在此向永谦先生致以深深的敬意和怀念（图2-21～图2-23）。

五中"四友"牵手后，我们进行了两次大的活动。第一次是2012年的"母校之旅"，我们回到南京五中母校，重访了"恰同学少年"时的校园。第二次是2014年的"师俭之旅"。去看震泽师俭堂是老同学吴乃敦的盛情邀请，这有多重缘由：一是看看他小时候跟着外婆住的老宅；二是看看这个促成我们牵手重逢的缘分之地；三是我们借机庆贺他的大病康复；四是我们借机庆贺他的孙子保送进入清华大学尖子班。这里顾不上谈我们八位同窗伉俪在震泽度过的欢快日子，我想集中地聊聊这座给我留下深刻印象的师俭堂。

我本来对师俭堂一无所知，这次来看了，才知道我这位老同学吴乃敦的外婆祖宅叫了不起的精彩。师俭堂处在"吴头越尾"、江浙毗邻的震泽镇，是一组集河埠、行栈、商铺、街道、厅堂、内宅、花园、下房于一体的江南水乡宅院。它的建设年代并不久远，只是重建于清同治三年（1864年）。它的

图 2-21　汤永谦先生　　　　　　　　图 2-22　汤永谦先生与夫人姚文琴女士

图 2-23　汤家合影。右起：汤永年、汤永谦、汤永年夫人夏宝华、汤永年之子汤昌丹

整体规模并不庞大，主体部分不过前后六进，通宽五间。但是它却能入选第六批全国重点文物保护单位，这确如戚德耀先生在《苏州师俭堂·序》中所说，自有它"风格之独特""功能之独特""布局之独特""类型之独特""装饰之独特"和"环境之独特"；在众多江南古宅院中，它的确是独树一帜，非常精彩的。不用说别的，当我们刚走到宝塔街师俭堂入口，见到两侧山墙的坊门处理，就不由得连声叫绝。原来在这里，师俭堂的主轴与宝塔街十字交叉，既切断了师俭堂，也截断了宝塔街。这本是极尴尬的窘境，而师俭堂的规划则巧妙地把街道纳为二三进之间的宅内天井，通过两道圆券坊门的围合，形成"宅内有街"和"街在宅内"的特定空间，既取得了师俭堂宅院的有机完整，添增了宅内的夹街铺面；也造就宝塔街干道的延续畅通，强化了长街的结点重心；可以说是以极简约的手法，化不利因素为互利效果，变两难格局为相得益彰。这样的设计，真可叹之曰："神来之笔"。

有趣的是，师俭堂还引发我们许多思索。我头脑里一直回旋着三个问题：

一是"师俭非'俭'"问题。

师俭堂的取名，源出《史记·萧相国世家》："后世贤，师吾俭；不贤，毋为势家所夺。"主人以"师俭"为堂名，当是十分倚重勤俭、崇尚节俭的。但是，从师俭堂建筑来看，对建筑装饰是格外关注的，所用雕饰数量之多、品类之全、技艺之精在民间宅院建筑中都是罕见的，这很难与我们心目中的"节俭"相联系，因而难免产生"师俭非俭"的疑惑。难道师俭堂是徒有师俭其名，而无师俭其实？这是个饶有兴味的问题，很值得我们思索、解读。

应该说这里显现的并非"师俭非俭"，而恰恰相反，应是"师俭有方"。我们知道，师俭堂的主人徐氏家族富甲一方，号称"徐半镇"，有殷实的建筑财力。在这样的经济条件下，对于建筑的"俭"，其侧重点自然就不能局限于"节约"，局限于造价低廉；不能停留于表层的"师俭"，而应该着眼于深层的"师俭"。不难看出，师俭堂在深层"师俭"上是做得很到家的：一是"不奢"。受地段限制，宅院规模不大，格局紧凑，空间得当，无铺张之处；细部虽精雕细刻，却无繁缛堆砌之嫌。二是"实效"。不设轿厅，厅堂分工明晰，全宅既作居宅，又是商铺，还当行栈；整组建筑多样功能咸宜，有机融洽，极富实用效能。三是"增值"。在内外檐装修和细部装饰上集中地投入财力，以精工细作，精美细致，夺人眼目。这并非浪费、滥用钱财，而是一种高效益的投资；由此大大提升了建筑的文化品质和艺术价值，使其从一般宅院的价值升华为文物潜质的价值，实质上是一种"点石成金"的价值质变，是"性价比"的提升。由此我们可以说，师俭堂的"师俭"不是表层的、一般意义的节俭，而是更高层次的、更深意义的"师俭"。

二是"钼经异趣"问题。

师俭堂有一个占地仅半亩多的袖珍园林，它只比苏州的残粒园略大一点，以小著称。在这个小小的、咫尺空间的三角夹缝地段中，有四面厅，有半亭，有梅花亭，有藜光阁，还有一段步廊。园内假山层叠，花木繁茂，尽管没有水池，却也作了"旱园水做"的处理，可以说宅园的一切要素，这里一应俱全。这个小园备受赞赏，被誉为"螺蛳壳里做道场""半亩缤纷惊天下"。我最初的感觉，这个钼经园的规划设计应该说是失当的，是师俭堂局部设计的败笔。园林里设四面厅，是因为四面有景可赏；在假山上立半亭，是为了提升视点，登高远眺，开阔视野。而这里园小院狭，围墙高筑；四面厅的设置，假山顶上半亭的耸立，完全与这里的环境格格不入。步廊的设置也是画蛇添足，把本来已十分窄小的庭园挤得更为狭窄。这里的园林要素"一应俱全"，并不因其"齐全""丰满"而加分，反而造成了极度的拥塞而减分，有失园林的高雅、幽静、疏朗、天趣。拿它和仅有一座半亭、一段石洞的残粒园相比，就更可见出两者品格的高下。整个钼经园就像是"成年人玩家家"，如同儿戏般地陷于低俗趣味。当我把这个看法和老同学汤永年讨论时，他提出一个疑问：钼经园的亭台楼阁都塞进一个节俭得无以复加的狭小空间，是否也体现了"师俭"的理念？这样的庭园设计是否无损于师俭堂的主题思想？汤兄这么一说，引发了我的进一步思索。对钼经园的设计问题，看来还得从师俭堂的实际作细致的分析。不难看出，钼经园小到这个程度，那是地段的局限，崇尚师俭的主人显然是心安理得地接受了这样的现实，并没有花心思去争取邻家宅地，强行扩张。他把宅园取名"钼经"，是源自《汉书·倪宽传》的"带经而锄"，是园主人对"耕读"的向往。"钼"是"锄"字的古体，为什么要把"锄经"改为"鉏经"？有网文说，省去"力"字旁，原意是推崇多用心思而非蛮力；汤兄认为，可能是自谦"锄经不力"；我想也没准只是因为"锄经"一词用得太滥，改用古体"鉏经"，显得儒雅。不管对"鉏经"怎么解读，有一点可以肯定，那就是园主人确是向往"耕读"，心怡"儒商"。商贾家宅带"园"，正是"耕读""儒商"的功能需要和建筑标志。可以说，在鉏经园这里，园林的价值并不像一般文士园那样着重于建筑境界自然天趣的追求，而是更关注园林书香活动的需要和儒雅身份的标志。正因此，鉏经园极力凸显的是宅园的"存在"，宅园的"拥有"，以极度的精打细算，创造了一个"麻雀虽小，五脏俱全"的袖珍园林。如果从这一视角来审视，鉏经园的规划、设计还是做得很到位的，它筑造了一个罕见的、精工细作的"浓缩园"，极度的紧凑似乎也透露着"师俭"的意味。时过境迁，歪打正着，到了今天它摇身一变成了公众的参观景点。所谓"成年人玩家家"在这里已不再是贬义，"浓缩"的景观也是一种有趣的景观，迪士尼游乐园、世界公园做的正是这样的玩意。在今天，当我们见到一批批游客在鉏经园里玩得津津有味的时候，真的也可以赞叹它的"螺蛳壳里做道场"了。

三是"势家所夺"问题。

我们这次来到师俭堂，有一点超乎寻常的特殊优待，就是有师俭堂的原主人陪同。一位当然是我们的老同学吴乃敦自己，他小时候跟着外婆住在这里，算得上是昔日师俭堂的小主人；另一位是吴乃敦的表弟徐谋忠先生，他从小到大一直都住在这里，是师俭堂房主的继承人，算得上名正言顺的原主人。他听说表哥邀请同窗老友来了，就特地从外地赶来陪伴。这表兄弟俩盛情地接待我们，领着我们里里外外地转悠。他们精彩地导游讲说，远远超越了"如数家珍"的程度，因为讲的不是别人家而是他们自家，应该说是达到了真真切切的"自数家珍"。

我从他们的讲述，知道师俭堂在"文革"之前，一直是徐谋忠的房产，他自己也一直住着，"文化大革命"时被没收了。按政策规定，"文革"之后这样的没收是可以平反退回的。但是师俭堂太精彩了，它从一般铺宅转化为商贾名宅，成了旅游景点，升华为国家重点文物保护单位，自然不能退还原主，而只能给予"补偿"了。可是令人不解的是，这样的"补偿"至今还没有兑现。

这让我联想到，原来师俭堂也关联到萧何所说的"为势家所夺"的事。这里有必要引录《史记·萧相国世家》中这段话的全文：

何置田宅居穷处，为家不治垣屋。曰："后世贤，师吾俭；不贤，毋为势家所夺"。

全段话的意思是：萧何购置土地房屋，一定选择贫穷偏僻的地方，营造家居也从来不建院墙萦环的大宅院。他说："后代子孙如果有才德，可以从中学我的俭朴；如果无德无能，这样的房屋也不至于被有势力的人家侵夺"。

从这段记述可知，萧何这位汉初三杰是非常低调的。在建造自己的居宅时，特地避开好的地段，尽量从俭，连大宅院都不造。他的想法是，这么低调的宅院，即使后世子孙无贤德才智，也不至于被有势力的人家看上、夺去。

显然，太史公司马迁对萧何的这种低调和远见是很关切和重视的，不惜纳入史书中，写上这样独立的一段。《史记》的这段记述，颇有影响，为许多人所熟知。

令人想不到的是，师俭堂的徐氏家族后人并非"不贤"，他们轻财重义，乐善好施，宅屋却也"为势家所夺"，只是这个"势家"并非旧时的"豪门大族"，而是在"文革"这个特定时期，被当时的"官方"没收了。"后世贤"也"为势家所夺"，这一点大概连萧何也没料想到，这实在是师俭堂不应该有的故事。

三、清华园的匆匆过客

遭遇"分科"

1952 年 9 月，我从福州踏上进京的旅途，奔向清华大学。那时候交通很不方便，福建全省都还没有铁路。福州市把应届录取到北京上大学的学生组织起来，分乘十几辆卡车，从福州开赴江西上饶。这卡车上面蒙着帆布车篷，人坐在两侧，行李堆放在中间。那时也没有现在这样的旅行包，大家的行李都是五花八门的。我带的是一个皮箱，一个帆布被袋。皮箱就是妈妈心爱的嫁妆小皮箱，历经漂泊还保养得好好的，这回妈妈让我带去用。帆布被袋是妈妈自己做的，不知道从哪儿找来的帆布，很厚很厚，妈妈居然能把它剪裁了缝上，每一针都得用小钻先钻了再穿针，我看妈妈那样吃力地一针针地缝，心里直想哭。我就是带着这两件浸透着妈妈的爱的行李离家的。卡车一路上盘旋颠簸，我们绝大多数人都晕吐了，很是吃了苦头。汽车到达上饶就有火车了。苦尽甘来，我们登上火车，经过中转，就到达北京了。那时候的北京站还是前门火车站，一出站口，一眼就看到清华大学的迎新标牌，就把我领进了清华园。

来到清华园，一切都是新鲜的、美好的。校园真大，从西校门走到二校门，就得走很长一段路。最让我意想不到的，居然校内还有自己的"公交车"在循环行驶。建筑系馆设在漂亮的"清华学堂"，走廊墙上张挂着一幅幅学生的建筑设计图，非常瞩目，我看立面渲染图画得那么好，暗暗忖度，自己能学到这个水平吗？

我还没来得及感受清华园带给我的喜悦，就陷入了深深的苦恼。1952 年是我国高考统一招生的第一年。因为 1953 年就要开始第一个五年计划，国家需要大批专业技术人才，应届高中毕业生人数远远不够，就采取了增收"调干生"的办法，就是从已经参加工作的"干部"中招考。这样，清华大学建筑系这年录取的 150 名新生中，有调干生 42 名。

入校后进行入学教育，才知道为应对国家经济建设急需，教育部统一制定了两项措施：一是在校的原定 1954 年毕业的四年制学生提前一年于 1953 年毕业；二是为应对 1954 年没有毕业生可分配，在今年录取的四年制新生中，选择一批"政治思想好，高考成绩高"的学生，提前两年于 1954 年毕业。这样，我们清华建筑系录取的 150 名四年制新生，要分成三部分：一是六年制建筑学 60 名，这是清华建筑学专业第一次改为 6 年，在此之前只是三年制、四年制；二是两年制建筑专修科 60 名；三是两年制暖气通风专修科 30 名。这样的分科、分专业，对我真是晴天霹雳、五雷轰顶。学校在这方面做足了教育工作，请了王稼祥、陈家康、钱正英等许多位中央部委领导给我们作形势报告，让我们明白国家第一个五年计划，特别是苏联援建的 156 项重点工程急迫用人的局面；请了教育部主要领导钱俊瑞亲自动员我们选报专修科，强调要把政治思想好、高考成绩高的抽调到专修科。我一下子陷入了迷茫。一方面有正能量在起作用。在高二的时候，国家曾动员一批学生"参军参干"，我们班有几个同学为了抗美援朝，毅然中止高中学业，放弃上大学的前程，踊跃地"参军参干"去了。跟他们相比，我们只不过是把大学学习提前两年结束，这个考验比"参军参干"小多了，当然应该学习高中同学踊跃"参军参干"的精神，践行"祖国的需要就是我的志愿"。自己还是青年团员，当然得积极表态服从分配。另一方面还有很多活思想。建筑学专业变成了 6 年制和两年制，两极分化。6 年制对我很不利，时间太长，因为家里经济状况很窘困，我是长子，早一些工作能缓解全家的困难。弟弟浔生也在福州一中上高二，他书读得很好，两年后也得上大学。我要是拖到六年才毕业，那是很成问题的。两年制的建筑专修科，实在是太短了。我们都是以高分考上清华的，却要去读两年制，思想上很难接受。至于两年制暖气通风专业那就更可怕了。那时候对新设置的暖通专业很不了解，一股劲地就想学建筑。我想，要是分到暖专，那就实在太惨了。摆在我面前的这三个选项，没有一个合适，真弄得我不知如何是好。战战兢兢地等到分配结果，我是分到"建专"，总算没摊上最可怕的"暖专"。但是提前两年毕业，内心里总觉得非常的无奈。应该说，那时候的风气还是很正的。后来我才知道，分配到专修科的应届生，的确挑选了一些"高考成绩好"的。新生中的华东区榜首和中南区榜首都在我们班。我们建筑系新生中还有一位女生张素久，是著名爱国将领张治中将军的女儿。她是得到周总理和邓颖超关照的人物，非常活跃，刚来校没几天，就很引人注目。让我没有想到的是，居然她被分配到"暖专"。这位张素久后来成了清华校友中的活跃人物，近两年频频在电视上高调露面。2015年，她荣获中国人民抗日战争胜利70周年纪念章；2017年，她又荣获第五届"中华之光——传播中华文化年度人物"。

　　短暂的清华园的日子是值得怀念的。那时候人人都有国家发的助学金，每人每月12元，这钱已经够用作伙食费了。清华的伙食办得很好。大餐厅里密集地容纳很多餐桌，没有餐椅，一律站着吃，这样特省空间。8个人一桌，凑够8人就开吃，非常便捷。饭菜真好吃，忘了是三菜一汤，还是四菜一汤，米饭、馒头任取，早餐小菜有大碗装的、很好吃的煮花生米。最难忘的是每隔几天就有"大狮子头"。一桌四只，每人分半只，不知道这狮子头怎么会那么好吃，大家回忆起清华伙食，首先想到的都是它。我后来也很想自己学着做，一直都没能做出清华狮子头的味道。那时候的汤是装在大木桶里，自己去盛，桶底常常会有大块的带肉骨棒，那也是我的最爱。宿舍也给我留下了很好的印象。我住在"善斋609"，实际上是善斋三楼，因为是和前面三层楼的明斋合在一起编号，就成了"6"字头的房号。我们的宿舍住四人。一名是调干生吴永康，他有点老气横秋，我们都叫他"吴老"。一名是李宝铿，他画得一手好画，特别热衷于画卡通，寥寥几笔，非常传神。还有一位是虞黎鸿，我的上铺，人很机灵，也很真诚。有一次他在寝室里忍不住哈哈大笑，说他妈妈真逗，来信让他找老师指导指导。他妈妈对他说，物理有不明白的，去找严济慈伯伯给你开导开导；美术有什么困难，请徐悲鸿伯伯给你点拨点拨。他说他妈妈不是开玩笑，是当真的。因为他爸、他妈是留法归来，跟徐悲鸿、严济慈都是哥们，我们这才知道虞黎鸿的家挺有来头。

图 3-1　清华时期的一张匆匆留影。
1953 年与在部队的堂哥合影

　　我们四位室友相处得很好，晚上都安静地看书、做作业，赶上嘴馋就买花生米，用抓阄来分配谁多出钱、谁少出钱、谁白吃、谁跑腿。四人吃一包花生米，很过瘾。我们的生活看似很平静，其实内心为专修科的事一直深潜着拂不去的无奈。以至于我们班有人得了肺结核，不得不休学，住到"静斋"去疗养，还让我们羡慕不已，因为这样就可以降级，就可以摆脱"建专"的羁绊了。我们只能自我宽慰，清华建筑学在这之前也曾有过三年制，我们只是再提前了一年，这点难事没啥了不起。当时我们还很认真地抠字眼。我们是从四年制本科生中抽选"高考成绩高"的进入"专修科"，因此是本科提前毕业的概念，并非高分录取于本科，低分录取于"专科"的概念。这是优等生而不是差等生；是一种应急需要的特殊状况的优选。我们担心的是，由于年制的缩短，会不会把我们混同于"大专"，那就太委屈，太让我们背黑锅了。后来在有些地方真的出现过这种情况，以至于清华大学在 1993 年 11 月 1 日，专门为此发出了正式公文，说明当时的情况，明确这批学生按 1952 年入学，1956 年毕业的本科生对待。事隔三十多年，还要如此正式地澄清，可见这样的澄清是有必要的。

　　我们成了清华园的名副其实的"匆匆过客"（图 3-1）。幸亏毕业时我分配的工作单位是"哈尔滨工业大学"。那时候哈工大是高校学习苏联的前哨，名声很响。我想，我虽然过早地走出清华，但紧接着就进入了哈工大，可以在这所新的学府继续深造，可以方便地、自由地选课、听课、补课。能有这样的学业环境，应该说是不幸中的万幸。

点滴启蒙

在清华园的短暂日子里，来也匆匆，去也匆匆，我无缘师从某位名师，也没能与老师有密切的接触，但是毕竟融入了清华的学术环境，感受着清华的学术氛围，聆听清华的讲课、讲座，在耳濡目染中，不经意地经历了几次虽然并不起眼，而对我来说却是影响深远的"启蒙"。

第一次是莫宗江先生的启蒙。

莫宗江先生给我们主讲"中国建筑史"，这是一门大课，因为是和六年制的"建8级"一起上，安排的学时比较多。莫先生在我们心目中很有些传奇色彩，知道他是梁思成先生在营造学社的助手，帮梁先生画了大批堪称典范的古建插图。我们的"建筑初步"课老师让我们看过莫先生画的"琉璃牌楼渲染图"，完全用黑白水墨来表现逼真的琉璃材质，画面效果简直达到了"出神入化"的程度。我很珍惜莫先生的每堂讲课，一直忘不了他带领我们到北京故宫实地参观的情景。我们特爱听他对故宫小品、故宫陈设的讲解。最难忘的是，当我们走到太和门铜狮子跟前时，他突然冒出一句话：故宫的"门狮"用得很有讲究。他说天安门前用的是石狮，不是一对，而是两对；太和门和乾清门用的都是铜狮，乾清门铜狮是镏金的，而太和门的这对铜狮是不镏金的。这种材质、色质的不同效果很值得注意。莫先生这句不经意的讲解，当时给了我很大很大的触动。偌大的北京故宫，我们哪里注意到石狮与铜狮的不同运用；哪里注意到皇城正门的天安门石狮不是一对，而是绝无仅有的两对；哪里注意到同样是铜狮，用于内廷的乾清门前和用于外朝的太和门前，在色质上还有镏金与不镏金的区别。莫先生的指点告诉我们，天安门石狮凸显的是皇城正门的雄壮、威严、坚强；太和门不镏金的亚光铜狮凸显的是前朝的庄严、肃穆、尊贵；而乾清门金光闪闪的铜狮凸显的是内廷的金碧辉煌、富丽堂皇。它们的确在陪衬主体建筑品格和点染场所精神上起到了很大作用。这使我觉得有一点开窍，对建筑遗产的认知似乎有了一点从肤浅到深入的感觉。这是从"外行看热闹"开始向"内行看门道"迈出的一步，应该算是一次虽不起眼但很细腻的"启蒙"。

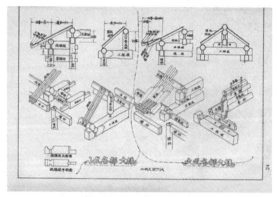

图 3-2　赵正之先生和陈文澜先生合编的《中国建筑营造图集》

图 3-3　《中国建筑营造图集》中的构造透视图

第二次是赵正之先生的启蒙。

赵正之先生给我们讲"中国建筑营造学"。他是院系调整时从北京大学工学院建筑系并入清华的。我们听说赵先生有个特点，就是特别深入到匠师中去调研，对清式官工做法特熟悉。就在他给我们讲营造学时，清华建筑系编印了一本《中国建筑营造图集》，这本图集就是赵正之先生和陈文澜先生在北大建系教学时绘制的，现在看这本薄薄的图集很不起眼，当时却是应校内外的急需赶着编印的，很受欢迎。我们学生也都领到一本。我对这本图集很是喜欢，一直珍藏着（图 3-2）。

记得当时赵正之先生讲到清式建筑的大式做法和小式做法时，曾经说，檐檩与梁端的搭接，小式做法是直接把圆檩搭在梁头的半圆卯口内，这样很容易转动，导致梁架难以耐久；大式做法则在梁头半圆卯口里做了一道"鼻子"，圆檩就纹丝不动，非常稳定了。我觉得这个"鼻子"很有趣，这本图集上就画有"鼻子"的透视图（图 3-3），一看就明白。能够以这么简易的处理，解决那么麻烦的难题，让我对中国木构"节点"的智巧有了最初的印象。

赵正之先生讲课让我最难忘的是他对"正吻"的解读。大屋顶正脊两端的琉璃"正吻"，尺度很大，是由多块琉璃分件拼装的，有三拼、五拼、七拼、九拼甚至像太和殿正吻那样的十三拼。正吻的形象有张口吞脊的"大嘴"，有高高后翘的"卷尾"，有上部凸起的"剑靶"，有后部外突的"背兽"。

通常对正吻的讲解，大多停留于这些表层的描述。但赵先生可不是，他在讲到正吻的"剑靶"和"背兽"时，进一步指出这是正吻构造上的需要。他说拼装的正吻，里面是空的。施工时，要往正吻里面填充碎砖破瓦，使它成为实心的整体。这样正吻上部就得开一个口子，以便倒入砖瓦。这个口必须用盖盖上，"剑靶"就是这个盖子。至于做成"剑靶"的形象，那是因为传说"鸱吻"是"龙生九子"之一，能喷浪降雨、镇邪避火。怕它不老老实实地待着，就插上一把剑把它稳住。"背兽"其实也是一个塞子。因为正脊是由一段段琉璃脊件连接组装的，早期在正脊内部有一根很长的铁杆贯通着，正吻"背兽"部位的洞口，就是为横穿铁杆而设置的，只是把这个洞口的塞子做成了"背兽"的形象。原先这个"背兽"应该在正脊铁杆相对应的标高，后来铁杆淘汰不用了，这个"铁杆口"按理说也可以取消了，但是正吻带着"背兽"的形象已经成了视觉习惯，就拿不掉了。不过它已不必与正脊标高对齐，根据构图的需要，后来就把它的位置往上提升了一些。

我觉得赵正之先生的这个解读非常精彩，他让我们知道，建筑中的一些局部做法和细部形象是有这样那样的功能作用或构造原因的。他在这里不仅描述了表层的"什么"，还解读了深层的"为什么"。这是难能可贵的。我后来知道，这实质上就是一种"建构"理念，启迪我们关注建筑形象生成的结构逻辑和构造逻辑。对于我来说，应该算得上是一次生动的"建构"启蒙。

第三次是侯仁之先生的启蒙。

侯仁之先生是北京大学的著名教授，研究北京城市史的专家，人称"活北京"。他到清华来做"历史上的北京城"学术讲座。听的人很多，偌大的阶梯教室座无虚席。侯先生讲课特别精彩，特别引人入胜，好像给我们讲娓娓动听的北京历史故事。他着重讲了从辽南京、金中都、元大都到明清北京的演变历程。他说金中都是在辽南京的城址上发展的，明清北京是在元大都的城址上发展的，只有元大都没有在金中都的城址上发展，而是另起炉灶，把新城移到金中都的东北郊。正是这个新址奠定了后来北京城的城址位置，因此这次城址的变动很值得关注。侯先生就跟我们讲这个城址变动的考据故事。他说 1260 年，成吉思汗的孙子忽必烈，从蒙古高原上的都城和林来到了中都城，这时中都城里的宫殿已经残破，史书明文记载说忽必烈没有住在城中，而是住在城外离城不远的地方。这个地方在哪儿呢？这个问题好像并不重要，但是后来的元大都城正是围绕着这个住处选址的，因此很有必要弄清楚。要弄清这事，就涉及一个"玉瓮"，侯先生就跟我们细讲这个"玉瓮"的故事。原来1265年，忽必烈让玉匠制作了一个由整块玉石雕刻的大酒缸，取名"凌山大玉海"，把它放在他所住的广寒殿里。这个广寒殿在哪儿，史书没有明说。还好第二年，忽必烈又制作了一张雕饰精美的、名为"五山弥御榻"的卧床，也放在广寒殿里。这次史书明白地指出这个广寒殿位处琼华岛上，由此可知忽必烈的住处就是琼华岛的广寒殿。那么，琼华岛又在哪里呢？原来金中都有一个建于东北郊的离宫，叫大宁宫。在建大宁宫时，曾经扩大疏凿这里的湖泊，把挖掘的泥土在湖中堆筑起一个小岛。这个扩大的湖泊就是太液池，也就是后来北京的北海和中海（当时还没有南海）；这个堆筑的小岛就是琼华岛，也称"渎山"，也就是后来北京的北海白塔山。这样我们就知道了忽必烈当时的住处，由此明白元大都的皇城建设，正是围绕着琼华岛和太液池展开，在它的东岸迤南建大内宫城，迤北建灵圃；在它的西岸迤南建太后居住的隆福宫，迤北建太子居住的兴圣宫。这样组成了以水面为中心三宫鼎立的皇城格局，进而确定了整个元大都的城址以至后来的明清北京城位置。侯先生说，这个"渎山大玉海"，在这里就成了元大都建城的历史见证。有趣的是，这么珍贵的重要文物，居然在明末广寒殿毁坏时不翼而飞了。一直到清康熙年间，才在西华门外的真武庙中发现，这时的玉瓮正被道士用来充当咸菜缸。侯先生说到这里，引来大家哄堂大笑，这的确是可笑的趣闻。这个玉瓮一直到乾隆年间，才用千金赎回，安置在北海团城上，并为它建了玉瓮亭。这件事让我很感兴趣，后来特地到团城去看玉瓮。原来它尺度很大，可贮酒三十余石，经玉石专家鉴定，其材质是河南南阳所产的独山玉，是用一整块黑质白章的大玉石精雕而成，周身刻"鱼兽出没于波涛之间"，雕工精美绝伦，是中国现存最早的特大型玉雕，被专家们品鉴为"镇国玉器之首"。侯仁之先生的这次讲座，是我第一次听到这么有趣的北京城市史。我没想到城市史、建筑史研究原来这么有趣，这进一步点燃了我对建筑史的学习兴趣，经受了一次生动的史学启蒙。

图 3-4　梁思成先生撰写的《中国
建筑史》油印本。1954 年首次付印

第四次是梁思成先生的启蒙。

　　来到清华园，自然听到很多关于梁思成先生的传闻，对他特别景仰，特别崇拜，特别盼望能听听梁先生讲建筑史。但是，梁先生那时担任的社会工作太多，是一位大忙人，要想听梁先生讲课，那实在是个奢望。没想到，这可遇而不可求的事真的降临了。1953 年秋季，梁先生真的为清华建筑系的青年教师、研究生和在北京的建筑设计部门的一些人员开讲"中国建筑史"。这件事，当时在建筑系学生中并不是很轰动，因为我们并非听课对象，和我们没关系。但是，对我来说，却是一件了不起的大事，因为我那时候已经迷上中建史，这事就极大地吸引我，特想听。好在梁先生的课是在大教室上，有很多空位，我想，只要悄悄地溜进去旁听，应该不成问题。上课时间排在下午，只要我下午能错得开别的课，就可以去听。我这个循规蹈矩的学生真的就这么做了，怯怯地溜进大教室，美美地听着了梁先生的课。在听课的同时，我听说梁先生还印了油印本《中国建筑史》。那是抗日战争时期他在四川南溪县李庄编写的，1944 年完成，一直搁置着没有出版，这次特地以油印本的方式印出少量应急。我当然对这本油印本《中国建筑史》也特感兴趣，很幸运地得到了一本（图 3-4）。梁先生的这本《中国建筑史》一直到 1998 年才在百花文艺出版社正式出版。林洙先生在这本书的"后记"中，提到它的油印本时说：那是 1950 年代初为应急曾"以油印方式先印发 50 册，仅供给各高校有关教师教学参考"。这时我才知道，这个油印本《中国建筑史》原来总共才印了 50 册，我自己都感到奇怪，我这么一个悄悄溜进来旁听的学生，当时怎么也能弄到一本呢？现在看起来梁先生的这本《中国建筑史》，尽管只是油印的，却是首次的印本，而且印数极少，更觉得珍贵了。这也从一个侧面看出，我当时的痴迷达到什么程度，不知道是通过什么途径，居然能如此神通地得到它。

这次听梁先生讲中建史，给我留下了极深印象。1996 年清华建筑学院成立 50 周年纪念，我写了一篇纪念文章，写的就是这件事。那时候听课的细节还记得很清晰。记得听课的人很多，济济一堂可能有六七十人。我壮着胆子悄悄坐在教室的后排角落。梁先生的讲课非常深刻、非常渊博、非常风趣，课堂里时时爆发出阵阵笑声。放幻灯时，梁先生没用正规的教鞭，随手拎起墙角的一人多高的粗木棍来指划，示意换片就用木棍在地板上咚咚两声，我觉得如同拍醒木似的，特幽默。无独有偶，有一堂课讲到北京城的前身金中都时，梁先生和侯仁之先生一样，也提到了金中都离宫大宁宫的"琼华岛"。他讲的是发生在琼华岛的一则趣事。他说，金章宗完颜璟有一天和她的宠妃李宸妃一起在琼华岛上漫步，两人坐在一个土丘上，金章宗即景出了一句"两人土上坐"的上联。这句上联既抒写当前情景，又表达两个"人"放在"土"上就是"坐"字。这是一种拆字格的对子，是很难对的。而那位李宸妃却应声答出"一月日边明"的下联。"月"在"日"旁就是"明"字，既构成工整的拆字格对仗，又极为贴切地点出自己在皇帝身边如月伴日的亲密和祥瑞，可以说是十分得体的妙对。我正在奇怪梁先生讲金中都为什么要说这个典故？只听梁先生接着说，金是少数民族的政权，一位少数民族的皇帝，能够同他的宫妃，进行如此的雅事和如此水平的应对，说明这个民族的上层人物在文化上、情感上已经汉化到何等程度。由此不难推想金中都的规划、建设必然是承继汉文化的传统。我这才明白梁先生讲故事的深意，领悟梁先生讲课的精辟、深刻、睿智、生动。我从中好像又开了一点窍，又一次受到了难忘的史学启蒙。

正是来自梁思成先生、侯仁之先生、赵正之先生、莫宗江先生这一次次看似不起眼、却影响深远的史学启蒙，点燃了我学习中国建筑史学的志趣，引导我走向中国建筑史学这门学科。

"荒岛" 插曲

建筑学专业要画素描、画水彩、画建筑渲染，这些课程的作业都显现在图板上，谁画得好，谁画得差，在教室里转上一圈，就一目了然。我一下子就发现，我们班有好多位同学画得很好。

大家公认陈颐的绘画最为拔尖，不是比我们好一点，而是好很多，遥遥领先。我们的感觉，能达到他这样的绘画功力，即使在美术学院，也应该算得上是很尖的尖子。他画画特轻松，左右两手都挥洒自如，画得很大气、很帅气。孙秀山、赵光谦和我的室友李宝铿等几位，也都画得挺好。女生也有几位画得很好。有一位女生已经在中央美术学院学过一年，因为响应国家号召，特地作为调干生重新报考工科，转学建筑，她的美术功底可想而知。知道这些情况，我就知道了自己的不足。在初中、高中，我还算是班里会画画的，以为自己适合学建筑，到了清华才知道，像这些同学才是真正学建筑的苗子。

班上有一位笑点很低的女生，常常听到她在画图时发出串串清脆的笑声。她也是女生里画得好的，别的功课也很强。没想到那么小巧玲珑的女孩还学得这么好。我对学习好的女生，有一种天然的好感和钦慕。她叫李婉贞，是北京人，说着一口我觉得很好听的北京话，让我很有些心怡。

那时候，我们的晚自习，有时在教室画图，有时在寝室做作业，有时上图书馆看书。清华图书馆是大家很向往的，能在那儿看书是一种享受，但是去的人很多，晚上去得提前占座，我只是偶尔才去。有一天我早早占了座位，等到我坐上座位时，发现同桌斜对面坐着的女生是李婉贞，她冲我笑笑。过一会儿她给我递了个纸条，上面写着："你爸是诗人萧三吗？"我赶紧摇头摆手，回一个纸条："不是，是误传，等会儿告你。"

原来是前几天一个同学走进教室，递给我一封信，他大声嚷嚷说："你爸肖山来信"。这个"肖山"，是杭州边上的一个铁路小站。我爸在杭州浙赣铁路局工作，那段时间恰好待在肖山电务段。不知道我身边的哪位同学把"肖山来信"误听为"萧三来信"，班上就有了我爸是著名诗人的传闻，没想到也传到李婉贞那儿了。当我把这个谜底告她时，也让她觉得很好笑。

大概就是以这次交谈为起点，我们延续了图书馆的多次邻座阅读，延续了返回善斋宿舍的多次边走边聊。我的感觉是，我们好像很能聊到一起。

没过多久，我们有了一次难忘的漫步，溜达到清华的两个景点——"水木清华"和"荒岛"。

清华校园里有两个园：一个叫清华园，另一个叫近春园。它们原来都是康熙的熙春园，曾经做过乾隆和嘉庆的御园。道光时，把熙春园一分为二，东园称涵德园，分给道光三弟淳亲王绵恺，咸丰登基时把它改名为清华园；西园称春泽园，分给道光四弟瑞亲王绵忻，即后来的近春园。同治十二年，为了给慈禧40岁庆寿，要重修圆明园，因欠缺建材经费，就把已收归内务府的近春园拆了取料。1911年，位处清华园的清华学堂开学，这就是清华大学的前身。1913年，已拆除的近春园并入清华，这样，清华校园内部就形成了毗邻的双园。清华园留下了以工字厅为主体的一组建筑群，近春园则只剩下一片名副其实的"荒岛"。

这段历史梗概，是我后来看了苗日新先生的《近春园·清华园考》才弄明白的。当年的我和李婉贞对这些当然是一无所知。我们那时候所知道的只是朱自清先生那篇脍炙人口的"荷塘月色"对这里的描写。他的那段优美文字："曲曲折折的荷塘上面，弥望的是田田的叶子，叶子出水很高，像亭亭的舞女的裙"，我们几乎都会背诵。我们先来到工字厅后面的"水木清华"。那时候也不知道悬挂的这块"水木清华"匾额有什么典故，只是很喜欢这里的一副对联：

> 槛外山光，历春夏秋冬，万千变幻，都非凡景；
> 窗中云影，任东西南北，去来澹荡，洵是仙居。

这是清朝咸、同、光三代礼部侍郎殷兆镛撰写的，写得很通俗易懂，对仗得很工整，描画出眼前诗一般的美的境界。

这里面对着的就是一片荷塘，但这片荷塘面积不大，规规整整的，朱自清笔下的"曲曲折折的荷塘"当然不在这里，而在荒岛那边。荒岛荷塘不仅曲折，还环岛绕了一个周圈，只由东南角的一座贴近水面、带着半边桥槛的短桥和西北角一座单孔的汉白玉石桥连通。那时候的荒岛真的很荒，灌木丛生，蔓草遍地。我们在那里溜达，根本没在意这里的景色，只顾着畅聊。聊呀聊的，我们发现，原来我们俩有很多共同点。我们都生于1932年，都是属猴的。我们都是家里的老大，都是兄弟姐妹齐全；我有一个弟弟、两个妹妹，她有两个弟弟、一个妹妹。我们都赞美自己的中学，我说我的福州一中，她说她的贝满女中。只是她比我幸运，当我的小学时期在湘西四处漂泊时，她却在北京上的是培元女子小学，那是中国近代教育史上，兴办"女学"运动的先驱学校，是一所知名小学。贝满女中的名气更大，出了很多女界精英，冰心、谢希德都是贝满校友。她在贝满从初中一直上到了高中，可以说小学教育、中学教育和英文底子都很扎实。我们还有一个共同点，都是被梁思成先生极富感染力的讲说中国建筑的文章所吸引，才报考清华建筑系，对梁思成先生、林徽因先生都有一种发自内心的崇拜。

那阵子李婉贞的社会工作是给清华附中少先队当辅导员。在谈辅导少先队的事时，她突然问我："你知道全国少先队的总头头是谁吗？"我说不知道。她说："是陈琏呀，陈琏是团中央少年儿童部部长，是我的老师。"原来陈琏1947年在贝满女中任教时，正是李婉贞这个年级的历史老师。她是蒋介石的"文胆"陈布雷的女儿，却叛逆家庭，成了一位出色的地下共产党员。1947年，陈琏和袁永熙在北平结婚，由当时的北平市长何思源主婚，曾经轰动一时。但蜜月过后不久，俩人就被军统逮捕了。陈琏成了贝满女中学生的革命引路人，把包括李婉贞在内的一批学生都培育成了进步青年，积极投入当年的学校罢课和北平的"反饥饿、反内战"的"五·二〇"学生运动。李婉贞深受陈琏的影响，初中毕业时，陈琏给她写的题字："己欲立而立人，己欲达而达人"，她一直珍藏着（图3-5）。我后来知道，陈琏和袁永熙都是西南联大的地下党，袁永熙是支部书记，是西南联大民主运动的领导人和"一二·一"反内战运动的组织者。袁永熙后来当了清华大学的党委书记，反右时被划成右派，陈琏被迫与袁永熙离婚。"文革"开始后，陈琏又被当

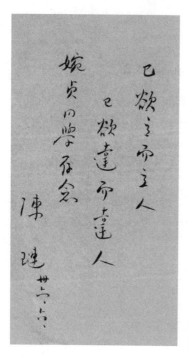

图 3-5　1947 年，陈琏给李婉贞题写的初中毕业赠言

作叛徒批斗。这位被胡耀邦赞誉的"家庭叛逆，女中英豪"，竟于 1967 年跳楼自尽身亡，实在令人唏嘘不已。

李婉贞不仅和我赶在了同一年高考，她和她的大弟李自强也赶在了同一年高考。幸运的是，这姐弟两人同时都欢天喜地考上了清华；不妙的是，两人都万般无奈地被抽选到专修科。李自强更为遗憾，他报考的是采矿专业，不仅读的是"采矿专修科"，而且这个采矿专业所在的石油工程系，在 1953 年还从清华独立出去，以它为主体，汇聚北京大学、天津大学、大连工学院等校的石油石化学科，成立了北京石油学院，他连清华都没呆住。所以专修科的事，不仅是我的心病，更是李婉贞的双重心病，这也成了我们的一个同病相怜的话题。

荒岛是清华的恋爱角，去那儿溜达的人不多，来的多是一对一对的。我和李婉贞能够溜达到那儿，我自己觉得这应该是具有标志性意义的。从这以后，我们常常粘在一起。班上去樱桃沟野游，走着走着我们好像就掉队了；集体去颐和园划船，我们也能挨在一条船上，感受后湖的幽幽宁静。波兰马佐夫舍歌舞团到北京演出，班上只有两张票，不知道怎么被李婉贞弄到手，于是我们又有了一次一块儿进城的大举动。那天的演出在先农坛，忘了看的是什么节目，却深深记得吃到了李婉贞带的北京好吃的小吃——豌豆黄和艾窝窝。

那阵子我常常想起一位俄罗斯作家写的名言：

> 从鬃毛我识得骏马，
>
> 看眼睛我知道是恋爱的年轻人。

我觉得我们那时候的眼神，真的带着这样的意味。

好景不长，大约在第二学期的后半段，突然传来了"选拔留苏"的消息，我们班级可以选拔几个人去报考留苏。这个消息可真的炸开了，这不仅是跳出"专修科"的绝好机遇，而且是学业上的一步登天。因为那个时候出国深造，几乎是一种梦想。留欧、留美都不可能，只有留苏是当时莘莘学子最高的顶尖理想。李婉贞对这件事抱着很大的希望，她想如果我们俩人都能去留苏就太好了。这次选拔的具体程序我记不清了，好像是先进行政审，根据学习成绩选优，由系里确定报名人选，经过考试合格就去俄专学习一年俄语后赴苏。我知道我是过不了政审这一关的，因为我爸当过国民党的海军，我的社会关系里，那时候还有一位四姨夫在台湾。果然，批准报考名单里没有我，而有李婉贞。经过考试，我们两个班包括李婉贞在内，有6名同学获准进入北京俄专"留苏预备班"。这6名同学，一下子就成了天之骄子。3位男生，3位女生，的确都是学业很棒的，画画最好的陈颐和孙秀山都在列。这件事，李婉贞是幸运地改变了命运，我却受到了极大的打击。实际上，这次留苏我们两个班一共拆散了3对。因为留苏，得先在俄专学一年，再在苏联学6年建筑，整整七年的分离，从理性来分析，自然得分手。李婉贞劝慰我说："我们都淡忘了吧。"真的也只能如此。我看那两对留下的一半，好像很泰然似的，我想他们也许以为我也很泰然。其实我内心是很苦楚的，这是我来到清华，继分科之后遭遇的第二个无奈。我想起《老子》说的"祸兮，福之所倚；福兮，祸之所伏"，真让我切身体验了这条无奈的法则。我有幸进入了清华的母体，却成了无奈的"早产儿"；我有幸经历了"荒岛"的幸运牵手，却不得不戛然而止，成了昙花一现的"插曲"。匆忙的清华园日子，对我来说是混杂着欢乐和苦涩的岁月。

四、哈尔滨岁月

图4-1　哈尔滨工业大学的前身——哈尔滨中俄工业学校。1920年在这里开办了铁路建筑科

"哈工大"循环

　　1954年10月，我走出清华校门，分配到哈尔滨工业大学。那时候的毕业生都是无一例外地表示"坚决服从国家分配"。发布分配名单那天，全校应届毕业生都集中在大礼堂，好像是先听蒋南翔校长的报告，然后就在大礼堂里给每人分发一个信封，信封里面就写着分配的去处。那时候，在我们的概念里，都认为分配到哪儿，这一辈子大概就定在哪儿了。在开启信封之前，我对自己可能的分配去向是毫不知情的，因此觉得开启信封的一刹那，就是顷刻之间的"定终身"。我怀着难以名状的心情，带着怦怦的心跳，打开了信封，显示的分配单位是"哈尔滨工业大学"。

　　在这之前，我对哈尔滨工业大学并没有多少了解，对于分配到哈工大，我没有任何思想准备，心里茫茫然。我们这一届，一共有7人分到哈工大，有与我同一专业的马德勤，有暖通专业的荆元福，有给排水专业的虞炜元，还有测量专业的邹瑞坤、钮因花和陈荣林。我们乘着同一趟火车，集体到哈工大报到。我们7人，除荆元福的家在北京，其他人的家都在江浙一带。火车飞驰地奔向遥远的哈尔滨，大家心底里都有一种离家越来越远的感觉。

　　来了之后，渐渐知道哈工大是怎样一所学校。原来它源于1920年创办的哈尔滨中俄工业学校（图4-1），办学初衷是为中东铁路（后称中长铁路）培养铁路工程技术人才，最初设"铁路建筑"和"电气机械"两科。学校经历过企业创办、日伪接管、中苏共管、收归国有等多次转换，校名经过"哈尔滨中俄工业大学""东省特别区工业大学"等多次变动，1938年定名为"哈尔滨工业大学"。学校的办学模式，从前期的俄式教育，转到日占期的日式教育，抗战胜利后再转回到俄式教育，不同时期分别招收俄、中籍学生和中、日籍学生，分别采用俄语授课和日语授课。学制最后定为 5 年，中国学生还要上 1～2 年预科学俄语。学生毕业授予"工程师"称号。可以看出，这是一所很有历史、很有资质、很有特色的工业大学。

1950 年，哈工大回归中国政府管理。由于它具备俄式教学基础和俄语授课条件，在当时全国掀起的学习苏联的高潮中，自然显现出得天独厚的优越性。国家确定哈工大为中国高等教育学习苏联的基地，担当起"仿效苏联工业大学的办法，培养重工业部门的工程师和国内的理工科师资"的重任。

我们来到哈工大时，校长是李昌。他原是团中央书记处书记。听说是毛主席特别指派两位团中央书记当大学校长：一位是 1952 年派到清华当校长的蒋南翔，另一位就是 1953 年派到哈工大当校长的李昌，可见当时对哈工大何等重视，对李昌何等倚重。我们听过蒋南翔校长的报告，再听李昌校长的报告，发现李昌校长的报告更为精彩，大家特喜欢听，都盼着能经常听他做报告。

这个时期正是哈工大的崛起期，全校调整为土木、机械、电机三个系。原有的俄侨教师基本上都已离去，为迅速充实教师，哈工大向南方招聘优秀教师，并举办进修班，招收国内各大学理工学院的讲师、助教和研究生，从中留下了一批教学英才，奠定了师资队伍的骨干。后来知道，那时候有一个比较数据：1952 年清华的教师人数为 683 人，其中正副教授 99 人；而哈工大 1953 年的教师人数为 539 人，其中正副教授 6 人。这表明，哈工大的师资队伍在人数上正急速地增长，达到了可观的程度，但正、副教授奇缺，反映出这样一支队伍是非常年轻的队伍。当时李昌校长有一个建立 800 人师资队伍的宏图，号称"八百壮士"。当 1957 年达到 800 人时，这"八百壮士"的平均年龄是 27.5 岁。这支教师队伍虽然如此年轻，却拥有极其强大的外援：哈工大先后来了 67 位苏联专家和 3 位捷克专家，成为当时中国工科院校学习苏联的集聚点。国内很多工科院校都纷纷派教师来哈工大进修，哈工大成了一所采用苏联教学制度的新型多学科工业大学。1954 年 10 月，正当我们来到哈工大报到时，高教部确定全国第一批 6 所重点大学，哈工大是其中一所，也是唯一的一所不在北京的全国重点大学。知道了这些，我们这些初来乍到

图 4-2 俄侨建筑师彼·谢·斯维利道夫，是哈尔滨近代最负盛名的建筑师，曾任哈工大建筑工程系主任和建筑教研室主任

的新成员也很兴奋，很能感受全校面临的大建设、大发展、大提高的大好局势。

从学科专业来说，当我来到哈工大时，还没有"建筑学"专业，只有土木系里的"工业与民用建筑"专业。但是它是"三条腿"一样粗，建筑、结构、施工并重，是一种宽口径的建筑工程专业，是具有颇多建筑学教育成分的土木建筑科。它开办得很早，1920年哈尔滨中俄工业学校成立时，就设有铁路建筑科。我们知道，中国的第一个"建筑科"，始办于1923年的苏州工业专门学校，这是中国建筑教育的序幕。而在这个建筑教育"序幕"之前，实际上有过两个建筑教育的"前奏"：其一是1911年在大连开办的"满洲工业学校建筑科"，它比苏州工专建筑科早12年，但这个学校的教师、学生全部都是日本人，只能说是设在中国国土上的日本学校；其二就是1920年哈尔滨中俄工业学校的铁路建筑科，它比苏州工专建筑科早3年，它是兼招中、俄籍学生的，在中国国土上确实在这里奏出过建筑教育的前奏曲。

在哈工大的建筑师资中，出过一位人物——俄侨建筑师彼·谢·斯维利道夫（1889-1971年）（图4-2）。他毕业于俄罗斯圣彼得堡民用工程师学院。1920年进入中东铁路管理局工务段，任建筑师、总建筑师，同时在哈尔滨中俄工业学校兼职，自己也开设私人建筑设计事务所。他曾为哈尔滨著名的马迭尔宾馆改造1200座位的剧场，当时的报纸描述这个项目说：

图 4-3 斯维利道夫主持设计的哈工大土木楼

图 4-4 苏联专家彼·依·普列霍基克，任哈工大建筑教研室顾问。这是他1959 年寄给建筑教研室的贺年照片

图 4-5 哈尔滨建筑工程学院建筑教研室 1959 年合照，是一张难得的、教研室人员比较齐全的照片。前排左起：×××、周凤瑞、曾蕙心、程友玲；二排左起：侯幼彬、富延寿、张聿洁、金芷生、田瑞英；三排左起：唐岱新、邓林翰、宿百昌、张之凡、郑忱、×××、黄天其；四排左起：初仁兴、梅季魁、郭士元、王玉莹、×××、常怀生；五排左起：高培臣、张克勋、陈惠明、隋志诚

如果哪个人有幸去过远东地区的一些其他城市，他就会知道，装饰如此舒适豪华的剧院在整个远东地区也不曾有过。

　　到1935年，他在哈尔滨已完成了50余座建筑的设计，从他设计的哈尔滨工业大学宿舍（现哈工大人文学院楼）、哈尔滨霓虹桥、双城堡火车站候车室和新哈尔滨旅馆（现国际饭店），可以看出他设计功力的雄厚和设计路子的宽广。他可以说是哈尔滨近代建筑史上最负盛名的建筑师，自1945年到1952年，他一直担任哈工大建筑工程系主任及建筑教研室主任，对哈工大的建筑教育做出了很大贡献。1951—1952年在他主持下，由俄籍犹太五年级学生菇珂以及一些研究生、本科生共同完成了哈工大土木楼主楼的设计。这座新古典式大楼，矗立在西大直街上，有西洋古典的山花，有通高3层的文艺复兴式巨柱，有带罗马多立克柱的门廊，庞大的体量，雄伟的气势，显得分外的壮观。它是斯维利道夫留在哈尔滨的最后的杰作，也成了哈工大的校行政楼和土木系楼，成为哈尔滨工业大学的一张瞩目的建筑名片（图4-3）。

　　从1952年8月到1954年春，陆续有7位苏联专家来到土木系任教。其中有一位建筑学副博士、副教授彼·依·普利霍基克在建筑教研室当顾问（图4-4）。我来哈工大后，先在基建处干了一年，第二年才到教研室。这时候建筑教研室的教师有在土木系当副主任的张之凡，有当建筑教研室主任的富延寿，有哈工大毕业留校的周凤瑞、初仁兴、宿百昌，有从同济大学建筑系毕业的曾蕙心、李行，还有一位忘了从哪个学校毕业的闵玉林。没隔多久，哈工大新毕业的常怀生、梅季魁、郑忱、张琪、王铁梦等各位，来自中央美术学院的陈桂馥、黄佳和来自清华大学研究班的邓林翰等各位都陆陆续续地来了，教研室显得济济一堂，人数不少，大家都很年轻。这里面，只有张之凡先生、富延寿先生可以算是我的师辈，他们那年也只有33岁、31岁。其他各位都跟我是同辈。和我差不多大的、二十岁出头的都称"小侯""小马""小李"；比我大一点，二十七八岁的，就称"老常""老梅""老邓"；对张之凡、富延寿这样三十岁出头的也直称"老张""老富"。整个教研室班子很齐心、很和谐、很有活力（图4-5）。

　　张之凡（1922-2001）是建筑教师的核心，他毕业于重庆大学建筑系，是重庆大学派到哈工大读研究班后留下来担当骨干重任的。1956-1958年曾去苏联进修。我在教研室资料柜里见到过他写的研究生论文。那是普利霍基克指导的，研究方向是中国古代建筑，论文选题是研究开封铁塔的琉璃面砖设计。这是一部写得很充实的、篇幅很大的论文。他对开封铁塔的琉璃面砖作了很细致的调查测绘，对全塔做了很深入的技术分析和艺术分析。我当时很诧异他当年怎么能写出这么有分量的中国古建筑学术论文。

教研室主任富延寿是一位"好好先生"。他是从上海应聘来哈工大的，先就读于上海大同大学，又上了杭州艺专，毕业于土木、美术两科，颇有艺术造诣。他来后，一边工作，一边在研究班学习。在普利霍基克指导下，他写的也是研究中国建筑的论文，好像是对中国古代建筑的综述和概论。

资料柜里除这两部论文，我印象里还见到近10本左右同类的论文，那是其他院校建筑教师前来研究班进修所写。这些论文的选题涉及建筑设计、建筑技术和建筑历史。他还指导当时的工民建专业本科生的毕业设计。留在建筑教研室任教的宿百昌所做的工业厂房毕业设计是普利霍基克指导工业设计的一个硕果。当时国内对工业建筑设计还很生疏，宿百昌的设计一炮打响，轰动一时，整套设计曾经编印后发给各个建筑院校和设计院交流，成了做工业建筑设计和生产设计的样板参考。

1958年，哈工大决定在土木系成立新的建筑学专业，这当然是我最最期盼的。我们当时都意识到，在我们这里成立建筑专业，"万事俱备，只欠东风"，这个"东风"就是需要一位重量级的、富有学术地位和教育声望的老一代建筑名家。这按说是根本物色不到的。不知道哈工大通过怎样的努力，居然聘请到了同济大学建筑系的哈雄文教授。这位哈雄文（1907-1981年）教授（图4-6），早年毕业于美国宾夕法尼亚大学建筑系，拥有和梁思成、杨廷宝、童寯同校学习建筑的留美教育背景；先后在上海沪江大学、复旦大学、同济大学建筑系任教，当过沪江大学系主任和同济大学教研室主任，有厚重的建筑教育资历和声望。他曾在国民政府内政部地政司、营造司任职12年，当过7年营建司司长。长期致力于建筑行政和城乡规划的管理工作，是当时政府部门掌管建筑和城乡管理机构的最高主管。他领导制订了中国第一部《建筑法》和中国

图 4-6　青年时期风华正茂的　　图 4-7　哈雄文教授从同济大
哈雄文先生　　　　　　　　　学调到哈工大,担当起创立哈
　　　　　　　　　　　　　　工大建筑学专业的重任

第一部《都市计划法》,努力推进中国建筑设计的法制化和城市规划的法制
化。这样一位跨越建筑与城市规划两大学科,身兼建筑师、建筑教育学者和
建筑行政领导的多重身份,拥有响亮的学科声望和社会声望的建筑界高端人
物,能够放弃上海优越的生活条件,欣然接受北调来哈,真是我们意想不到
的。因此大家对哈雄文先生的到临,都备感庆幸,对哈雄文先生都倍加尊崇。
哈雄文先生曾乐呵呵地自我打趣地说:"哈尔滨,哈尔滨工业大学,哈雄文",
他说他与哈工大有"哈、哈、哈"的缘分。在 1959 年土木系元旦联欢会上,
哈先生更是意气风发地发出"哈雄文五十四岁立大志,为建院培养建筑专业
人才贡献全力"的豪言壮语。老当益壮的他,肩负哈工大建筑学专业委员会
主任的重担(图 4-7),推动着哈工大建筑学专业的创立、新生,这是我们
难忘的一段创业史。

　　这时候,迅速发展的哈工大已经发展为 7 个系 23 个专业,成为一所新型
多学科工业大学。为贯彻邓小平所做的"哈工大要搞尖端"的指示,学校开
始对专业设置进行重大调整,准备调出一些民用专业,由民转军,向建立国
防科技及国民经济建设服务的多学科大学转化。土木系就在这样的背景下,
于 1959 年 4 月从哈工大分离出来,成为独立的哈尔滨建筑工程学院。

　　这次从哈工大分离出来,我们并没有恋恋不舍。因为学院的隶属关系转
归到建筑工程部,和当时的重庆建筑工程学院一起成为建工部的两所部属重

图 4-8　哈尔滨工业大学土木楼。从哈工大土木系到哈建工学院、到哈尔滨建筑大学，再回归到哈工大建筑学院，建筑学专业都设在这座大楼里（常怀生摄）

点大学，这在学制、专业上是归入了正宗直系。而且私下里还流传着小道消息，说是哈建工学院只是过渡性的，很快就会整体调入北京，与北京的建工部所属的某个土木院校合并，成为在京的一所正牌嫡系的建筑工程学院。能够整体调京成了我们当时的一个美梦，没想到后来只是个泡影。

哈建工学院的成立，地点没有变动。哈工大校行政从土木楼迁出，整座土木楼成了哈建工学院的院楼。我们的教学楼还是原来的那座教学楼，我们的教师团队还是原来的那个教师团队，学校的名称虽然改变了，我的感觉好像并没有什么变化似的。

一晃35年过去，到了1994年，哈建工学院改名为哈尔滨建筑大学，建筑系升格为建筑学院，学校有了新的校区，而我们所待的教学楼，万变不离其宗，还是原先的那座土木楼。到了2000年，哈尔滨建筑大学在新一轮的全国院校大调整中，又回归到同根同宗的哈尔滨工业大学，我们成了哈尔滨工业大学建筑学院。这时候我们的建筑学院教学楼仍然是原来的土木楼（图4-8）。

我从1954年来到哈工大，到2000年返回哈工大，迈过了47个年头的岁月，经历了"哈工大→哈建工学院→哈建大→哈工大"的一个大循环。我从一个22岁的小不拉子助教变成了68岁的苍老教授，在回归哈工大后，我又在土木楼待了3年，直到2003年退休，迁居到北京。在哈工大的这个大循环中，我在哈尔滨整整待了50年，在这座新古典的土木楼里整整经历了半个世纪。居然会超长期地活动在同一座教学楼里，我意识到我的学科领域和学术指向应该说是超稳定的。

美学发烧友

到哈工大，我和暖通的荆元福、给排水的虞炜元，三个人先到工大基建处工作了一年。这一年，主要做两件事：一是作为甲方成员，下到施工工地；二是为建校的配套工程，做一些小型建筑设计。那时候还没有哈尔滨市建筑设计院，只有它的前身——哈尔滨市设计室。我们就参与到市设计室，在那里一起做设计。没想到这一年的深入工地和参与设计的基层实践，过得很充实，挺有收获。在清华时，我只到长春第一汽车制造厂工地，做过短短的认识实习。这次在基建处，很像是给我补上了欠缺的施工实习和设计实习。这两个环节用了一整年时间，我很高兴这比六年制建筑学专业的实习时间还长，足以弥补我在实习环节的缺失。

1955 年，我转回到建筑教研室。我很感谢张之凡、富延寿两位老师，当他们知道我对中国建筑史挺感兴趣时，居然就决定把张之凡先生讲的中国建筑史课由我来接班，由此迈出了我整整半个世纪的中建史讲课的第一步。实际上当时我面对的中心任务是"进修"。那时候，中国的高等学校还没有普遍招收研究生，大家的提高途径主要是"进修"。全校青年教师都要订进修计划，作为先天不足的"早产儿"，我当然对"进修"更为关注。教研室安排张之凡老师当我的进修导师。我该怎样进修呢？荆元福、虞炜元他们，工大自己有很强的暖通、给排水专业，一门门专业课都可以选读，他们两位回到各自的教研室后，很快就制订了完整的进修计划。而我呢，工大这时还没有建筑学专业，只有工民建专业，我很有点茫然，不知该怎么进修。之凡老师给了我很好的指点，他出的主意是：工民建专业有相关课程可选的，尽量选课、听课，这样效率高；建筑学科没有课可选，可以结合"中国建筑史"的备课和指导学生建筑课程设计的备课，选定课题做"专题研究"。他说研究班的学习，其实也就是选择课题搞专题研究。这话很触动我，我真的就这么做了。我完全按自己的意趣，自由自主地选择听什么课，定什么课题。我当时自选的进修计划包含着三个方面：

一是俄语补课。这是当时我感到压力最大的，那时哈工大的留校教师都上过俄语预科，几乎个个都是俄语响当当的，而我只有"速成俄语"的底子，只好选了一位苏侨老师讲的俄语课，从初级班学起。

二是工民建课程。我挺羡慕哈工大工民建毕业生扎实的"三条腿"一样粗。这里有一系列工民建专业的名牌课可选，我就选了钟善桐老师的"钢结构"、朱聘儒老师的"钢筋混凝土结构"、樊承谋老师的"木结构"，把这三门课按"工民建"专业的深度，重新补一遍。的确这几位先生的讲课都很精彩，让我觉得哈工大的教学水平真是很高。最吸引我的还是樊承谋老师讲的"木结构"，他慢条斯理地条分缕析，讲得非常透彻。他的课，我每堂都听得津津有味。樊老师还常常担任中国古建筑重大修缮工程的评审和顾问，他曾经和我聊过应县木塔修缮的事。可惜的是，我当时还不懂得从中国古建木结构的角度，提出一些有深度的问题向他请教。有趣的是，正当我在学习"木结构"的时候，清华大学曾经给我们班讲"建筑结构学"的陈肇元先生也在哈工大进修。他很年轻，我们很快就很熟了。他特热诚地推动我做"木结构"的课程设计，为我选了一个"胶合木屋架"的设计题目，挺认真地给我辅导，成了我的"木结构"小老师。这位陈先生很优秀，后来在结构学科中，他是较早评上院士的一位。没想到我的结构学习居然还遇上了结构大师。

三是结合备课做"专题"。教研室安排我参加指导学生的建筑课程设计，有"单元式住宅设计""中学校设计""电影院设计""俱乐部设计"等设计题。我就围绕着这些建筑类型做"专题"。让我深受感动的是，之凡老师挺热心地关怀我。1956-1958 年，他去苏联进修，在苏联那么繁忙的日子里，他居然替我翻拍了一批俱乐部设计、观众厅设计的资料寄给我。在很长时间里，我对之凡老师并没有真正的了解。一直到 2003 年，读到汪国瑜先生写的"怀念窗友张之凡"一文，我才知道之凡老师的许多精彩表现。汪先生说之凡老师在重庆大学建筑系上学时，"在班上的成绩经常名列前茅"；设计作业"不是第一，就是第二，年年如此"；说他"善于人像速写……线条简洁、韵致、神形兼备"；我们都听说谭垣老先生对学生极严厉，常常不留情面地指责，而汪先生特地指出，"之凡……却常常获得谭教授的青睐和关心"。我这才明白，原来张之凡老师有这样的设计功力和建筑造诣，难怪他在研究班所做的开封铁塔的论文能写到那样的深度。

我现在回顾那几年的自选式进修，虽然是有成效的，但不是最重要的，投入的时间也不是很多。真正对我产生深远影响的，却是我不知不觉地投入了"另类"的进修，一头扎进了当时翻腾的美学热潮，我成了一个"美学发烧友"。

这是当时建筑界的状况促使的。

就在我刚刚进入建筑教研室时，建筑界掀起了一股强劲的对建筑中的形式主义、复古主义的批判，矛头直指梁思成先生。《建筑学报》发表了陈干、高汉写的"论梁思成关于祖国建筑的基本认识"，《学习》杂志发表了何祚庥写的"论梁思成对建筑问题的若干错误见解"。我当时不知道陈干、高汉、何祚庥是谁，更不知道这次批判有什么背景。我当时觉得这些文章都有很强的理论性。同济大学的翟立林也在《建筑学报》同步地发表"论建筑艺术与美及民族形式"一文，他已经把这场批判提到建筑理论的层面来系统论析，论述的几个标题是："建筑的实用与美观""建筑艺术的特征""建筑的形式和内容""建筑中的社会主义现实主义"。这使我知道批判建筑中的形式主义、复古主义，的确与这些理论认识息息相关，觉得翟立林这篇文章很有理论高度，写得头头是道。没想到过不了多久，就读到陈志华、英若聪合写的"评翟立林'论建筑艺术与美及民族形式'"。两位先生对翟文的整个论述，逐条都提出不同见解，也都写得头头是道。这件事给了我很大的刺激，让我知道自己对"建筑理论"的认知，完全是一片空白，一头雾水，亟须学习、弥补。但我不知道究竟该怎样学习、弥补，很是迷茫。赶巧这时候中国正处于"50年代的美学热"，美学界正在热火朝天地展开关于"美的本质"的大讨论。当时有所谓的四大派：一是吕荧、高尔泰的"主观论"；二是蔡仪的"客观论"；三是朱光潜的"主客观统一论"；四是李泽厚的"客观性与社会性统一论"。报刊上发表了很多论辩文章，很有"百家争鸣"的活跃气氛。每隔一段时间，就汇总出版一本《美学问题讨论集》，我记得好像连续出了五六集，我都及时买了。我很快意识到，建筑界触及的理论问题，正是美学范畴的问题，要想提高建筑理论水平，出路正在这里。因此对这场美学大讨论大感兴趣，分外热衷，着迷似地几乎读了《美学问题讨论集》里的每一篇美学讨论文章。刚开始时，是读哪篇文章，就觉得哪篇文章有理。曾经觉得蔡仪的"美是典型"的提法很有意思，也曾觉得朱光潜的"物乙说"十分精彩。不过很快就集结到李泽厚这边，这是当时大多数读者的共同取向。四派纷争，独尊李氏，我成了李泽厚的粉丝。我喜欢他对"美感二重性"的表述；喜欢他对"客观社会性和具体形象性是美的两个基本特性"的概括；喜欢他说的"美是'真'与'善'的统一，即合规律性与合目的性的统一"；喜欢他提出的"自然的人化"的命题和"外在自然的人化与内在自然的人化"的论析；喜欢他对形式美所做的那段著名的表述：

（形式美）之所以能引起美感愉悦，仍在于长时期（几十万年）在人类的生产劳动中肯定着社会实践，有益、有利、有用于人们，被人们所熟悉、习惯、掌握、运用……于是才有美学价值和意义。

对他的"积淀说"佩服之至，觉得"积淀说"真正透彻地解开了"形式美"的谜底。

李泽厚把美学概括为美的哲学、审美心理学和艺术社会学三条主线，在这段"美学热"的跟踪中，从 1950 年代的反映论美学到 1960 年代的实践论美学，我自觉不自觉地沉浸于美的哲学、艺术哲学的学习。我成了高痴迷度的美学发烧友，像是加入了编外的美学研究班，成了另类的进修。我把主要精力都投进美学。这是一种超出建筑学科的、跨学科的"进修"。我开始熟悉美学话语，开始有了美学理念，开始阅读中国文论、画论，开始关注各门艺术的美学问题。跟踪美学辩论的过程，也好像是观摩持续的哲学辩论会，领略着一茬又一茬的哲理辩论。李泽厚的一篇篇极富哲理风范和文学风采的美学论文，好像给我上了一堂堂怎样进行哲理思维和理论写作的示范课。歪打正着，我用"美学"这块敲门砖去叩"建筑理论"的门扇，仿佛在建筑理论上、建筑哲理思维上、建筑艺术认知上开了一点窍；从对建筑理论的一片空白，一团迷雾，提升到对建筑理论、建筑学术、建筑艺术能够进行一些哲理的思索和理论的思考。在 1961-1963 这三年中，引导我进行了三项活动：

第一项是参与建筑界的理论争鸣。1961 年 7 月，建筑科学研究院建筑理论及历史研究室，在北京召开建筑理论问题的学术讨论会，我怯怯地参加了。这次座谈会的主题是讨论建筑风格问题，围绕建筑风格是否属于艺术范畴，是否就是建筑艺术风格，什么是建筑风格的决定因素，什么是社会主义建筑风格的基本特征等各抒己见。这些正是建筑中的美学问题，我自己觉得都可以说出一点哲理的认知，因此敢于放松地发言。这次讨论会，《光明日报》曾以"十城市建筑学工作者探讨建筑中的美学问题"为题，作了大篇幅的报道。报道中列述了与会者的各种见解，我的发言也被列为一种代表性的论点。为准备这次讨论会，我写了"试论建筑艺术的特征和风格"一文，这篇文章收入在中国建筑学会汇编的《建筑理论争鸣论文选集》中。这本汇编从1961年全国建筑界的理论争鸣中选登了41篇，我很高兴自己能够从对建筑理论的一无所知，转化到跻身建筑界的理论争鸣行列。所写的论文虽然谈不上什么理论深度，但对我来说，却是迈出了建筑理论研究的第一步。

第二项是开始撰写建筑学术论文。有了美学垫底，我仿佛觉得从建筑艺术、建筑遗产的角度，有很多选题可写。第一篇写了"李笠翁谈建筑"，写的是明末李渔的《闲情偶寄·居室部》的读书札记；第二篇写了"传统建筑的空间扩大感"，是对传统建筑空间理念、布局机制和设计手法的论析。这两篇文章都发表在《建筑学报》上，我自己觉得我的学术论文的撰写，开局还比较顺利。因为开拓了美学视野，可以从其他艺术获得启迪和借鉴。我分析传统建筑空间的"不尽尽之"设计手法，就是从画论得到启示和引申的。我似乎觉得有很多选题都可以写，我很想把传统建筑的构成机制和设计手法，接二连三地写下去。但是，1984年爆发的"设计革命"就把这个局面打翻了，我的学术论文的写作刚刚起步就戛然中止了。

第三项是开始撰写建筑"知识小品"。我很喜欢读知识小品，在1950年代美学热的这段时间，报刊上的知识小品也很热火，我津津有味地读，还饶有兴味地剪报，分门别类地装订。那时候，有一位名叫"易水"的作者写了"针""黑陶杯""古代彩陶""椅子溯源"等许多短文，这启发了我，觉得中国建筑遗产也有很多选题值得写。知识小品要求写得短小精悍，把精髓的科学知识与生动的散文笔法相结合，既深入浅出，也趣味盎然。我觉得这很适合我，就很热衷地尝试。我选了第一个题目，写"窗"。我用1200字试写初稿，短短的篇幅里，居然能包容很多跟"窗"有关的知识点：

能够谈到窗的初始——穴居屋顶用以排烟的"囱"；

能够引用《淮南子》"十牖毕开，不若一户之明"的引文，表述牖窗的小小形象；

能够论析窗的"透"与"隔"的双面作用；

能够叙述窗纸、窗纱的运用及其对密栊的依赖；

图 4-9 《人民日报》副刊姜德明编辑来信。告知采用我写的建筑小品，并建议我继续写"桥、亭、廊、门、塔"等系列的建筑小品

能够梳理"直棂"的长期传承和菱花窗棂的多样精巧；

能够讲述玻璃的应用引发窗的革命性换代；

能够展述窗的联系空间、扩大空间、美化空间的作用及其在建筑立面上构成虚实、明暗和材质的对比；

能够专论园林的用窗，描述廊墙漏窗的虚虚实实，分隔空间又让空间相互渗透；

最后还能用一句话来展望未来之窗。

我觉得有这么多的"知识点"，对窗的描述是够充实的，短短的表述中既蕴涵有趣的历史信息，也做了必要的文学润色，我还给颐和园乐寿堂那一串什锦灯窗想出了一句诗意的表述："像一队的演员在墙的舞台上欢乐飞舞。"这样我想应该可以说是写到位了。因而自我感觉很好，信心满满地就准备投稿。那时候《人民日报》副刊是我心目中最理想的平台，我想投给《人民日报》副刊没准能成。果然不出所料，很快就收到《人民日报》副刊姜德明编辑的来信（图 4-9），信里说：

寄来小品"窗"已收读，拟用。写知识小品而又让它富有文学色彩，这写法是好的。希望你继续努力。如果可能的话，可否接连写下去呢？例如写桥、亭、廊、门、塔等一系列的建筑小品？

这封信让我大喜过望，不仅"窗"能发表，姜德明编辑还建议我连续写"桥""亭""廊""门""塔"……这真是太好了。如果说杭州《大华日报》的林莘莞编辑是我少年习作遇到的"贵人"，那么，这位姜德明编辑则是我写作建筑知识小品遇到的另一位"贵人"。这封信大大鼓舞了我，当天晚上兴奋得难以入眠，头脑里一直回旋着下一篇写什么？我闪过一个念头：写"塔"。怎么写"塔"呢，我突然有了一个灵感，可以颂扬塔的"品质"。我觉得在塔的身上，蕴涵着很多值得颂扬的品质：可以写它的高龄长寿；可以写它的崇高向上；可以写它的一层层登高眺远；可以写它的螺旋梯级上升；可以写它和山的关系：塔有了山，就有了根基、有了依托、有了屏障，山有了塔，就有了重心、有了神采、有了指向；还可以写塔的坚实品质：每一条灰缝都踏踏实实，每一个榫头都严严密密。我按照这样的构思，充满激情地用1100字写了一篇"塔"的颂歌。写完了才发现，我写走样了，这根本不像标准的"知识小品"，而像是塔的抒情散文。因为里面有一些美的文句，我舍不得抛掉重写，就这样寄给《人民日报》副刊。很高兴，《人民日报》副刊就这样刊登了（图4-10）。我接着就按姜德明编辑点的题，继续写了"门""廊""天花板""栏杆"。"门"和"廊"很快也登出。这时候，我惊喜地发现，《人民日报》副刊上出现了梁思成先生写的"拙匠随笔"，从1962年4月至9月，连续发表了梁先生的"建筑（社会科学∪技术科学∪美术）""建筑师是怎样工作的""千篇一律与千变万化""从'燕用'——不祥的谶语说起""从拖泥带水到干净利索"5篇文章。像梁思成先生这样的大人物也写知识小品，让我觉得特别亲切、特别带劲。那段时间我真是迷上知识小品的写作。我还写了另一组知识小品，写"嵩岳寺塔""应县木塔""佛光寺大殿"和"明长陵神道"。这样的题目比"门""塔""窗""廊"好写，我投给了省报副刊。写知识小品，完全是一种浓浓的兴趣。我也知道，这算不上正规的学术文章，对于评职称、对于统计科研成果都不算数。因此对我来说完全是一种另类的写作。我当时似乎很有信心持续地写下去，我想如果能发表上百篇的话，也是很有意义的、值得干的事。

没有想到，好景不长。在"廊"发表之后，"天花板"和"栏杆"两文迟迟不见发表。到1963年1月，《人民日报》副刊把这两篇文稿退给了我。

图 4-10　建筑小品《塔》。刊于
1961 年 9 月 18 日《人民日报》副
刊，写的时候心情很激奋，把"塔"
的小品写成了"塔"的颂歌

图 4-11　1963 年 1 月《人民日报》
副刊姜德明编辑来信。政治"风向"
的转移，副刊不再刊发知识小品，从
这以后我的建筑小品写作就停止了

姜德明编辑在退稿信中说（图 4-11）：

"这两篇稿件原拟刊用，后来考虑到报刊上谈建筑过多，似不太好，故
不拟用了。"

我看两篇原稿上编辑都用红笔标明了标题和正文的字号，的确是"原拟
刊用"的。那时候我还不明白退稿的真正原因，就把两稿重抄一遍，改投《光
明日报》副刊。《光明日报》副刊把"天花板"一文发表后，过了一阵也把
"栏杆"文稿退还给我了。这时候我才知道，属于"知识小品"这样的文稿，
报刊上已经随着政治"风向"的转移，都不用了。

这真是给我的当头棒击，我的"知识小品"的"另类"写作，也戛然中止了。
既不能写作学术论文，又不能写作知识小品，开局顺利的我，遭遇了人生的
又一槎挫折。不过这并非我一个人的遭遇，大家彼此彼此，都转向投入"设
计革命"运动和"四清"运动。

现在写口述史，回忆起这一段，我感到这个阶段的"美学发烧"，对我
来说是很重要的。它改变了我的知识构成。我成了"半拉建筑学子" + "半
拉美学票友"。"半是建筑半美学"，用现在时髦的话说，叫作"跨界"。对
于这样的跨界，我当时是情有独钟的。

图 4-12 在北大物理系上学的弟弟

三十而"婚"

我在哈尔滨过了好多年单身生活。第一年在基建处,主要和暖通的荆元福、给排水的虞炜元在一起。那时候我们很穷,食堂在机械楼的半地下室,我们三人进食堂,多数买的都是 5 分和一角的菜,每天伙食费有 5 角就够了。花钱这么省主要是很有孝心,给爸妈寄钱。忘了那时候每月工资是多少,不是 56 元,就是 62 元。我每月给杭州的爸妈寄 20 元,给在北京大学物理系上学的弟弟寄 5 元。弟弟在北大物理系学的是黄昆院士创办的首届半导体专业(图 4-12)。我每月寄的这点钱挺管事,可以够弟弟的零用花费了。那段时间,哈工大的伙食办得很好。大食堂旁边就是小食堂,有现炒的菜,摊黄菜每份 0.2 元,熘肝尖每份 0.25 元,刚出炉的烤鹅每份 0.3 元。这些菜我都觉得非常好吃,价钱都牢牢记得,就是舍不得买,一心想把伙食费控制在每月 15 元内。因为新到哈尔滨要花不少钱买过冬的大衣、皮帽、棉鞋等等。还有就是得买书、订杂志。那时候的书刊很贵。1955 年新创刊的《建筑学报》,头两期是大开本,第一期卖 2 元一本,第二期厚一点,卖 2.5 元一本。1956 年改为小开本,每期也要 1 元。1955 年 4 月,陈志华、高亦兰翻译的《古典建筑形式》在建筑工程出版社出版,每本要卖 1.65 元。同时出版的《城市建设》每本要卖 2.16 元,我都嫌太贵。前一本当然得买,后一本我一直犹豫着没买,因为这相当于 7 份

图 4-13　斯维利道夫 1929 年设计的哈工大学生宿舍。富延寿、黄佳和我三人曾经合住在正中间的阁楼上，此楼现为哈工大人文社科学院

烤鹅的高价。后来想这书是苏联中央执行委员会附设共产主义研究院，从马克思列宁主义经典著作和相关文献中编的有关城市建筑的理论汇编，觉得太重要了，憋不住又傻傻地去买了。其实这书后来没怎么用。这样，我的钱包就变得紧巴巴的，每个月都成了"月光族"。有一次，上了北大物理系的弟弟紧急要用钱，让我再寄 5 元，我就拿不出，向荆元福、虞炜元借，他们也和我一样，身上没钱了，最后从已成家的邹瑞坤、钮因花夫妇那儿才借到手。

　　第二年到建筑教研室后，就和富延寿、黄佳住一起。我们住的宿舍就是斯维利道夫 1929 年设计的那幢漂亮的学生宿舍（现为哈工大人文社科学院）（图 4-13）。那时候一层、二层作为女生宿舍，三层住单身男教师，是个阁楼层。中部一个大统间，开着宽大的三窗联立的半圆组合窗；两侧是一个个小间，开着椭圆小窗。我们三人住在当中的这个大统间。说实在，面积很大，如果加以间隔，就是很像样的三个单间。富延寿这时候是建筑教研室主任，年纪大约三十二三岁。黄佳是中央美术学院毕业的，教学生的素描、水彩，他比我大两岁，这年大约二十五六岁。两位都是地道的"好人"，我们相处得非常合拍。老富是先在上海的大同大学学土木，再到杭州艺术专科学校学美术。他是多才多艺的，水彩画得很好，还能写一手好字。"哈尔滨工业大学"校徽上的毛体文字，就是他从毛主席手书中选辑、组合的。他为人也很谦逊、随和、风趣。每遇晚会，大家都要他说"法语"。他能装模作样地来一段惟妙惟肖的"法语"致辞，实际上的读音是"盘比碗大，碗比盘深……"之类，逗得大家哈哈大笑。他算是老单身了。我本来觉得很奇怪，他自身条件这么好，怎么成了老单身呢？他的学识、才艺都很好，一表人才，虽不算高大，也不算矮小，中等个儿，只是带着度数略高的近视眼镜。他在 1950 年就应聘到哈工大，工资挺高的，每月有一百三四十元，就他自己一个人花，在我看来是名副其实的"老富"。他家在上海，在哈尔滨有一位姐姐，是哈医大挺有名的大夫。这位姐姐肯定对他的婚事操过不少心，但没有成效。用现在的话说，他是典型的"剩男"。工作之余，在宿舍里就是手不释卷地看书，一本接一本地看散文、小说，他好像沉迷于文学的世界中。每当有人真诚地劝导他相亲别要求太高，得从理想的王国回到现实的世界。他总是苦笑地回应，不是要求太高，是无奈，"曾经沧海难为水，除却巫山不是云"。

的确，老富是一位有故事的人，是曾经"沧海""巫山"的人。我和老黄是无话不说的，彼此都知道对方的心事。但对于师辈的老富还没做到这一点，我们还不敢问他的"沧海""巫山"是怎么回事，不忍心勾起他的悲伤往事。我们觉得他一直沉浸于文学的美丽爱情梦幻，肯定接触过心目中的"沧海""巫山"。因此就像元稹这首诗的后两句所说的"取次花丛懒回顾，半缘修道半缘君"；这使得老富深深地陷入了"难以看上眼，再也不动情"的漫不经心、了无心绪的状态。

我特别理解老富这样的心态，因为我这个阶段也正处于与老富同样的境况。

1953 年，和李婉贞分手后，她在俄专学了一年俄语，1954 年留苏去了。但是她虽然留苏，也很折腾，没有让她学建筑，而是把她分到莫斯科纺织工学院实用艺术系，让她改学染织美术（图 4-14）。这五六年间，我们总共只通过四五封信，是真正的分手了。随着岁月的流闪，我的确也到了该谈婚论嫁的年龄，也颇有热心人给我介绍。张之凡老师的夫人张佩蘅师母就是很热心的一位。她是学校会计科的科长，在哈尔滨银行界很有些熟人，她曾经给我约会银行的女生。也有人给我约会哈医大医院的女生，还有同事把自己的妹妹介绍给我。应该说这些女生都是很好的，但是我见了却都没有激起曾经有过的触动。我心里明白，这就是"难为水""不是云"的机制在作怪。我

图 4-14　就读莫斯科纺织
工学院实用艺术系的李婉贞

的内心苦楚和老富是一样的，和老富是同病相怜。眼看他从大龄单身拖到高龄单身，到 40 岁出头还单着，特别能感受到他内心深潜着的苦寂。

1958 年，哈雄文教授调到哈工大来，他的夫人蒋静凝师母仍留在上海，这样，哈先生也成了单身在哈。老富和我就添加了一个差使，时时去哈先生的房间陪陪他。常去看哈先生的还有当时建筑专业的领导老常（常怀生）、老梅（梅季魁）和跟哈先生一起从同济调到哈工大的张家骥、程友玲两口子。我们经常聚在哈先生房间里，他的案头、床头总是摆着图书馆新到的国外建筑杂志，寂寞的、单身在哈的哈先生每天晚上都在浏览这些。他总是兴致盎然地跟我们聊国外的建筑动向和热门新作。我们对这样的话题特别热衷，畅聊起来很像沙龙似的热闹。闭塞的我常常觉得有一种"即时"开阔眼界的感觉。

哈先生来了兴致，常带我们去饭馆进餐，多是他和老富请客。我记得哈先生、老富、老梅那时候都很喜欢喝一种青岛出的"樱桃白兰地"酒。我也觉得这酒很好喝，不知为什么，后来再也没见到这种酒了。陪哈先生吃饭，可以聆听他讲述这样那样的见闻，也包括哈先生自己的"哈氏家族"和哈师母的"蒋氏家族"的逸闻轶事。

我从哈先生的讲述，知道哈家是回族的名门望族，祖籍河北沧州河间。哈先生的父亲哈汉章，以"雍正年间贵州提督哈元生将军后人"的身份，经慈禧批准，由张之洞遣派，到日本留学。1902 年从日本陆军士官学校中华队第二期步兵科毕业回国。他是学有所成的清末儒将，曾是孙中山先生早期创建的兴中会成员，1909 年在陆军部军咨处当副使，任陆军正参领，是一名三品官；因劳绩卓著，三年后就赏二品衔。他做过袁世凯的军事顾问，晋升陆军中将。他是黎元洪的密友，担当黎元洪总统府的侍从武官长，授"廉威将军"称号。他和丁世峰、金永炎、黎澍同为黎元洪的亲信干将，号称"四大金刚"。因为黎元洪总统与段祺瑞国务总理之间的"府院之争"，他被段列为"四凶""五鬼"。黎元洪被逼下台时，哈汉章为躲避段祺瑞的追杀，就匆忙离京，从此脱离军政界。后来只是在国民政府边务委员会当挂名委员，长期退隐、赋闲。

哈先生对他父亲的事，说的不是很多。哈汉章有一件掩护蔡锷出京的轶事，哈先生也没跟我们提及，我是从网上查索才知道的。几乎家喻户晓的小凤仙掩护蔡锷出京的故事，其实是子虚乌有。"蔡锷出京"并非小凤仙的掩护，而是哈汉章的协助。哈汉章与蔡锷是日本陆军士官学校上下级同学。网文说，哈汉章曾经爆料，1915 年 11 月 10 日，哈汉章祖母寿辰那天，他在自己家中（北京钱粮胡同聚寿堂）宴客。蔡锷早早就来，说今天下雪，要他安排长夜通宵打牌。他知道蔡锷的用意，这天的麻将一直打到次日七时，蔡锷由哈宅马号侧门悄悄出走，直入新华街，抵总统办事处。为遮人耳目，还特地给小凤仙打电话，约午后十二点半到某处一同吃饭，以示闲暇。因为是进入总统府里，跟踪他的侦探没有盯得很紧，蔡锷就从西苑门溜出，乘火车出京赴津，成功走脱。蔡锷出京后，哈汉章担心袁世凯追责自己，为洗刷嫌疑，故意编造出"小凤仙坐骡车送蔡锷去丰台"的谎言。此事后来有人考证，11 月 10 日那天确有大雪；那时候像小凤仙这样档次的妓女寓所，的确装有电话；北京那时确有早班火车赴津；认为哈汉章所说应是属实。可以说，蔡锷得以返回云南，得以打响"护国讨袁"之役，在策划出京这个环节，哈汉章是起了掩护作用的。哈雄文先生应该是知道这件事的，不知为什么没有给我们讲述这件颇有意义、颇具戏剧性的事。

哈师母蒋静凝出生于回族"金陵蒋家"，这个家族是晚清南京首屈一指的巨商。哈先生像讲故事似的给我们讲笼罩在蒋家的传奇性故事——"蒋驴子太平天国得宝暴富"的传闻。我当时听得津津有味，觉得比"传奇"还要传奇。我已想不起来哈先生当时说的原话。现在上网检索，原来有关"蒋驴子"

的传奇，在南京是广为流传的，有不同的版本。最流行的一种说法是：蒋驴子流落南京，依靠赶驴为生。太平天国攻进南京，他主动投军，在天将吴如孝军中担任马夫队长。随太平军转战苏、浙、皖等省，后被忠王李秀成看中，任命为忠王府驴马总管。他与管理天朝圣库的通王吕洪善关系很好。1864年，天京城陷，吕洪善密令他把十几箱金银珠宝运往城西清凉山埋藏。事后，他随一支太平军骑士突围出城。吕洪善一家死于清兵刀下。蒋驴子后来返回南京，取出所埋财宝，由此发家暴富。关于"蒋驴子"传奇还有新的传闻，《金陵晚报》2013年8月19日杨松涛写的"南京巨富蒋驴子暴富之谜又添新说"一文说：1934年蒋家后人打一场官司，上海《申报》在"蒋骡（驴）子后裔争产涉讼"为题的报道中提到蒋驴子太平天国得宝暴富的事。当时沪上的文人蔡云万看了报道，觉得与他从南京朋友处听到的说法不一样，就写了"南京蒋二骡（驴）子"一文，收在其所著的《蛰存斋笔记》一书中。按蔡云万的说法，蒋驴子是在孝陵卫一带为磨面的作坊和豆浆店看放驴子，放驴时自己总是躺在一艘破船舱里歇息。谁知这船是湘军将领、长江水师提督彭玉麟手下的哨官所造，此人历年搜刮了不少金银财宝，偷偷藏在船舱的夹层中。蒋驴子偶然从破舱裂缝中发现闪出珠宝异光，由此得宝而成为巨富。这大概是一种全新的说法，从太平军的藏宝转换成了湘军哨官的藏宝。

　　哈雄文先生跟我们说，蒋家巨富是实，而"蒋驴子"传闻纯属无稽之谈。蒋家主要靠的是房地产，有"蒋半天""蒋百万"之称。关于蒋家的发迹史，有一位资深的穆斯林学者郑勉之先生，曾撰写"近代富甲江南的回回家族—金陵蒋氏"一文，刊于《回族研究》1993年第三期上，作了颇有深度和准确度的论述。从郑文我们知道，蒋家原籍安徽含山，移居南京，到蒋翰臣、蒋福基兄弟这一辈开始艰苦创业。蒋翰臣早年投入清军，因功官至四品，衍同知，赏戴兰花翎。但官运不佳，一直没有补到实"缺"，只好退出仕途去经商。太平天国覆灭，曾国藩初定东南。那时候"久经糜烂，十室九空，库帑空虚"，曾国藩就招商承运，把两淮食盐运往湘、鄂、皖、赣四岸，直解淡食之用。蒋翰臣首先"醵资纳官，领证购照"，做起了贩运食盐的生意。一条条帆船载着大批食盐溯江北上，再把各省土产、竹木、桐油、药材顺流南下，并在沿江各地开设一家家缎庄、当铺，这样自然积累了大笔财富。而后蒋翰臣又收缩诸业，把资金转投房地产业。用郑勉之的话说，完成了从传统行业向现代行业的转变，"奠定了蒋氏族人跃入国际性经济序列的基础"。

蒋翰臣有五子：长城、长恩、长洛、长松、长春。其中，二子长恩和四子长松都捐了举人。哈先生的夫人蒋静凝是长松之女。哈先生跟我们提起过，杭州西湖的"蒋庄"，就是蒋家一个分支的庄园。我特地去看过蒋庄。它坐落在杭州西湖"花港观鱼"附近，是长恩之子蒋国榜为奉养其母马氏购买的，原是无锡廉惠卿的宅园。这个蒋庄与附近的刘庄、汪庄齐名，成为当时西湖的三大名庄。这位蒋国榜很有国学造诣，他师从马一浮。马一浮是集哲学、儒学、理学、佛学、诗学、书法于一身的一代宗师。新中国成立后，蒋国榜迎接马一浮来庄居住。后来将马一浮遗墨、著作、书信连同蒋庄建筑，捐献国家，蒋庄由此辟为"马一浮纪念馆"。

知道金陵蒋氏这些情况，我们不难想象哈师母蒋静凝陪嫁的雄厚实力。我忘了是听哈先生说的还是别人说的，在宾夕法尼亚大学留学的那一代中国建筑留学生中，哈雄文先生是很富有的。他不仅有自己的车，而且还换过新车。哈氏家族并没有殷实的家底，这全赖哈师母的贡献。知道了哈师母的这个情况，我们更理解哈先生自沪调哈时，哈师母为什么没有随同迁哈。我们也啧啧称赞，哈师母这样的富家女出身能够赞同哈先生调哈，能够接受"知天命"之年的两位老人的异地分居，真是难能可贵。我们也更加敬佩哈雄文先生在这样的情况下，能够毅然为哈工大创办建筑学专业而奉调北上。

在"文化大革命"期间，哈先生在哈工大"牛棚"如同所有被揪人员一样，写过大量的"检查""交代"，其中包括"蒋驴子"的传闻和"金陵蒋氏"的发迹史。这材料收藏于哈先生的档案袋中，现在应该还存在。什么时候这样的档案能解密，哈先生的这份资料还是值得一看的。我很好奇，对于"蒋驴子"传闻，对于蒋家的发迹，哈先生当时会是怎样表述的。

1961年对我来说是一个重要的年份。这一年，从物质生活来说，还处在"三年困难时期"。在困难时期，我们这帮只能在学校食堂进餐的单身职工，是分外艰苦的。每次炊事员从食堂窗口递出窝窝头，我们都特别在意它的大小。

赶上给个稍大的，甭提多高兴。对窝窝头之珍重，不是斤斤计较，而是"两两"计较。拿到了窝窝头，没舍得三口两口吃掉；而是把它带回宿舍，用小刀切成一小片、一小片地品味，以此延伸"进餐"的过程。我们那时候没有多余的粮票，根本买不到糕点零食。我记得在商店里转来转去，只有一种瓶装的"酱油晶"可以不收票。这种粒状的酱油晶，用开水一冲，就成了酱油汤，可以当饮料灌灌饥饿的肚子。我那时候和黄佳住在一室，难忘的是，有一次食堂卖黏的窝窝头。老黄买回宿舍，居然用小油炉煎起来。煎的时候极富创意地把鱼肝油丸融化进去，撒上几粒酱油晶，顿时冒出了浓浓的"红烧鱼"味道，这成了我磨不掉的美味记忆。

物质生活这么艰苦，我的学术活动却干得很起劲。作为美学发烧友，不知天高地厚，这年我给建筑系学生做了"美学讲座"；在《黑龙江日报》上发表了题为"建筑·艺术·美学"的论坛文章；到南京工学院建筑历史分室完成了参编的《中国建筑简史》第二册（中国近代建筑简史）的定稿；在《人民日报》副刊开始写作建筑知识小品；特别重要的是，7月份去北京出席"建筑理论问题学术讨论会"。我没有想到，这次北京赴会竟然改变了我的人生。

这次会议整整开了10天。这中间我去看望了清华的同窗室友李宝铿。李宝铿跟我说，中央工艺美术学院正在举办教学展览会，展出师生的作品。里面有李婉贞在染织系的展品，画得倍儿棒。

我知道李婉贞1960年1月已经从苏联学成回国，在中央工艺美术学院任教，我们这时候已经没有联系。李宝铿是画画高手，他说李婉贞"画得倍儿棒"，我想肯定是很精彩的。我们已分手这么多年，心里一直很惦记，我就立刻奔去看展览。的确，中央工艺美院的师生作品在我们这些学建筑的人看来，画得很好；李婉贞半路转学工艺美术，居然也能画得这么好，我觉得她真的很顺利、很快速地成长着。这次讨论会，中央工艺美术学院室内装饰系的系主任奚小鹏先生也来了。赶巧在我看了工艺美院展览会后的一两天，我和奚先生在会场上不期而遇地挨坐在一起。这下子我和奚先生谈起工艺美院展览，说染织系的李婉贞是我在清华建筑系一年级时的同班同学。我鼓起勇气问奚先生："李婉贞结婚了吗？"奚先生说："没有呀，也没听说她有男朋友。"我请奚先生代我向李婉贞问好。

奚先生告诉我的李婉贞信息，把我搅乱了。我反复地琢磨，可不可以给李婉贞写信，最后还是憋不住写了。信发后我就回哈尔滨了。没过几天，就收到李婉贞寄来的信。她说很突然也很高兴收到我的信；说奚小鹏先生见到她时，跟她说了我到北京开会的事。她说奚先生很赞赏我，说我在会上的发言挺有理论见解。她在信里还自言自语似的说："后来我们怎么就没有通信了呢。"这样一来我们就恢复了联系，奇迹般地从中断的状态变成了高频率的交流。我们又像在清华园"荒岛"似的，有满肚子的话想聊。那时候是没有电话可打的，就只能写信。我们就恣情地写信。到 1961 年底，5 个月时间，每人各写了约 80 封信，大概前期是两三天一封，后期是每天一封，甚至一天两封。

1962 年新年刚过，李婉贞来信突然告我，她妈妈病了。弄不清是什么病，像是急性肺炎，病势很猛、很重。紧接着就来电报说"母病危速来京"。我还没来得及动身，电报又到了，说"母病故速来"。同时我的清华同窗同室挚友虞黎鸿也帮李婉贞打来同样的电报。我当即赶到北京。

我知道李妈妈的突发病故，对李婉贞的冲击实在是太突然、太悲怆了。这位李妈妈人生也很苦。李婉贞的爸爸毕业于北平大学法学院经济系，新中国成立前一直担任高级经济师工作，家庭经济状况很不错。生有两男两女，本是非常美满的家庭。但是她爸却娶了二房。这样，李妈妈带着自己的儿女单住，与二房分成了两摊。花钱虽然够用，家里还能用得上保姆，而实质上形同单亲家庭。她爸对李婉贞的学业还是很用心的，小学、中学上的都是收费很高的教会学校。家离学校不远，她爸还特地给她买了辆自行车。那年头一个女生能够潇洒地骑着自行车上下学，还是够让人羡慕的。李婉贞四个兄弟姐妹都身感妈妈的悲楚，都站在妈妈这一边，都和爸爸不亲。北平解放后，她爸失业了一段时间，没有了经济收入，李妈妈这边的日子也变得十分拮据。所以李婉贞在清华时曾跟我说，她家很穷，她妈人生很苦。现在李婉贞回国工作了，她爸虽然已病故，她和大弟都已就业，李妈妈刚刚可以过些安稳日子，却被一场急病夺走了，这实在太让李婉贞悲伤了。

我急匆匆地赶到北京，在北京站见到了已经阔别八年的李婉贞，没想到我们会是在这样悲苦状态下见面。当时李婉贞的大弟，远在克拉玛依油田，没能赶回家。李妈妈的后事有虞黎鸿帮忙，都已办好。我的到来，的确成了悲恸中的李婉贞的最大慰藉。虞黎鸿和他妈妈虞伯母就劝我们结婚吧，这位虞伯母是留学法国学音乐的，是马思聪的校友，一位新派人物。我也明白，这个时候，只有结婚是冲淡李婉贞痛苦的最好办法。我和李婉贞自己当然没有什么禁忌，不知道旧派人物能不能认可刚办完亲人丧事就办结婚喜事。李婉贞这边的长辈只有一位舅妈，她说老年头的规矩，可以在丧期"三七"内办喜事，这是一种"冲喜"；说是过三周之后，就得等一年或是两年后才行。这样，我们就贸然决定立即结婚，由此演绎了一场毫无准备的、极度快捷的"闪婚"。

应该说，我们的爱情是厚重的，历经折腾、十分扎实的，而我们的婚礼却是极其简易、极端仓促、极度简化的。我们没有来得及准备结婚费用，身上空空如也；没有装点洞房，没有置办家具，没有添置新婚床上用品，没有选购任何新装，没有物色结婚戒指，当然更没有婚纱的影子。我只匆匆地写信给杭州的爸妈，告诉说我这就结婚啦，没条件接爸妈来京，爸妈也来不及为我们操办什么东西。这时候正是困难时期，既缺肉票、鱼票，也缺糖票、酒票，根本办不了正式婚宴。我们只能不声不响地不告知身边亲友，不举行婚礼仪式。李婉贞这时候家住东四六条 64 号，我们两人到北京东城区人民委员会办理了结婚登记，领到了神圣的结婚证。这天是 1962 年 1 月 25 日，这年我们两人都已是虚岁三十。孔夫子说"三十而立"，而我们俩是三十而"婚"。这一天的客人只有两位——虞黎鸿和他的妈妈虞伯母。我们只收到唯一的一份礼物，那就是虞黎鸿自制的一盏用日光灯管组装的吊灯。他把这个灯装到我们房内，霎时房间大放光明，增添了很大光彩，让我们格外高兴。这天我们准备了一席超小型的婚宴，用了两张肉票；每张肉票按例可买肉半斤，或"肘子"一个，或"排骨"一段。我们早早去买，就把原本只能买一斤的猪肉，变成了总共近 4 斤的"肘子"和"排骨"。再加上李婉贞的莫斯科同学年前用包裹寄来的洋式"咸肉"，这一顿竟然凑出了三道肉食。这在困难时期，几乎是不可思议的丰盛。我们两口子，婉贞的小妹、小弟，和虞黎鸿、虞伯母，六个人美美地饱食了一餐。这是结婚这天最大的亮点了。

图 4-15　结婚时拍的一张双人照

　　婚礼如此简略，我们俩人对此毫不介意，重要的是良缘喜结、心心相印。什么婚纱、婚戒之类，在我们心目中，根本不当回事。现在回顾起来，也不觉得是什么憾事。我自己很自然就是这种清高境界，难得的是，婉贞也这么超脱，真是非常非常的合拍。我爸妈知道这事，大大地称赞了婉贞，说这样的儿媳太贤惠、太豁达，居然能接受这样无以复加的低调婚礼。这次仓促的婚礼，我们连婚照也没拍，只是到照相馆拍了一张双人照（图 4-15）。没想到的是，这张双人照却拍得很成功，为我们留下了此时此刻纯真、亲密、美好的幸福镜头。

友圈

　　结了婚，人生进入到一个新的阶段。我照样还是单身待在哈尔滨，但是状态发生了变化。在这之前，是大龄未婚青年的单身；从现在开始，成了夫妻异地分居的单身。

　　新婚头两年的情况还可以，我每年都有一段时间来到北京，在建筑科学研究院建筑理论与历史研究室，在刘敦桢先生带领下，参加写史、写教材。加上寒暑假，每年在京团聚的时间能有六七个月。这时候，中央工艺美术学院建了光华路住宅，婉贞分到了半套房子，我们算是有了北京的住房。这套房子是当时最盛行的多层单元式住宅。我们这套是两居室带一厨一厕。两家合住，每家有一间向阳的居室，共用厕、厨。幸运的是，和我们合住的是中央工艺美院染织系染织设计教研室的主任常沙娜一家。她那边就她和她的先生老崔两口。我们这边，平时只有婉贞一人住，我来京时成小两口。一套房子住这么三四口人，还是挺安宁的。常沙娜是一位知名度很高的艺术教育家，她的父亲常书鸿更是人称"敦煌之父"的顶级艺术大师。就在常沙娜和我们一起入住光华路住宅的时候，徐迟发表了那篇著名的报告文学"祁连山下"。从这篇报告文学，我们更加形象地知道了常书鸿先生在敦煌的感人事迹，知道了常沙娜父母的那段令人感叹的婚变，知道了神童般的常沙娜跟随父亲在敦煌临摹壁画的大噪名声，这让我们对常书鸿先生更加景仰，对能够和常沙娜这样的名家住在一起更感荣幸。我们并非毗连的"芳邻"，而是同居于一户之内，同在一个厨房做饭，这个密切度太高了。合用厨房是很挤的，难得的是常沙娜忙于社会活动，待在厨房的时间很少、很短。每次当我在京时，她为了照顾我们，都特地先一步做饭，快速地把自己的饭菜做完，腾出时间让我们可以从容地慢慢做。这套房子挨着厨房旁边还有一个小窄间，可以用作配餐间或贮物间，她也高姿态地说她不用，让我们独用。诸如此类的关照都让我们很感谢，两家人成了无间的老朋友。没有想到的是，若干年后，这位昔日合住的老友，越来越高升了。她不仅当上了中央工艺美术学院的院长，当上了中国美术家协会的副主席，还当上了全国人民代表大会常务委员会的委员。光阴荏苒，光华路住宅已经铲除，原地对面盖起了中央电视台的大楼，已经是大人物的常沙娜和我们还凝结着深深的老友情谊。有一次她来哈尔滨视察，特地来我们家看望。现在她每年出一本由她的画作编辑的年历，都不忘赠送给我们。她是最早参与人民大会堂内部装饰的设计人之一，后来又陆续为人民大会堂的接待厅、北京厅、北大厅等改装新装饰。赶巧我们有一位哈工大建筑学院的校友王晓东在人民大会堂工作。她和王晓东相约，特地盛意邀我们俩进入人民大会堂，把人民大会堂里的各厅重点装饰，都细细地饱览了一遍。沙娜老友边领着我们观看，边讲说她的设计。能够这样地参观人民大会堂，成了我们一件难忘的幸事（图4-16）。我们做梦都没想到，在我们

图 4-16　常沙娜老友领着我们参观她在人民大会堂的装饰设计,我们在人民大会堂主席台的留影。王晓东摄

图 4-17　和黄佳老友合影

图 4-18　黄佳老友送给我的西藏泥塑小佛像

的朋友圈里居然会有这样的高端名人。

我一回到哈尔滨，就又恢复到单身教师的常态。这时候，资深的富延寿老师仍然继续单身着，他有了单间独住的宿舍。非常不幸的是，大约在1965年前后，他生病了，是致命的肝癌。这实在是晴天霹雳，让我们全教研室教师都非常痛苦、忧伤。因为在哈尔滨欠缺亲人护理，老富就决定转回上海治疗。在上海他有另一位姐姐可以照应他。离哈那天，我们有十几人到站台送他。大家眼眶里都满噙着泪水，那种悲凄的情景，一直深深刻印在我心里。老富终于在1967年走完了他的人生，我现在回忆起这一段，不由得深深地怀念。

多次变换宿舍而一直跟我同住一室的，就是黄佳，这位老黄成了我的挚友（图4-17）。他在中央美术学院经历过扎实的基础训练，素描、水彩基本功都非常强。他来建筑系担任美术教学，可以说特别对口径。这是一位极真诚的人，兢兢业业、一心一意扑在建筑专业的绘画教学中，尽可能地为学生争取教学经费，添置美术教具，创造好的教学条件。许多学生，特别是美术好的学生，都喜欢粘贴在他的周围。他熬过大龄单身之后，寻觅到了心目中的理想伴侣。他的夫人是本校建筑材料实验室的漂亮姑娘，高挑匀称的身段，配上美丽大方的脸蛋，很让老黄钟情，他们二人很顺利地喜结良缘。他俩有两个女儿，老大做建筑设计，老二在外交部工作，家庭美满。没有想到的是，从他的夫人得乳腺癌病故后，他就明显沉郁了，言谈里常常流露出对于佛学哲理的感悟。他的体质看上去很好，却万万想不到在一次从哈尔滨到北京去看他的女儿时，下飞机后突发心梗，就这么离开了人世，留给我们无尽的悲怆。这已是十几年前的事了，我每每想起他，就后悔没有请他送我一幅画留作纪念。幸好当我从北京新婚回哈时，他曾送给我一个青瓷花盆贺喜，这个花盆现在还珍藏着。还有一次他去西藏旅游，在一处寺院残址的碎砖瓦砾中，他捡拾到几块较完整的泥塑小佛像残件，送了一块给我。小小的泥塑坐佛很逼真、秀气，全高6厘米，仅圆光边沿略有破损，我觉得非常珍贵，如今成了黄佳老友留下的袖珍纪念了（图4-18）。

黄佳老友有一件很值得告慰的事，那些曾经粘贴在他身边的学生，自发地联合起来，给他塑了一尊雕像（图4-19）。这是有一位名叫苏丹的校友给

图 4-19 黄佳老友雕像

图 4-20 退休后的黄天其老友

操办的。这位苏丹从哈建工学院毕业后，到了中央工艺美术学院，后来当上了中央工艺美院的院长。我觉得这尊亲切的雕像，既是颂扬黄佳老友的凝固化的口碑，也是凝结师生情谊的活生生的标本。

说到单身宿舍室友，我还得说一位黄天其老友（图 4-20）。他是四川人，1953 年考取哈工大，读土木系工业与民用建筑专业，先上 1 年预科，再上 5 年本科。1959 年毕业留校，曾到清华大学研修城市规划，回校后一直教"建筑初步"。这位黄天其，我们都亲切地称他"黄天"。他可是一位"才子 + 好人"，出类拔萃的"优"，难能可贵的"好"。我有幸跟他同住一室多年。在我的印象里，他简直是门门通的全才。他有英语根底，又酷爱俄语，在中学，俄语成绩是全班第一，高考俄语达 97 分。到哈工大之后又深造了一年预科俄语。他自幼爱好美术，中学时代已经在刊物上发表绘画作品。他也是数理化的尖子，力学、结构学都不在话下，建筑设计、结构设计都挥洒自如。他还有很好的文学素养，懂得诗词格律，会写旧体诗词。他不仅擅长美术字，居然还用印刷体记笔记，我看他的笔记本，记得飞快却不潦草，颇像是工工整整的印刷品。这样一位高智商的博学才子，还特别勤奋。在他刚刚当教师时，曾写两首七言绝句的《执教杂咏》，其中一首云：

老大渐惭画未精，挥毫见拙自伤心；

近来授业情相逼，苦短高明导后生。

为此，他苦练功夫，藏身于系图书馆小楼上，研读来自欧美和苏联的原版建筑书刊。他在一篇回忆文章里提到，他当时读了英文原版的赖特的《建筑的未来》和西蒙兹的《景观建筑学》。他曾把这两者在头脑中融汇，形成现代景观建筑学的朦胧概念，这是 1962 年的事。他和学生亦师亦友，建筑 60 级是哈建工学院的第一届 6 年制建筑学，他当建筑 60 的班主任，和学生亲如兄弟。他在描述建筑 60 级学生时，写道：

从一份份作业中我欣赏到赵书然的坚实，丁先鑫的颖悟，吴英凡的沉练，翁如琳的灵秀，麦裕新的夸张，漆安彦的机巧，张伟仪的醇厚……

我也特别喜欢建筑 60 级同学，对这班学生有一些了解，特能领会黄天其的这一连串描述的准确、生动、传神，也特能感受他在字里行间流露出的对于学生的深情的爱。

我比他大 3 岁，也比他早 3 年结婚。他结婚后，也和我一样夫妻两地分居，我们成了难兄难弟。前不久，他突然给我寄赠两首诗，其中一首写道：

北国经年忆最珍，

亦师亦友往情深；

性和品正修身仿，

识博学渊受教闻。

长记赠衣婚日著，

未忘同室别时陈；

天涯归路相去远，

一瓣心香永未泯。

这诗让我很感动。我已经完全不记得他回家结婚时，我曾经赠送衬衫的事，他居然还记得在婚礼上穿的就是这件衬衫。他给我留下的室友深情是永远不会淡忘的。他是那样的优秀，又那样的谦逊；那样的聪慧，又那样的憨厚；略带些许名士的洒脱和洗却铅华的率真。他和我一样地苦熬着超长期的两地分居，一直到1971年他才得以调离哈尔滨，回到重庆，与夫人团聚。头10年还只能在工厂里作基建技术工作，到1980年才调进重庆建工学院，这时候他才真正迈步挺进"城市规划学院"，从讲师、副教授，升到教授、博导，当上规划设计研究院的总规划师。我从网上看到片段的报道，知道他研究的主攻方向是：城市建设史与历史城镇保护规划理论，城市社会学和开发生态学，城市住区与公共空间设计的人文学科基础。他出版过《当代集镇建设》专著，网上可以看到他编写的"城市社会学"讲义。他用类型学的方法研究历史城镇形态的文化价值计量，他以农业高产地区的近零耗宅基地规划和建筑体系研究的选题，获得了国家自然科学基金的研究项目。2005年他所在的团队研究的"山地城市生态化规划建设"项目荣获国家科学技术进步奖二等奖。可以看出他在山地城市的规划设计园地播撒了大片的丰产种子，收获了厚实硕果。如今，他也是年过八十的人了。最近他给郭恩章教授的八十祝寿诗里，还发出"耄耋遥相励"的豪言。谨在这里遥祝我这位安居在山城重庆的黄天其老友老当益壮，光彩依旧。

大约在"文革"后期，我意外地获得一次机缘，学院指派何钟怡、徐凯怡和我三人出一趟外地调研的公差（图4-21）。这样我们三人很高兴、也很认真地去了好几个地方，一起待了两三周时间。非常庆幸的是，正是这一次的公差之缘，让我结识了何钟怡这位高人、挚友。

在这之前，我们并不熟悉。他在水力学教研室，我们没有来往，但是早已知道他是全校青年教师中最拔尖的佼佼者。这次一起调查分析，一路欢谈神聊，很快就让我意识到他的渊博、卓识、睿智、亲和。他比我小5岁，那年大约是三十三四岁，风华正茂，温文尔雅。跟他聊天是一大享受，他是理工科精英，不知怎么能懂得那么多的人文、历史。他肯定有过大量的广泛阅读，而且像过目不忘似的牢实记忆。记得有一次我们聊起大仲马的《基督山伯爵》，我已经把书中人物的名字忘得一干二净，他却能准确地说出一个个人物的全名和一次次报恩复仇的情节。我常常被他突然点到某个生僻的历史事件或不

图 4-21　一次难忘的"三人行"出差。左起：徐凯怡、何钟怡、侯幼彬

知名的人物轶事而惊讶，非常惊奇他怎么能知道，又怎么能全记住。他是那么优秀又那么谦和，那么出彩又那么低调。这一趟公差回来，我们已成了挚友，成了知己。在"文革"后期闲散的日子，常常有机会在一起畅谈阔论。后来他公派到哈佛大学研修四年，等到他从哈佛归来，我一下子就感觉到他站得更高了，视野更开阔了。接下来他挑起了哈尔滨建筑大学校长的重担，我再也不敢去打扰繁忙的他了。退休后我迁居北京，我们已经有十多年没见面了。现在我要写心目中的何兄，我想网上肯定有很多信息。这一检索，真是让我大喜过望，网上对他真是好评如潮、有口皆碑。从市政学院的党委书记到长期共事的专家、同行，从他指导的博士、硕士到听过他讲课的广大学生，都异口同声地，以最真切的言语，对他发出最敬佩的赞扬和最诚挚的敬意，给我们描绘了一位真实丰满的何钟怡。

　　他是一位国内外知名的学者。长期从事流体力学研究，获得多项国际领先成果。网文有大段的对他的学术成果的精彩描述：

　　他在国际上首次测出了高分子减阻液近壁能谱，提出了基于大分子动力耦合的减阻理论；

他在国际上第一次将双光束激光测速仪成功地用于高曲率小管径的脉动流速与能谱测量，首次测得高聚物溶液的内流能谱，第一次达到了使双光束激光测量散射体长度接近于其实际极限值；

他近年来主要从事湍流数值模拟和微重力流的研究；

他参与提出的高分子溶液减阻机理的新假说和突发性的新观点，受到有关国际知名学者的高度重视。

他的这些骄人学术成就，使他先后获得黑龙江省科学大会先进工作者、黑龙江省劳动模范和国家中青年有突出贡献专家的荣誉称号。

他是一位备受赞扬的模范教师。2007年荣获"全国模范教师"称号，2014年荣获哈工大第二届优秀教工李昌奖。他主讲的《实验的理论基础》和《本构理论》课程，其讲课之精彩，其课堂之魅力，在学生间的流传中，已经达到神乎其神的程度。学生说他的课，是"以精练的语言，总结人类思想的精华"，是"可以不选，但不能不听的课"，是"能吸引不同年级、不同学历、不同专业、不同校区的学生反复重听的课"，"是年年有同学自发录像、录音，全程记录学习的课"，"是很多同学听了一遍不满足、第二年还要继续听的课"，"是从师兄师姐口中代代相传、劝勉师弟师妹也要去听的课"。一门课能够达到这样的境地，的确是超越"精品课"，成了"神品课"。难怪这么多学生的共同回响是："彻底折服"；对他的共同点赞是："哈工大的风骨""哈工大的脊梁""真正的科学大师""无冕的科学院士"。

他还是一位具有战略眼光和敏锐洞察力的智者。这话是何钟怡所在的市政学院党委书记袁一星说的。这位袁一星是何钟怡曾经的学生，后来的同事，现在的领导，的确是一位真正懂得何钟怡的人。我心目中的何兄正是这样的智者本色。他经历过哈佛研修，又当过哈建大校长，博学敏思，视野远阔，既善于帷幄谋划，也善于引领调度，具有高阶智囊和科学决策的双重才华。现在他虽然已退居二线，但只要他在哪里，就会在哪里发挥他的智囊效应。

何钟怡实际上也是一位"普通人"。他的夫人邹平华教授在回答记者访问时说："老何是一个踏踏实实做学问、认认真真教书的普通人（图4-22）"。

图 4-22　与老友何
钟怡伉俪合照

这话说得很精彩、很真切。何兄在我心目中也是这样。他极具人格魅力，对
人谦逊平和，对学生关爱有加，始终保持着一颗平常心。

我看到《哈工大报》记者张妍撰写的何钟怡荣获"优秀教工李昌奖"的报道，
用的标题是："何钟怡：师者、智者、达者"。这个响亮的标题让我十分振奋，
这的确是对何钟怡作了最贴切、最质朴、最精练的概括。何钟怡的境界，的
确是师者风范、智者风范、达者风范的境界。这样的境界，我很想说，就是"钟
怡境界"。

安家哈尔滨

我和婉贞结婚后，就开始了漫长的两地分居生活，她在北京，我在哈尔
滨。头两年，我们都十分投入地忙于自己的教学、科研。我一边给学生讲中
建史，辅导建筑设计；一边参与刘敦桢先生主编的《中国建筑史》教材编写。
跟随刘先生写史成了我这段时间的兴奋点，时而在南京集合，时而到北京会
聚；时而随刘先生上北京故宫，请故宫博物院副院长单士元先生带我们看未
开放的"乾隆花园"；时而跟刘先生到芳嘉园，听文物鉴赏大家王世襄先生
给我们讲他收藏的满屋子明代家具。只要待在刘先生身边，好像每天都能有
这样那样的学术亢奋。这时候，我还有另一个兴奋点，就是痴迷于写"建筑

知识小品"，也开始写建筑史学小论文，这些学术性的活动把我塞得满满的。李婉贞那边也跟我一样，中央工艺美术学院染织系成了她的理想教学平台，她满怀激情地投入她的染织设计教学。学生对她的设计辅导反映很好，特别喜欢她在设计创作中的色彩处理，这促使她激起更大的教学热情，为此还挤出时间翻译了苏联 H·Г·鲁金著的《色彩学指南》，1964 年出版了这本书的中译本。她这段时间也有两大兴奋点：一是下厂实习搞创作，去了杭州都锦生丝织厂、北京清河毛纺织厂和上海纺织印染厂，在那儿做了织锦缎、花格呢等的设计。她学的是印花设计，但很快就适应了织物生产要求，设计图案顺利地中选投产，并且获得颇为骄人的内外销订单，这给了她很大的激励；她的另一个兴奋点就是搞染织图样创作，好像她憋了很久的创作劲头，在工艺美院这样的创作环境中，一下子迸发出来，翻涌着饱满的创作冲动，把点点滴滴的时间都用在了染织图案的构思，一幅接一幅地不停地画。两年多时间，她画了近 500 幅适合不同面料的设计图。有的用水彩，有的用水粉，有的用油画棒，手段不拘，花样百出。500 幅图样聚在一起，像万紫千红的百花园。我没想到她竟有这么旺盛的创作力，竟能迈出这么大的创新步伐。我很喜欢这些图样，一幅幅清新、丰美、雅致、靓丽的设计，都让人有一种爱不释手的感觉。我们俩人的这种高饱和的创作和高频率的写作状态，冲淡了两地分居的苦恼，过了一段虽然没团聚在一起，却是很充实的金色日子。老伴画的这批染织图样，跟别的旧资料一起，在箱底压了 50 多年，我们早已淡忘。这次写口述史，才想起还有这些图没扔掉。找出来整理了一下，贴上了衬纸，觉得还不过时，还是挺像样的东西。我在这里忍不住想占用几版彩页，选刊几幅（图 4-23）。

可惜的是，当时我们得以进行的这些学术活动，好景不长。到 1964 年就开始"教育革命""设计革命"，紧接着就是"四清"运动。我们都得"下楼出院"，到农村去参加"社会主义教育"。我去了黑龙江庆安县丰收公社双庆大队，李婉贞去了河北邢台市郑庄公社郑庄大队。我们都中止了刚刚铺开的创作和写作。我的状况略好一些，因为有参加学部委员主持的编写《中国建筑史》教材的任务，刘敦桢先生竟能在 1965 年这样的年头，发函到我们学院，要在南京集中编写、集中改稿，这使我得以从新的一批下乡名单中划掉，

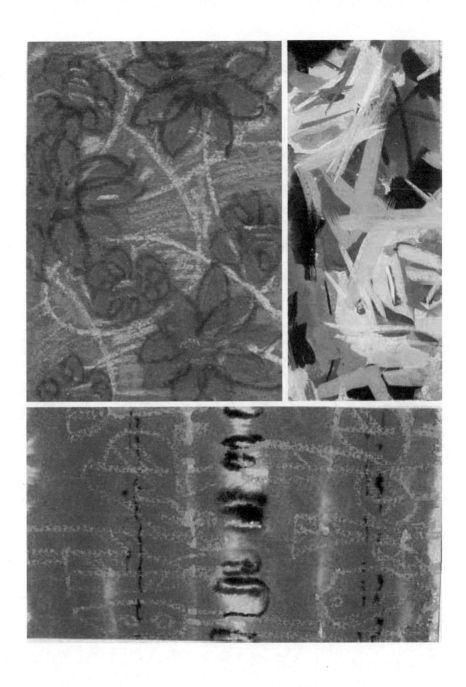

图 4-23　老伴李婉贞 50 年前所作的染织设计图样

114

而到南京写书，这在当时是罕有的事。而李婉贞是只身在京，身边没有家庭拖累，最便于说下就下，弄得每一批"四清"名单中都有她。她就一次又一次地几乎无间断地下乡，这时候，事业上的痴迷退失了，生活上两地分居的矛盾就凸显了，我们特别想解决这个问题，这在当时可是个大难题。最理想的是我能调京，但是哈建工学院牢牢卡住不放我；北京的能与建筑历史理论研究对口的单位，都因为"封、资、修"而在批改中拆散了，我已找不到可以去的、能够要我的单位；再加上北京户口根本没法解决，我的调京自然是没有指望的。李婉贞调哈也是个大难题：一是舍不得中央工艺美术学院这个理想的、对口的教学岗位；二是舍不得离开北京，舍不得放弃北京户口；三是哈尔滨欠缺丝棉纺织工业，是染织设计的荒漠，她找不到能对上专业口径的工作岗位；完全抛弃学有所成的、酷爱的染织设计，实在难以下定这个决心。这样我们就卡在了两难之中，无路可走。"四清"之后是更加漫长的"文革"，我们的两地分居问题就这样年复一年地拖延下来。我还好，是在校内过着没完没了的分居日子。李婉贞却是一直在农村过着没完没了地分居日子，因为中央工艺美院属于文化部系统，当时被列为"文艺黑线"，从批"文艺黑线"到抓"五·一六"，都有解放军进驻学院，全校师生由解放军率领着到石家庄、获鹿等地搞运动，她就没完没了地待在农村。这种状态的两地分居整整延续了 10 个年头。现在常常听说，夫妻两地分居很容易引发婚变，我们那时候恰恰相反，两地分居却把我们的婚姻锤炼得更为坚实。《红楼梦》第 21 回提到俗语云："新婚不如远别"，说远别后的团聚比新婚更恩爱。对这一点我们的确有深深的体验。这 10 年里，这种远别期间的难得鹊会总有十几次，可以说我们经历过一次又一次的赛过"新婚"的欢聚。当然，这是以漫长的煎熬为代价。由此明白了一点，平平淡淡的团聚日子就是美好的幸福日子。

那时候的漫长两地分居，没有电话沟通，更没有短信、微信的交流，只能是写信。我们长则三四天一信，短则一天一信，甚至于一天两信。信写多了，自然得编号。这样信件的编号就很可观，各自的信都编到 900 多号。两人的信件加起来约有 1900 封。我在中学时候读过鲁迅与许广平的通信集，书名叫《两地书》，知道恋人、爱人的通信也是一种很美好的事。我们没有写日记，这1900封往来的信就像日记似的，记述了我们那段的岁月。从"四清"到"文革"，不用教学，不搞科研，我们的时间都干什么了呢？我着手写这本口述史时，曾意识到这批"两地书"的存在，如果平均按每封信500字来计算，那可是近百万字的篇幅呀。我想很可以从中筛选出一些值得诉说的信息。等到我开始清理这一箱信件时，我才知道信件丢失了500多封，只有1300多封了。这倒不要紧，严重的是，我们犯了一个很大的错误，当时写信所用的墨水和笔都太差，现在至少有一大半的信件，字迹已经模糊不清了；加上字写得很潦草，而且我现在的视力严重衰退，已经不能细细地看这些信了，甚至是草草地浏览也太累眼睛，只好不看了。我估计这些信也筛不出什么有价值的东西，那些卿卿我我的私密也不能让别人看。我们想，还是把里面的信纸都销毁了吧，只把外面套的信封留作纪念，做一番舍珠存椟的处理。而对于这些信封，我们也犯了很大的错误，大部分都是自己用纸糊的，有大有小很是简陋。最可惜的是绝大多数都贴的是普通邮票，当时如果有心地选用一套套纪念邮票，那就好了。这些都是事过之后的后悔莫及。

1970年，我们的女儿侯同诞生了。有了孩子，两地分居就更加困难了。中央工艺美院还有抓"五·一六"的事，婉贞还不得不投入。这样，女儿只能送到杭州。杭州是我的第二故乡，这时候爸爸、妈妈和我的两个妹妹都住在杭州（图4-24、图4-25）。女儿只好由杭州的奶奶、爷爷给带，请两个妹妹帮忙助理。这时候我们这个小家的局面是：北京的住屋空着，女儿在杭州，我在哈尔滨，婉贞在获鹿农村。当年她那股痴迷染织设计的豪情，早已消失；工艺美院的前景非常渺茫；现实的养育女儿的急切，压倒了一切。无奈的她只好毅然决定，抛弃学有所成的专业，抛弃中央工艺美院的理想单位，抛弃北京的母女户口，调到哈尔滨来，我们这个家终于安在了哈尔滨。

哈尔滨建筑工程学院当然没有李婉贞的对口专业工作。她只能改行在建筑系教书，以她的实用艺术绘画基础和曾经在清华学过的建筑绘画担任建筑设计基础课的教师。不过这时候学院还没招生，没有教学的事，大家都"逍遥"着。我们从杭州接来了女儿，开始了久久期盼的"家"的生活。

正当大家都处于不务正业的闲散状态，哈建工学院的教师突然都忙了起

图 4-24　杭州是我的第二
故乡。这是大妹结婚时我们
拍的全家合照

图 4-25　结婚后回杭州,
与爸、妈、大妹合照

来，大家不约而同地都忙着同一件事。究竟是什么事能够如此神奇地让大家齐刷刷地投入？原来是"打家具"。应该说，在哈尔滨，"打家具"有它特殊优越的条件。木材厂有木料可以买。每隔一段时间，木材厂就会处理一批边角料，也卖成品的胶合板。因此，自己在家做家具，原料不成问题。我们这些建筑教师搞搞家具似乎是小菜一碟。这样，我们就自己设计家具图样，自己到木材厂选购木料，自己购置必要的木工、漆工工具，自己在家里制作而且自己涂刷油漆。一件件很像样的家具成品就这样完成了。在这方面，建筑系的教师自然成了家具图样的出图人，全院教工打家具的图样，大多数都是从我们这儿拷贝的。我们从国外的、香港的建筑杂志和室内装修杂志，寻找一些新颖的家具样式，选用能适合土法生产的、简易可行的工艺，完全按自己的心意来设计。这样的家具不仅实用、实惠，而且比家具店卖的新颖得多，特别受到主妇们的欢迎。因此"打家具"都是夫妻齐力全出动，几乎成了全民皆"打"，热火极了。每当木材厂处理边角料时，大家闻讯都赶到现场，围着一大堆散乱的木料，尽情地挑选红松、榆木之类的枋材，寻觅楸子、黄菠萝之类的镶边用料，选购水曲柳、椴木之类不同层数、不同幅宽的胶合板，如同寻得宝物似的兴高采烈地满载而归。到家后按需立项，因材致用，画出家具图样，依图设定枋木用料尺寸，把所买木料拉到木工厂，用很少的加工费，就由电锯锯成相应的截面，再在家里刨刨、凿凿，最后组装、打砂、油漆，整个过程真是趣味盎然。这大概成了我们大家在"文革"期间做的最为开心的事。我的木工手艺是很笨拙的，工具也特简陋，居然也能做出几件。我做了一个装配式方桌，桌面与桌腿可以用螺栓方便地连结，我送给了在成都的弟弟，这样他一家四口可以在一个正规的餐桌上同餐共饮。我也做了一个炕桌，桌面用水曲柳胶合板，整体很轻，寄给了婉贞在北京的妹妹，这样她一家四口在夏日之晚，可以搬到院子里"野餐"。我们自己也做了一个小板凳、一个"五斗橱"和一组多功能组合柜。小板凳是给宝贝女儿用的，也算是我们做木工活的试点。"五斗橱"虽然工艺粗糙，却也实用、新颖。组合柜由长沙发和书柜组成，利用长沙发的底厢做了一个很大的储藏空间，移去沙发靠背，就成了标准的单人床，这个紧凑的组合柜兼有了沙发、书架、单人床和贮藏柜的多功能。女儿在这个沙发床上睡了不少年。

这样"打家具"的快活日子，因为学院招收工农兵学员，自然地终止了。没想到的是，我的老伴却因为这一段时期接触国外和香港的建筑杂志、室内杂志，让她对室内布置和家居设计颇感兴趣，经常在资料室、图书馆借阅这方面的书刊。进入1980年代，国内的住宅商品化推动了室内装修行业的崛起，掀起了一股强劲的室内设计热。不知不觉地，老伴研究起室内设计的课题来。她好像是受日本"人体工学"的启迪，抓住了"人体"与"室内设计"的相关性，写了一篇"人类工程学与现代室内设计"的论文。这篇论文展述了室内的"人·机·环境"系统，探讨了"人体计测与室内设计""人体动作与室内空间""生理机能与室内环境""视觉机能与室内景观"。这篇论文在《建筑学报》发表了。我觉得这在室内设计领域，算是很有一些深度的论文了。老伴在这方面来了劲。接着在《世界建筑》发表了关于"室内色彩"的文章；关于住宅中运用"室内台"的文章；在《建筑师》上发表关于"建入式家具"的文章；在《新建筑》上发表了"现代住宅厨房形态"的文章。这时候，《室内设计》《室内设计与装修》《家具》《家具与室内装修》《家具与生活》等一批杂志都很活跃，老伴就在这些杂志上陆续地发文章，也发表了一些英译中、俄译中的介绍北欧家具之类的译文。这些文章和译文加起来有好几十篇。在这同时她还出版了《家庭室内布置与美化》和《现代家庭装饰指南》两本书。前一本书是1984年出版的，当时还很受欢迎，印量很大，颇为畅销。她仿佛成了向大众传播室内设计、传播家居知识的活跃人物。她把教学重点也转到室内设计学科，在校内给建筑系学生新开了一门"室内设计"选修课。这时哈尔滨也办了一个刊物，叫《家庭生活指南》，这个刊物的程瑞平编辑上我们家约稿，老伴就写起了室内和家居方面的系列科普文章。从1985年第1期到1999年第10期，以不同的笔名，一共发表了120篇。这位小程编辑每隔一段时间，就来我们家取走几篇稿子，同时商定下一批写什么题目。因为实在写得太多了，老伴苦于想不出选题，这位小程编辑常常能从她接触的读者中，了解到读者有什么需要，因此很多选题都是这位程编辑提出的。在《家庭生活指南》发表的文章中，1988年第8期发表的"老式铁床换新貌"一文曾引起中央电视台"为您服务"栏目组的注意。这篇文章写的是老式的铁床怎样改造成为时尚的双人床，我们家真的做了这样的以旧更新。这个铁床是迁居美国的一对老朋友夫妻转给我们的。这个铁床用的是很好的钢绷，但是整体床架却是老式过时的，床体太高，床头、床尾的老式隔栏很碍眼，老伴就给它改造了。把床腿锯短，让床体下降，把床尾隔栏锯走，床头隔栏贴墙放置，外面罩上造型简洁的、时尚的、长长的布艺床头板，与两端的床头柜组成一个整体。这个老式铁床这么摇身一变，顿时焕然一新，成了不仅弹性适度，而且相当新潮的双人床。老伴因为给《家庭生活指南》写稿，找不到合适的题目，就把这床的改造更新也写成一篇短文。没想到恰恰是这篇短文被中央电视台《为您服务》栏目组看上了，决定做一期"旧床更新"的节目。这样，《为您服务》组的编导、摄像就到我们家来拍摄。这期节目是张悦主持的，我们哪想到我们家的改旧更新床居然还能上中央电视台，呈现在全国观众面前。由于这次上了《为您服务》，黑龙江电视台接着也来找老伴去当室内家居节目的嘉宾。

我们安家哈尔滨后，老伴与她在留苏期间认识的苏联老同学和国际友人，都早已中断联系。没有想到，在1985年深秋时节，中苏关系的坚冰刚刚融化不久，有一天老伴突然收到省文化厅打来的电话，说有苏联客人来哈尔滨，指名要造访李婉贞，特请李婉贞去机场接站。原来这位苏联客人是汉学家谢尔盖·尼格拉维奇·索柯洛夫（СЕРГЕЙ·НИКЛАЙВИЧ·СОКОЛОВ）博士。他是李婉贞在苏联学习时认识的。他这次是率领苏联油画展览团来中国访问。他在参观中央工艺美术学院时，得知李婉贞已调到哈尔滨。恰好他们办展后，可以选一个城市访问，于是他就选择了哈尔滨，来看望老朋友。和他一起来的还有一位展览团的副领队——列宁格勒美术馆的美术史专家尼娜。

这位谢尔盖原是莫斯科东方艺术博物馆的研究人员，李婉贞在莫斯科纺织学院学习时，常去看展览，跟他认识并成了挚友。他酷爱中国艺术，后来取得艺术学博士学位，当上了苏联艺术科学院的研究员。他涉猎中国艺术的诸多领域，对中国绘画、书法、印章、剪纸等都有深入研究，著述颇丰，特别专注于郑板桥，是一位研究中国艺术的著名汉学家。他的夫人丹尼娅·索柯洛娃也很出色，是一位活跃的日语翻译家，日本古典名著、被誉为日本《红

图 4-26 俄罗斯朋友，汉学家谢尔盖·尼克莱耶维奇·索柯洛夫和他的夫人丹尼娅·索柯洛娃

楼梦》的《源氏物语》俄文版，就是他夫人翻译的（图 4-26）。

谢尔盖和尼娜两位嘉宾奇迹般地突然到访，真是让老伴喜出望外，高兴至极，兴奋至极。我们精心准备了一席家宴，有哈尔滨的东北菜，也有我们自己会做的、我的老家福州菜，很有特色的红糟肉和燕皮馄饨。客人对这些从未吃过的菜肴都赞不绝口。凉菜中有一碟松花蛋，客人也是第一次吃到，居然认为好吃至极。我们请了哈建大的留苏同事陈德蔚老友作陪，席间大家用俄语欢声笑谈，度过了非常开心的一天。这件事成了我们在哈尔滨的岁月中最难忘的美好回忆。

在哈尔滨，老伴能够在室内设计和家居领域做些工作，也算是给自己开辟了一片科研新天地，渐渐化解了她远离染织设计学科的深深苦楚。但是在我的心里，她的改行纠结一直不能释然。老伴的学术兴致虽然在室内设计领域得到一些弥补，但她的学有所成的主业是染织设计，她的才华潜力也是染织设计，却无奈地被迫改行。这是为了我们的婚姻，为了我们的家。这也成了我永远的歉疚。所以等到 2003 年，当我们俩都退休时，女儿、女婿、外孙都去了大连，哈尔滨已没有牵挂，我们做的第一件事就是到北京买房子，把家搬迁回北京。这样，我们结束了 30 年的哈尔滨生活，圆了 10 年分居时曾经朝思暮想的安家北京的梦。

五、在『软』字上做文章

第二次"发烧"

20世纪50年代的"美学热",我成了美学的发烧友。没有想到,经过"文化大革命"之后,到1980-1990年代,国内又掀起一股"方法论热",我接着第二次"发烧",成了方法论的发烧友。

在这股方法论热中,系统论、控制论、信息论表现得最为强劲。这三论在20世纪40年代形成和发展,被称为"SCI老三论"。它所以称为"老三论",是因为20世纪70年代又兴起了耗散结构论、协同论、突变论,新出现的三论被称为"DSC新三论"。"新三论"是研究系统演化的理论,涉及"远离平衡态"、"涨落"、"序参量"等概念,我觉得过于深奥,没敢往那儿深入。而"老三论"倒是不难弄懂。系统论研究整体与局部、局部与局部、系统与环境之间的相互依存、相互影响、相互制约的关系;控制论研究系统运动的状态、功能、行为方式和变化趋势,研究控制系统的稳定,揭示系统的控制规律;信息论研究系统的信息,研究信息的获取、加工、处理、传输和控制,广义信息论可以视为以信息方法来研究一切问题的理论,有助于探索和揭示人的思维规律,推动和进化人的思维活动。这样的科学方法论实在是太精彩、太重要了。我一接触就被深深吸引住了。

那段时间,有关"老三论"和其他方法论的书,有关方法论与各门学科交叉形成新的边缘学科、交叉学科的书,像雨后春笋般一茬接一茬地破土而出。有专著、有译著;有文库、有丛书;有论集、有汇编;更有数不尽的散发论文,实在火极了。我的整个感觉,就像是置身山阴道上,应接不暇。在这热闹情景中,有几点给我留下深深的印象:

一是掀起方法论的哲学阐发热潮。当时对方法论的演绎，凸显的是从哲学角度的阐发，这方面的出版物很多，我们从《哲学信息论导论》《从哲学看控制论》《控制论、信息论、系统科学与哲学》《系统理论中的科学方法与哲学问题》等书名，就可以看出这个情况。这样从哲学的视角来阐发方法论是非常高明的，它可以避免高深的数学模型和数学推演，并且提升到哲理高度来认知。像我这样欠缺数学储备的人，不但可以读得懂科学方法论，而且可以达到哲理高度上的理解。

二是美学涌现纷繁的新学科、新方法。老三论、新三论和语言学、符号学、阐释学以至其他横向学科，都几乎无例外地与美学相交叉，形成了眼花缭乱的美学新学科和新方法。从美学新学科、新方法手册上可以看到，当时开列的美学方法有：系统论方法、信息论方法、控制论方法、突变论方法、协同论方法、耗散结构论方法、传播学方法、符号学方法、模糊集合方法等等；当时汇集的美学新学科有：信息论美学、符号论美学、解释学美学、语义学美学、格式塔心理学美学、实用主义美学、自然主义美学、直觉主义美学、形式主义美学、存在主义美学、现象学美学、分析哲学美学、实验美学、接受美学等等；还有美学与艺术门类相交叉而形成的小说美学、诗歌美学、戏剧美学、绘画美学、雕塑美学、音乐美学、舞蹈美学、电影美学、摄影美学、建筑美学、园林美学、服装美学等交叉学科。美学领域呈现的这个热闹场景，实在让我惊喜，我觉得顿时从经典美学的视野一下了扩展到了现代美学的视野，大大地开阔了美学视域。

三是掀起研究文艺学方法论的热潮。方法论不仅向美学领域延伸，也同步地向文艺学领域延伸，当时呈现出一股强劲的美学文艺学方法论的出版热，仅仅在我的书架上，就摆着《美学文艺学方法论》上集、下集、续集，以及《文艺学方法论讲演集》《文艺学新学科新方法概述》和《文艺学、美学与现代科学》等一系列这样的书。这里面，既有国外相关文献的翻译，也有国内学者极富创意的新著；既有宏观课题的研究，如《文艺控制论》《艺术信息学》这样的专论、译著，也有微观课题的研究，诸如"阿Q性格系统"之类的深化专题。文艺学方法论的火热，给我展示了文学理论、艺术理论研究如何与方法论相结合的生动样板和宽阔前景。

四是边缘学科众多新作绚丽绽放。在这段时间涌现的《走向未来》《面向世界》《面向现代化、面向世界、面向未来》等一套套丛书中，一篇篇极富创意的社会科学与自然科学相结合的边缘学科新作闪亮问世。最让我惊喜的就是《走向未来》丛书中金观涛的那篇脍炙人口的《在历史的表象背后》。他这篇文章是对中国封建社会超稳定结构的探索。论析了中国封建社会的宗法一体化结构，论析了它的"无组织力量"和"奇特的修复机制"，揭示了周期性动乱与停滞性所呈现的"超稳定系统"。这样的新视角、新方法都给了我极大的启迪和引导。

五是技术美学闪亮登场。在纷繁的美学新学科中，还有一个十分重要的分支学科——技术美学。安徽科技出版社出版的《技术美学》丛刊，被称为"我国有史以来第一个技术美学出版物"。随后，涂途的《现代科学之花——技术美学》、张帆的《当代美学新葩——技术美学与技术艺术》等专著相继问世。报刊上接二连三地涌现探讨技术美学、工业美学、技术美和迪扎因（design）的文章。这给我打开了美学的另一片天地。在这之前，我主要注视的是艺术美学，而现在知道，对于搞建筑的人，更值得关注的是技术美学。1987年李泽厚在天津召开的"环境美的创造学术讨论会"上，更进一步强调了技术美与美的本质的直接关联，强调了技术美与狭义的自然的人化的内在关联以及技术美学与形式美的深刻关联，这对于我深入地理解技术美学，全面地审视建筑美，都起到了很大的推进作用。

那十几年，我常常是痴迷地隔三岔五就跑书店，去买这些论析方法论的、新学科的、交叉学科的书，生怕漏掉了而失之交臂。当时这类书多是小开本的丛书，每本也就1~2元。那些年我们每月工资一百多元，买这样的批量小册子还是可以承受的，因此有了这方面的小小藏书。当时散发的论文，涉及的报刊很多、很杂、很广，要想泛泛地过目浏览并重点地收藏，很是不易。在20世纪50年代的美学热中，我们还可以用前辈学者所用的"卡片法"来应对。所谓"卡片法"，就是不用笔记本来做读书笔记，而是摘录在卡片上。我买了一堆白卡，也买了图书馆用的顶部局部凸起的"分类卡"。我把家里的抽屉隔成一个"卡片箱"，把读书摘录的卡片分类归纳，分门别类地以"分类卡"分隔，形成很有条理的、可以灵活调节的私房资料库。许多前辈名家多以卡片数量之多著称。我不是真正用功的人，所记的卡片大概还到不了一万张。做这种卡片像集邮似地也会上瘾。学术积淀是无形的，而这种点点滴滴的史料、史论卡片的汇集，却是有形的、看得见的学术积累，很让人有一种喜悦感。到了1980-1990年代的"方法论热"，文献信息太多了，卡片法完全行不通。那时候没有电脑，没有网络，面对着浩瀚的信息，该怎样获取、留存呢？我现在回顾，是得益于两件法宝：第一件法宝叫作《复印报刊资料》，是中国人民大学书刊资料中心发行的。它把每个月全国报刊上发表的学术文献，分成若干大类，再细分成若干科目，按科目以复印件的汇集形式，每月出版一册。这样，只要有一册科目的复印资料在手，就汇齐了这个月这一分支领域的文献，真是妙极了。我当时订了哲学、美学、史学、文化学、文艺学、文物与考古等几个科目的复印资抖。这样，我所关注的学术论文，在自己的书房里就可以查寻阅读了。我觉得《复印报刊资料》真是功德无量，一直心存感激。第二件法宝是《新华文摘》，这是由人民出版社出版的每月一期的综合性文摘，它的前身叫《新华月报》，是1979年1月改名的。它的栏目很全，包括政治、哲学、经济、历史、文学艺术、人物与回忆、文化教育、科学技术、读书与出版，还有"论点摘编"等。每月一期，刊登上个月在这些领域筛选出的最重要的文献的摘录。我把《新华文摘》视为所有刊物中的NO.1，是订阅报刊的首选。因为它提供了这个月的、全国的、全方位的、最重要的学术信息和学术精品，是精品的提纯，是精华中的精华。他山之石，可以攻玉。我把《新华文摘》视为"他山之石"的精品大集结，视为最丰饶的"他山石库"（图5-1）。如果说人民大学的《复印报刊资料》为我解决了搬回家的资料库，那么《新华文摘》就好像为我提供了治学的"样板示例"和"灵感触媒"。它不仅丰富我的外围知识，更重要的是，从各个学科领域闪现的、极富创意的文章和论点，如同样板、范例似的，给我很大的启迪和触动，让我迸发出这样那样的写作灵感。我有好几篇论文的构思都是从《新华文摘》的摘文中受到启迪的。《新华文摘》每一期也选登一两篇新发表的短篇小说佳作，被选登的小说过

图 5-1 被我视为"他山石库"的《新华文摘》

后不久，几乎都成了得奖作品，由此我非常赞赏《新华文摘》编辑的选编慧眼。作为它的铁杆读者，我每月阅读《新华文摘》，仿佛是徜徉于"他山石库"的月月游。

我很庆幸，赶上了 20 世纪 50 年代的"美学热"之后，还能在 20 世纪八九十年代遇上"方法论热"。我们知道，人和电子计算机一样，也有自己的"硬件"和"软件"。如果说"体力"是人的硬件，那么"智力"就是人的软件。"方法论热"给我的最大的教益就是有了"软视野"，它提升了我的"软"素质，让我的治学向建筑的"软端"偏移，促使我身不由己地、饶有兴致地围绕着"软"字去做文章。

多向度探试

因"文革"而停刊 6 年的《建筑学报》于 1973 年复刊了。刚复刊的时候，还处在"批林批孔"困境，步履蹒跚，显得有气无力。1973 年只出了两期，

1974 年出了六期，而从 1975-1978 年，整整 4 年都退缩成了季刊，每年只出四期。各期的内容都不分栏目，几乎发表的都是有关建筑设计探讨和建筑实录之类的文章，看不到建筑历史和理论的东西。但是，1978 年有了松动迹象，那年第二期见到了杨鸿勋写的"关于建筑理论的几个问题"，是批判姚文元关于建筑艺术的谬论。那年第 4 期，见到了王世仁写的"中国近代建筑与建筑风格"一文。这两篇文章的出现，让我很振奋，仿佛是学报吹起了建筑历史理论的开闸号。我就兴奋地写了一篇论建筑矛盾的文章，寄给了《建筑学报》。赶巧 1979 年 4 月，中国建筑学会在杭州召开第四届第二次常务理事扩大会议。会上，为《建筑学报》平了反，为刘秀峰的"创造中国的社会主义的建筑新风格"平了反，提出要鼓励建筑创作，开展设计竞赛，要抓建筑理论的研究、提高。我很庆幸，趁着这股东风，就在这个会后的一个月，我的"建筑——空间与实体的对立统一"一文，就在《建筑学报》1979 年第 3 期（当年 5 月）发表了，成了建筑界解冻会后立马登台的第一篇建筑理论文章。"春江水暖鸭先知"，我现在回顾，自己都觉得奇怪，我那时怎么会对建筑学术导向那么敏感呢？其实不是，纯粹是一种巧合。我只是见到《建筑学报》理论开闸，自己按捺不住，就贸然地写了理论义章，贸然地投寄了。

我为什么要匆匆地写"建筑——空间与实体的对立统一"一文呢？这还得说到 1959 年在上海召开的"住宅标准和建筑艺术座谈会"。当时建筑工程部部长刘秀峰在会上做了轰动一时的"创造中国的社会主义的建筑新风格"报告，中国建筑界的许多著名专家、学者在会上都围绕建筑艺术、建筑风格踊跃发言，掀起了一股建筑理论热。由于讨论建筑艺术、建筑风格，自然就会延伸讨论什么是建筑的本质。而要追索"建筑的本质"，就必须弄明白"建筑的矛盾"。因为我们都知道，毛泽东在《矛盾论》里明确地指出：

任何运动形式，其内部都包含着本身特殊的矛盾。这种特殊的矛盾，就构成一事物区别于他事物的特殊的本质。

这样，不约而同地就冒出了探讨"建筑矛盾"的文章。有的文章认为：建筑矛盾就是建筑内容与建筑形式的矛盾；有的文章认为建筑矛盾有两对：一对是功能要求与工程技术空间结构的矛盾；另一对是建筑艺术思想内容和建筑艺术的空间形式之间的矛盾。我当时也在思索这个问题。真是无巧不成书，就在我刚刚琢磨什么是建筑矛盾以便认知"建筑的本质"时，哈尔滨工业大学机械系机床及自动化专业的侯镇冰等几位先生在《光明日报》的"哲学"专栏上，发表了"从设计'积木式机床'试论机床内部矛盾运动的规律"一文，这是 1960 年 11 月 24 日的事。没有想到的是，这篇文章被毛主席看上了，批示转载于《红旗》杂志 1960 年第 24 期。《红旗》杂志编辑又特约侯镇冰等几位再写一篇长文"再论机床内部矛盾运动的规律和机床的'积木化'问题"，刊于《红旗》1961 年第 9、10 期。近水楼台先得月，处在哈工大近邻的我，知道了这件事，真是特别特别的兴奋。我没想到研究机床内部矛盾运动，原来会引发这么大的轰动，那么研究"建筑内部矛盾"当然也是个意义重大的选题。特别感到幸运的是：正当我发愁不知怎么抓建筑矛盾的时候，机床内部矛盾的研究及时为我提供了最佳的研究思路和研究样板。侯镇冰等几位先生指出：

（机床是）刀具系统和工件系统的矛盾统一体，刀具系统和工件系统间的相互联结和相互作用的过程，就是机床实现金属切削加工的过程。刀具系统和工件系统的对立统一，构成了机床内部的基本矛盾。

他们把机床的内在制约概括为："刀具刃具的切削力与加工物体的材料内聚力的矛盾"。这真是极准确、极精彩的概括，它让我知道应该怎样找建筑的内在矛盾了。我已经明白，把建筑矛盾说成是建筑内容与建筑形式的矛盾，或是并列的两对矛盾都是太空泛了，都没有真正的中"的"。我知道应该像找到"刀具切削力和工件材料内聚力"那样去准确地抓住建筑的内在制约。但是当时我并没有提到日程上来写这篇文章，因为我那时候正加入刘敦桢先生的《中国建筑史》教材编写小组，忙着投入教材中的第二篇"中国近代建筑"的写作。再接下来就是设计革命和"文化大革命"，已经不能写建筑理论文章了。这事就这样拖了下来。这一拖就是十几年，我心中一直念念不忘这个课题。因此，当意识到《建筑学报》理论开闸时，我就急不可待地写了"建筑——空间与实体的对立统一"一文投去。

写这篇文章，首先要找的是建筑矛盾中的对立统一的双方。这很好找。

因为《老子》第十一章有"凿户牖以为室，当其无，有室之用；故有之以为利，无之以为用"的名言。"有"指的就是建筑的实体，"无"指的就是建筑的空间。参照机床的"刀具系统"与"工件系统"，我很容易确定建筑空间和建筑实体就是建筑矛盾统一体的双方。在这里，"建筑空间"并非专指建筑的"内部空间"，也包括建筑的"外部空间"，像纪念碑那样的实心建筑，虽然没有内部空间，却是具备建筑外部空间的。这表明，只要是建筑，就必然同时具备建筑实体和建筑空间。因此可以做出以下的严密的表述：

建筑是满足一定的物质功能、精神功能所要求的内部空间、外部空间和构成这种空间的、由建筑构件所组成的建筑实体的矛盾统一体。

在这里，空间与实体成了建筑上相互依存的一对孪生子，既不存在没有建筑实体的建筑空间，也不存在没有空间的建筑实体。建筑物的建造过程，就是运用建筑构件组成建筑实体以取得建筑空间的过程；建筑物的使用过程，就是建筑空间发挥使用效能和建筑实体逐渐折旧破损的过程。这个矛盾贯穿于建筑发展的始终，存在于一切建筑之中，整部建筑发展史，就是建筑空间与建筑实体矛盾运动的历史。

那么建筑空间与建筑实体之间究竟存在着什么样的相互制约呢？我经过反复思索，把它概括为"围合与被围合"的关系。这个"围合"是一个很丰富的概念，我把它归纳为三大性能：

一是围隔空间、联系空间的围护作用；

二是支承空间、稳定空间的结构作用；

三是展示空间、美化空间的造型作用。

可以说，空间对实体的要求，就是要实体起这三大作用；而实体对空间的要求，就是要求空间适于被围合。

我当时对建筑矛盾做出的这样的概括还是挺满意的。我在这种内在矛盾定位上，进一步分解了建筑的主体空间和辅助空间，分解了建筑的主体构件和辅助构件，梳理了建筑设计的主要矛盾和矛盾的主要方面，以及矛盾的焦点。我把那时候所具备的《矛盾论》知识，尽可能地加以发挥。但是写着写着就发现了问题，觉得建筑中不只是"建筑空间"与"建筑实体"这两大角色，还有"建筑设备"这个小角色。它并非建筑实体，可是对建筑空间也起着很大作用。当我们只说"空间与实体的对立统一"的时候，该怎样应对"设备"的存在呢？这成了我的一大难题。这时候我还没有接触科学方法论，还不懂得复杂系统的多因子构成。我想来想去，想出了一个解决的方法，论文里特地添加了专谈"设备"的一节，说"设备"在原始建筑中早已有之，穴居里的"火塘"就是建筑设备的鼻祖。它有熟食、取暖、除湿、照明和保存火种的多样作用。设备经历了"火"设备、"电"设备到今天的"电子"设备的不断发展，它补充和弥补了实体的欠缺和不足，可以充实实体、精化实体、强化实体。我们可以把它看作是"实体的异化"或是"另类的实体"，这样就可以把它纳入在"空间与实体的对立统一"中来看待了。

我当时觉得这样认知建筑矛盾是很到位的，我就想以这样的建筑矛盾的认知为基础，来考察、论析建筑界争议的其他理论课题。

我选择了建筑形式与建筑内容问题，写了一篇"建筑内容散论"。因为对于什么是建筑的内容，建筑界存在着两种不同认识：一种认为建筑内容包括物质功能、精神功能和材料结构；另一种认为建筑内容是建筑的目的性，也就是物质功能和精神功能，材料结构是表现内容的手段。争论中，后一种看法占主导地位，代表多数人的认识。究竟材料结构是建筑的内容，还是表现建筑内容的手段呢？我觉得有了"空间与实体的对立统一"这一建筑内在矛盾的认知，正可以用来解决这个问题。

那阵子我们的政治学习，学的是艾思奇的《辩证唯物主义纲要》。在学习中我突然读到艾思奇说的一句话：

形式是事物的矛盾运动自己本身所需要和产生的形式，而事物的矛盾运动，就是它的内容。

艾思奇这话让我如获至宝，它为我解决了事物的"矛盾运动"与事物的"内容、形式"的关联。这样，我自然地就演绎出：建筑的内容就是建筑空间与建筑实体的对立统一的矛盾运动；建筑形式就是建筑空间与建筑实体对立统一的矛盾运动所需要和产生的形式。明确了这一点，我们就可以说，作为内容的建筑矛盾运动，建筑空间的物质功能，精神功能是构成建筑内容的要素，建筑实体的材料性能、力学作用也是构成建筑内容的要素。而体现这种功能需要、由构件围合而成的空间体量及其组合方式，是建筑形式的要素。同样的道理，体现材料性能、力学作用的结构方式和构件的形体、色彩、质地，也是建筑形式的要素。所以我们应该确切地说，材料、结构，就其内在所发挥的性能、作用，属于建筑的内容；就其外在所呈现的形体、色彩、质地，属于建筑的形式。笼统地把材料、结构列为建筑的内容，是忽视了材料结构在形式要素方面的作用；而认为材料结构仅仅是表现内容的手段，则忽视了材料结构在内容要素方面的作用。这两种看法都是片面的。这里，有必要区分"构成建筑空间的手段"和"表现建筑内容的手段"的不同含义。在建筑空间与实体这一对矛盾中，说建筑实体的材料结构等物质技术条件是构成建筑空间的手段，这样说是可以成立的。而当我们分析建筑的形式与内容这一层面时，再把材料、结构仅仅视为表现内容的手段就不合适了。材料、结构的性能、作用，是十分重要的、不可忽视的建筑内容要素。

　　我当时觉得，有关建筑的内容与形式的争议，通过这样的论析，应该是可以澄清了，觉得对建筑矛盾的认知还是很有意义的。但是在这之后不久，随着我接触到科学方法论，很快就跳出"矛盾论"而被系统论、控制论、信息论、模糊学、符号学、接受美学、信息论美学等等吸引了。我迷上这些方法论，我想尽量透过这些方法论的视角来审视建筑，把方法论与建筑理论挂钩，寻觅新的思路，阐释新的见解。我用刚刚学到的模糊学知识，写了一篇"建筑的模糊性"；从系统论的视角，写了一篇"系统建筑观初探"；借助系统论和控制论的分析，写了一篇"建筑民族化的系统考察"；引入符号学的方法，写了一篇"传统建筑的符号品类和编码机制"；围绕跨学科的建筑美学，写了一篇"建筑美的形态"；按照文艺方法论的路子，写了一篇"建筑创作的'重理'和'偏情'"；吸收接受美学的理论，写了一篇"建筑意象与建筑意境"；运用信息论美学的理念，写了一篇"建筑与文学的焊接"；基于科学方法论对于学科"软件"的启迪，撰写了"中国建筑的'硬'传统和'软传统'""建筑的'软'传统和'软'继承"等文。不难看出，我真的成了名副其实的方法论发烧友，不仅着迷似地学习方法论，也着迷似地从方法论的视角去探索建筑理论课题。这段时间我整整用掉了 10 年，这是一个尚未找到主攻方向，而处于多领域触碰、多向度探试的 10 年。

这 10 年写的文章都是直接发表于《建筑学报》《建筑师》等刊物，只有"系统建筑观初探"一文，是在会议上的发言。1983 年末，我开始构思，想从系统论的视角来澄清建筑理论的一些问题。很费了一番周折，我才抓住了论文的 3 个构成，围绕着 3 个要点来展开论析：一是"思维模式"；二是"部类效应"；三是"二律背反"。

对于"思维模式"，我主要说了我们的思维方式，长期深受经典模式（也称"牛顿模式""线性模式"）的影响和局限，形成一种"线性因果决定论"，研究问题往往局限于寻求事物的单一结果和单一原因，在建筑理论研究上表现为追求单一答案，如争论我国现代建筑是要民族风格还是不要民族风格之类，总想做出非此即彼的单一选择和单一结论；在建筑实践上则表现为套用一种设计模式，这是导致建筑创作单一化、模式化的思想方法的根源。从系统的角度来考察，建筑无疑是多因素、多层次、多目标、多指标的复杂系统。建筑设计面对的是复杂、多值、多变量的非线性系统，它不服从单值、单因子的线性函数关系，而应该把握建筑的全程性、全层次性和全关系性，在思维方式上突破"线性模式"而代之以非线性的"系统综合模式"。

对于"二律背反"，我主要引述了康德和黑格尔指出的"二律背反"现象。认为建筑中呈现的"表里一致"与"两层皮"，"少就是多"与"少就是厌烦"，"形式追随功能"与"形式唤起功能"等说法，都是属于"二律背反"的正题与反题。借鉴美学界、文艺界对"二律背反"悖论的认识，指出我们对待建筑中一系列"二律背反"，不宜简单地肯定一方而否定另一方。应该把两者看成对立统一的、相辅相成的、在一定条件下是可以转化的。我以"形式追随功能"和"形式唤起功能"为例，分析了建筑创作所呈现的"因果连续链"，强调建筑创作对于"二律背反"正反题的融合兼容，以摆脱设计手法的绝对化、单向化局限。我也简略地提到建筑师在创作构思中实际上存在着一圈圈的"形式——功能——形式"的微循环。这部分和第一部分的"思维模式"一样，都写得很简略、扼要。

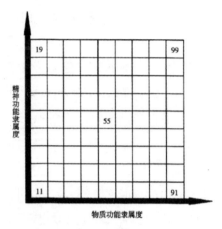

图 5-2 建筑功能坐标图。图中显示，不同的建筑
类型有不同的物质功能隶属度和精神功能隶属度

11 工地棚屋；19 纪念碑；91 特种仓库；
99 高级宾馆；55 百货公司

我重点论析的是第二部分——"部类效应"。我们都知道，建筑系统拥有复杂繁多的建筑品类，它们在设计创作上有很大的区别，因此，我们看到杨廷宝、齐康、龚德顺、杨鸿勋、萧默、郑光复等多位专家学者都不约而同地主张应该区分两种不同的建筑。有的把建筑区分为大量性与特殊性，有的把建筑区分多形式美建筑与艺术美建筑。我也认为建筑应该区分，但是最好能有一种比较科学的、明晰的区分。我折腾来折腾去也找不到满意的分法，为此拖延了不少时间而使论文无法进展。突然有一天，我不经意地看到一篇论建筑管理的文章，里面引用了美国管理学家布莱克和莫顿的"管理坐标图"。这个图是用来分析厂长抓生产和抓工人福利的分析图。我看了之后，大受启发，由此产生了"建筑功能坐标图"（图 5-2）。这个图列出纵横 81 格，横坐标为物质功能隶属度，标为方格中十位数的自低到高的 1~9；纵坐标为精神功能隶属度，标为方格中个位数的自低到高的 1~9。这样，整体方格展示出建筑物质功能与精神功能的不同隶属度组合和不同的主从关系，显示出不同品类、不同性质建筑在隶属度组合上的丰富性和浮动性。我们可以把棚屋、特种仓库、百货公司、高星级宾馆和纪念柱大体上分别对应在 11、91、

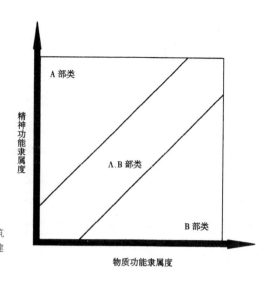

图 5-3 建筑部类划分图。根据不同建筑的物质功能隶属度和精神功能隶属度，建筑划分为 A 部类、B 部类和 A、B 部类

55、99、19 的方格坐标。它们不是一成不变的，同一类型建筑可能因为所处环境不同、标准高低不同、建筑师创作倾向不同，或其他制约因子不同，引起物质功能与精神功能之间加权系数的调节和变化，而浮动于不同的坐标点。在这个功能坐标图上，我们可以按物质功能与精神功能的主从关系，把整个建筑系统区分为两大部类：精神功能隶属度高于物质功能隶属度的 A 部类和物质功能隶属度高于精神功能隶属度的 B 部类，并把两者之间的中介视为 A、B 部类（图 5-3）。我侧重地分析了两种部类建筑之间存在的一系列不同：1. 美的形态不同；2. 美学法则不同；3. 创作倾向不同；4. 建筑模式不同；5. 设计手法不同。这些不同当然是相对的，存在着相互交叉和相互渗透，但是确有不同的差异点和侧重点。我在这样的分析基础上，提出了一个论断：建筑观存在着部类效应现象。不同的历史时期，处于主导地位的建筑部类不同，这个时期的建筑观往往就会与这个主导地位的建筑部类相对应。所谓主导地位的建筑并非指数量最多的建筑，而是指得以重点发展的主流建筑。一部世界古代建筑史基本上是以官殿、神庙、教堂、府邸、纪念性建筑、行政大厦等 A 部类建筑或 A、B 部类建筑为主流的建筑活动史，自然产生"建筑就是

艺术"的基本概念。学院派的建筑观是这种建筑观的典型形态。包豪斯学派的崛起，出现了建筑观的重大历史性转变。包豪斯建筑观是强调 B 部类的建筑观，是适应当时大量的生产性建筑、商品性住宅和实用性公共建筑上升为建筑主流的实践需要。因此，建筑观的部类效应是很值得重视的。我们应该突破部类建筑观的局限性，建立整体的建筑系统观。系统建筑观不是简单地否定部类建筑观，而是综合不同部类建筑观的升华，它包容不同的建筑学派，包容多元的创作方法，不是肯定一种创作方法而否定另一种，不是停留非 A 即 B 或非 B 即 A 的单一选择，而是坚持有重点的、多样的选择。应该以系统建筑观的开阔视野，强调不同部类建筑观的互补，充分调度不同部类建筑观的积极要素，调度不同创作方法的可贵经验，重视不同部类建筑之间设计方法的交叉渗透，这对于繁荣建筑创作是必要的。

这篇文章磨磨蹭蹭到 1984 年底才基本完成。我刚要最后定稿投给《建筑学报》，突然接到建筑创作学术座谈会的通知。我的这篇文章就没投寄而留作会上的发言。

1985 年 2 月 3 日至 7 日，建设部设计司和中国建筑学会联合召开的"繁荣建筑创作座谈会"在北京举行，参加会议的一共 38 人，是个很小型的会。由设计司司长兼中国建筑学会秘书长龚德顺先生主持。座谈会主要围绕着建筑理论、设计思想、创作方向探讨如何繁荣创作。我准备的发言题目"谈谈系统建筑观"，正好十分对口。因为文章有了长期准备，心里不忐忑，我很轻松地发了言。没有想到的是，在我发言之后，竟然出了三件让我意想不到的事：第一件是我刚发完言，主持会议的龚局长就向我要发言稿，他说他要带回家看看，明天就还给我。我没想到龚总会这么关注这个发言，很有些受宠若惊。第二件事是在发言后不久，《建筑学报》的一位编辑就来找我，让我把发言稿整理成文，学报准备刊登。这使我非常高兴，因为我首选的就是想在《建筑学报》上发表。第三件事是在《建筑学报》编辑找我之后，《新建筑》的主编陶德坚先生也来向我要稿。我只能不好意思地说，被《建筑学报》编辑先要了。陶德坚先生是我的小老师，她刚从天津大学毕业分配到清华大学建筑系，第一次教学就是带我们班的课程设计辅导，我恰好是她这个组的。她还让我随着设计进程记一下"设计日记"，以便她了解学生在初学设计时有些什么活思想，以便有针对性地辅导，因此，她是我的老师辈的。我为未能把这篇稿子交给《新建筑》而歉疚。接下来我写的一篇理论文章"建筑民族化的系统考察"，就毫不犹豫地投给了《新建筑》了。

《建筑学报》1985年第4期，刊登了这次座谈会的29位的发言摘要，并选刊了两篇会上发言的全文，其中第一篇就是我的"系统建筑观初探"。这三件意想不到的事，加上学报选刊我的全文，让我很有些激动，觉得这篇文章虽然磨蹭了一年多时间，能够这样地得到关注，还是很值得的，这给了我很大的鼓舞。

惊喜"模糊性"

在接触的一门门方法论学科中，最让我惊喜的是"模糊学"。

在讨论建筑创作问题时，许多专家、学者都曾经提出要区分两种不同的建筑，它们在建筑美的形态和建筑创作上是有区别的。有的把建筑分为大量性建筑与特殊性建筑，有的把建筑分为形式美建筑与艺术美建筑。我也认为应该区分两种建筑，一直思考着怎样区分。在试图区分两种建筑中，我遇到的最大困难就是不知道以什么为界限？所谓"大量性"与"特殊性"，所谓停留于"形式美"与上升为"艺术美"，究竟以什么为界限？"大量性"与"特殊性"、"形式美"与"艺术美"的界限在哪里？我总觉得如果界限不清，就意味着区分的标志不明。如果界限明晰，我们就可以紧紧地围绕这个区分标志，对两种建筑创作的不同特点作明确的分析。但是，我折腾来折腾去，总找不到确切的"界限"，一直陷于苦苦的思索。

忘了是哪一天，也忘了是在什么书刊上，我突然看到一则谈"模糊性"的短文，说有一种"软集合"，它的边界是模糊的，还说第三代数学就是处理这种模糊集合的"模糊数学"。这一下子大大触动了我，原来还有模糊集合、模

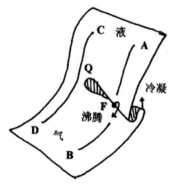

图 5-4　水的相变模型

糊边界这回事。如果两种建筑之间是模糊边界，我久久苦思冥想的问题，就可以迎刃而解了。于是我就一股劲儿地去追寻有关"模糊学""模糊性"的文献。

这时候是 1982 年，这方面的文章还很欠缺。后来我们见到的苗东升写的"论模糊性"（刊于《自然辩证法通讯》），是 1983 年 5 月发表的。他写的《模糊学导引》是 1987 年 2 月才出版的。三个面向丛书中，李晓明写的那本引人注目的《模糊性：人类认识之谜》，也是 1983 年 12 月才出版的。我在1982 年能看到的谈模糊学、模糊性的文章主要是沈小峰和汪培庄写的"模糊数学中哲学问题初探"，那是发表于《哲学研究》1981 年第 5 期。我主要靠着这篇文章和星星点点的科普短文，大体上弄明白模糊性是怎么一回事，就很冲动地写了"建筑的模糊性"一文。

其实，模糊性并不神秘，是很容易弄懂的。我后来看了一些相关的文章，知道用以下五句话就能概括：

第一句话是："模糊性是事物类属的不清晰性"。

我们说"开水"，那是指在标准气压下达到 100℃的水。"开水"与"非开水"之间，有明晰的临界值，那是不模糊的。而我们说"热水"，那就没有明晰的临界值，"热水"与"凉水"之间就是模糊边界。这样说是很通俗易懂的。模糊性的科学解释是用很有趣的"水的相变模型"来说明（图 5-4）。在这个模型中，水的相变有两个途径：液态的 A 变为气态的 B，要经过沸点 F，这个沸点就是明晰的界限，这就是有临界点的"硬集合"；水从液态的 C 变为气态的 D，是一个蒸发的过程，这里就没有临界点，这就是缺失边界的"软集合"。由此我们知道，"男生""女生"是"硬集合"，可以明晰地区分；而"漂亮""不漂亮"就是边界不清晰的"软集合"，是一种模糊用词。

第二句话是："**模糊性是事物性态的不确定性**"。

事物的性态，有"确定性"和"不确定性"之分。确定性的事物就是"非此即彼"（非 0 即 1），如电灯的开关，不是开就是关，这称为"二值逻辑"。像电视机那样有很多频道，不是用这个频道，就是用那个频道，这也属于确定性，称为"多值逻辑"。

不确定性的事物则有两种：一种是随机性，就是"或此或彼"（或 0 或 1），它是由于条件不充分而导致的结果的不确定性，反映了因果律的破缺；另一种就是模糊性，就是"亦此亦彼"（由 0 到 1），它反映的是排中律的破缺。有一种可以由低到高连续不断地调节不同亮度的灯，就属于这一种。这样的逻辑，称为"连续值逻辑"。

确定性、随机性和模糊性的这三种区分，是极其重要的区分，它们对应着三种不同的数学。如果说，第一代的经典数学是研究和处理确定性现象的数学，那么，研究和处理随机性现象的就是第二代的概率论和数理统计数学；研究和处理模糊性现象的，就是第三代的模糊数学。

第三句话是："**模糊性用隶属性来度量**"。

所谓"隶属度"，就是"元素从属于集合的程度"。可以通过"隶属度模型"来显示正反双方的"从 0 到 1"和"从 1 到 0"，它表示的是处于中介过渡的事物，对于正方、反方所具有的倾向度，它意味着从亦此亦彼的现象中提取了非此即彼的信息。它不仅让我们得以在宽泛的中介领域把握它的不同倾向度，更重要的是，为一些只能"定性"的现象找到了走向"定量"的、运用模糊数学的途径。

第四句话是："**复杂系统必然伴随着模糊性**"。

复杂系统就是因素的多样性、易变性和联系的多样性、易变性。模糊理论有一条"不相容原理"（也称"互克性原理"）：

当一个系统复杂性增大时，我们使它的精确化的能力将减少，在达到一定阈值（即限度）时，复杂性与精确性成反比。

系统越复杂，模糊性就越大。正是觉察到这一点，1965 年美国加利福尼亚大学控制论学家 L·A·扎德教授提出了模糊集合论，由此诞生了模糊数学。

第五句话是："模糊性本质上是客观的，但包含一定的主观成分"。

事物的模糊与否，是事物自身决定的。人的头发一眼看上去，说不上是多少根，只好用"浓密""稀薄"之类的模糊用语来表述。其实头发的根数是其自身客观存在的，只是因为人难以瞬时计数，就形成模糊评判。模糊性呈现于事物的中介过渡区，本质上是客观的，显现着客观的隶属度，但是人的认识受到种种主客观条件的限制，不能不在认知评判上打上主观性的印记，因而给定的隶属度总有一定的主观成分，由此形成模糊识别的因人而异现象。

知道了模糊性的这些概念，我是特别特别的惊喜，特别特别的兴奋。这不仅仅是因为解除了我寻觅两种建筑界限的苦恼，而是打开了我认知建筑的一个新的途径。我明白了，建筑毫无疑问是复杂系统，它不但具有多要素组合、多层面构成、多向度制约，而且它的设计目标、指标系统自身带有很大的模糊性。建筑使用功能的豪华、舒适、安逸、便捷，建筑审美的美观、气派、简约、大方，都是模糊指标。因此，建筑充满了模糊性。我们以前只关注建筑的两重性、艺术性，现在才明白，建筑还具有模糊性。原来建筑设计学科的许多重要特点，都与建筑的模糊性息息相关。

由此我思索了建筑模糊性与建筑设计学科特殊性的关系，分析了基于模糊性而导致的建筑设计指标的难以定量化和建筑方案设计的难以运用数学方法；分析了建筑设计规律的隐埋和建筑创作的黑箱型思维；分析了建筑设计采用的"方案比较法"和建筑设计竞赛呈现的大数量方案比较；分析了建筑设计的模糊评判，"仁者见仁，智者见智"；分析了建筑设计不可能达到唯一的最优；建筑方案的选优，"没有最好，只有更好"，这和"金无足金，人无完人"是一个道理；也分析了建筑设计水平的高低差距很大，优秀的建筑设计是高难度的创作，而低劣的建筑设计是很容易应付的，甚至外行也敢于说三道四，形成所谓的"长官意志"现象。低劣的设计常因不易察觉而成了"无形的次品"。所有这些，使得建筑方案设计在很大程度上成为像艺术创作似的"建筑创作"，其根源与其说是因为建筑具有"艺术性"，还不如说是因为建筑具有模糊性而更为确切。

知道了建筑的模糊性，还有助于我们认知建筑的"模糊空间"、"模糊隔断"和"模糊手法"。从这样的视角，我们可以分析中国传统建筑的"亦内亦外"空间和"亦分亦合"空间；可以分析波特曼的"中庭空间"和黑川纪章的"缘侧"空间、"灰"空间；也能明白文丘里的后现代建筑理念："我爱两者兼顾，不要非此即彼"，强调"通过兼收并蓄而达到困难的统一"，不是"排斥异端而达到容易的统一"。知道他的新折中主义手法有许多显现的正是模糊手法。

我把对建筑模糊性的这些新鲜的、初步的认识，写成"建筑的模糊性"一文，投给了《建筑学报》。赶巧的是《建筑学报》顾孟潮编辑很明白、也很关注这个"模糊性"问题，他在给我的信中说：

电子计算机至今难于在建筑设计中运用，正因为建筑有模糊性。现在世界上正用模糊数学的方法攻这个问题，已进展到把语言变数变量的方法和语义学的研究方法运用到建筑中。能结合这方面充实第四部分最好。

我觉得他的意见很好。但是，从这个角度来充实，对我却是很大的难题。因为那时候我并没有掌握国外如何把语言变数变量的方法运用到建筑中的具体文献。我只能泛泛地补充，说说建筑领域运用模糊数学的前景。我引用模糊学学者的表述，点出模糊数学的截割理论，可以把模糊标准不加截割地进入数学模型，充分利用中介过渡的信息，通过隶属度的演算规则及模糊变换理论，最后在一个适当的阈值上进行截割，作出非模糊的判定，这样可以向模糊性事物的精确化逼近一大步。

我的这篇"建筑的模糊性"发表在《建筑学报》1983年第3期。我自己觉得这篇文章在我写过的文章中是比较重要的。因为我相信建筑的模糊性是个很重要的问题。但是发表后并没有得到什么反响。大约是1985年，我领着学生在沈阳进行古建筑测绘实习。突然有一天，在测绘现场遇见一位东北设计院的先生，我跟他不熟悉，现在连他的名字也想不起来了。他见到我就告我一个信息，说他前不久去《建筑学报》开编委会，会上研究学报这两年的工作，大家都说"建筑的模糊性"是这两年学报发表的最好文章。我没想到会有这样的好评。这个信息没有验证过，应该是真的。能够得到《建筑学报》编委会这样的评价，我也很受鼓舞。我后来一直关注建筑的模糊性问题，关注建筑设计的黑箱思维，关注传统建筑的模糊空间、模糊手法。对于模糊性的认知，为我后来研究建筑之道和中国建筑之道，都有推动作用。我曾经想围绕这个课题再做一个展开的、深入的探讨，但是因为研究方向的转移，一直没有做，我觉得欠做了一件该做的事。

应急的献礼

《城市建筑》在 2004 年 10 月创刊了，这是我久久期盼的。

早在 1962 年，我在《建筑学报》发表第一篇建筑文章开始，就很关心建筑期刊的状况。那时候，国内的建筑学刊物只有《建筑学报》一家。1964 年，清华大学建筑系建筑历史教研组出版了《建筑史论文集》，只出了一辑就因为设计革命而停顿了。到 1979 年，不仅《建筑史论文集》复出，《建筑师》《世界建筑》《建筑历史与理论》《建筑历史研究》《华中建筑》《新建筑》《时代建筑》等都接连地在四五年间相继问世。这个局面对于像我这样特想读文章、写文章的建筑学人，自然是大好事。我看清华大学、同济大学、华中工学院等院校都能出版建筑刊物，就想我们学院要是也能出个建筑刊物那该多好。但是出学术刊物谈何容易，只能是一个梦。一直到 2003 年我退休时，哈工大建筑学院出建筑刊物的事，也没有影子。想不到的是，到 2004 年，哈工大建筑设计研究院的梅洪元院长，居然以神奇般的魄力，与哈工大建筑学院联手，把《城市建筑》给办起来了（图 5-5、图 5-6）。新诞生的《城市建筑》虽然姗姗来迟，在规格上却可以说是一步登天。大大的开本，漂亮的印纸，精美的印刷，而且一上马就是月刊，每月出一期，像是一个装备齐全、

图 5-5 与《城市建筑》梅洪元主编合影

图 5-6 看到《城市建筑》创刊号的分外欣喜。《城市建筑》记者摄

英姿焕发、干劲十足的新手，带着勃勃生机，满怀憧憬地迈出勇敢的第一步。《城市建筑》组成了一个顾问班子和一个编委会班子。出乎意料的是，梅洪元主编让我当"编委会主任"，这可吓坏了我。我这个人，除了当过教研室主任这个小头头外，从来和各种头头的头衔不沾边。我怎么能担当这样的角色。主编说刊物是我们学校主办的，就得我们学校的人担当这角色，不必有什么思想负担，不用干什么具体事。这样，我只好凑合地挂了个空名。虽说是挂空名，但刚刚成立的编辑部还是立马交给我一项任务——为创刊号写一篇文章。

这时候，退休后的我已经搬家定居北京了。我好不容易摆脱了教学，有了可以自己支配的自由时间，正思索着搭构《中国建筑之道》专著的框架，我的整个精力和兴致全投在这方面，绝对不想在这时候分心去写别的文章。但是对于久久期盼的、如同梦想成真的《城市建筑》，怎能不支持呢。我想，别的约稿文章都可以一概回绝，这篇《城市建筑》创刊号的用稿无论如何都得写，对于久盼刊物的诞生，理所当然应该有自己的献礼。

可是，怎么写呢，写什么呢？我当时积累的现成题材都是准备用于专著、属于中国建筑史论方面的东西，拿这样的选题给《城市建筑》创刊号用，我觉得专业面偏窄，不合拍。《城市建筑》是涵盖城市、建筑的宽领域刊物，创刊号用的文章最好是理论层面较高的、标题很响亮的。20年前我写的建筑的模糊性、系统建筑观之类的文章倒是属于这样的东西，但是这样的理论文章我早已不写了。现在突然要写，时间这么紧迫，真不知写什么好。我陷入好一阵迷茫，苦苦地思索合适的选题。还好，我终于冒出了一个灵感，想起两年前，在被我称为"他山石库"的《新华文摘》上，我曾读过一篇题为"'文明'与'文化'"的文章，那篇文章让我对"文明"与"文化"的差别和关联开了一些窍，我猛然意识到似乎可以写一篇有关"建筑文明"与"建筑文化"的文章。这可是高理论层面的、特响亮的选题呀。

我急切地重读了"'文明'与'文化'"这篇文章。这是山东大学文艺美学研究中心陈炎写的，原刊于《学术月刊》2002年第2期，摘刊于《新华文摘》2002年第6期。关于"文明"和"文化"，我们这些搞建筑理论的人，当然早就很关切，知道是非常非常重要的概念，与建筑理论、建筑史学、建筑理念都息息相关。但是，我却一直不敢问津，避免触碰。这是因为，"文明"和"文化"这两个术语自身的内涵和外延都是不确定的。据统计，"文化"的定义已接近200个，"文明"的含义，仅《韦氏国际大词典》（1976年版）就列出7种解释。"文明""文化"都有广义、狭义之分。在拉丁语系和借用拉丁语词根的语言中，"文明"和"文化"曾经是同义语。广义的"文明""文化"概念常常有相互涵括的现象。"文明"与"文化"虽然使用频率极高，却是极为模糊的概念。这大大阻碍了我们对"建筑文明""建筑文化"的准确认知。让我特别庆幸的是，陈炎的这篇论文给我们打开了一个新的局面。他为"文明"和"文化"作了新的界定：

所谓"文明"，是指人类借助科学、技术等手段来改造客观世界，通过法律、道德等制度来协调群体关系，借助宗教、艺术等形式来调节自身情感，从而最大限度地满足基本需要、实现全面发展所达到的程度；

所谓"文化"，是指人在改造客观世界、协调群体关系、满足自身情感的过程中所表现出来的时代特征、地域风格和民族样式。

我特别认同陈炎下的这两个定义。他界定的"文明"概念，与我们所强调三大文明——物质文明、政治文明、精神文明，是一致的；他所界定的"文化"概念是很狭窄的，正是这个狭窄的文化概念使它不至于与"文明"的概念混淆。他明确地厘清"文明"与"文化"的联系和区别，做出"文明是文化的内在价值，文化是文明的外在形式"的概括，指出"文明是一元的，文化是多元的"。我觉得弄明白这些是很重要的，因为文明是人类进化的状态，自有它满足人的基本需要、实现全面发展的共同价值和共同尺度，因此文明是一元的，有高低之分，有先进与落后之别。而文化则以不同地域、不同民族、不同时代的不同条件为依据，是多元的，就其样式、风格、特征而言，并没有什么高低之分、优劣之别。就拿进餐来说，它的营养状况、卫生状况属于文明价值，可以判别其文明程度的高低；至于吃西餐还是中餐，吃川菜还是粤菜，那是文化问题，没有孰优孰劣的事。对"文明"与"文化"有了这些最基本的、核心的概念，我觉得完全可以应急，引申来思索"建筑文明"与"建筑文化"了。

我着手搭构全文的框架。从"文明"与"文化"的关联性，概括出一对对关键词来作为论文各组成部分的小标题。第一对关键词，也就是第一个小标题很容易概括，可以把它表述为："建筑文明的'内在价值'与建筑文化的'外在形式'"；第二对关键词，也就是第二个小标题也很容易概括，可以把它表述为："建筑的文明尺度与建筑的文化品位"。陈文主要提到"文化"有强势、弱势之分，其实对于建筑文化来说，不仅有强势、弱势的问题，还有品位高低的问题。后者对于建筑设计和建筑评判都是极为重要的。因此，我特地把它列为第二个小标题来阐述。

只梳理出这两对关键词、只有这两个小标题当然不够，我就从"历时性"和"共时性"上打主意。从历时性的角度梳理出第三对关键词作为第三个小标题："文明价值转换与文化历史积淀"。从共时性的角度，梳理出第四对关键词作为第四个小标题："文明散布与文化增熵"。有了这4个小标题，我觉得论文的框架在广度和深度上已经可以搭成，就信心满满地去细分缕析。

对于建筑的"文明内在价值"与"文化外在形式"，我觉得大家对建筑内在价值中的物质功能、精神功能和技术经济水平所呈现的物质文明、精神文明价值，很容易理解，就侧重分析很容易被我们忽视的政治文明内涵。我重点分析了以血缘为纽带、以等级分配为核心、以伦理道德为本位的中国古代政治制度所建立的等级制的典章、规制、仪式对中国古代建筑的影响；分析它以权力的分配决定建筑物质消费和精神消费的分配；分析它以强制化、规范化的方式，制约中国古代建筑的诸多方面；分析中国古代建筑追求政治文明与物质文明、精神文明合拍的设计理念及其形成的独特体系、制式；分析建筑等级品格吞噬建筑功能品格的现象，等等。

对于建筑的"文明尺度"与"文化品位"，我展述了两个问题：

第一个问题以鸦片战争后，西方工业文明的强势建筑文化与中国传统农耕文明的弱势建筑文化作为考察对象，表述了两者的碰撞的确在文明层面上加速了中国建筑"现代转型"的步伐，推动了中国建筑文明含量的上升，但在文化层面上却带来了"西式建筑风貌"与"中式建筑面貌"的矛盾。当时中国的官方业主和建筑师拘于传统的"道器"观念，认为建筑的功能性、技术性属于"器"的问题，建筑的礼仪性、意识性属于"道"的问题，把"西式建筑风貌"的输入——这个本属于建筑"风格"、"样式"的传播问题，蜕变成了"道"的"保存国粹"，标志民族存亡的"政治问题"，因而主张"中道西器"，导致 20 世纪 30 年代"中国固有形式"建筑的风行。这是一个典型的把文化范畴的"风格"问题，混淆成了文明范畴的"政治"问题。其实，建筑风格、风貌是可以百花齐放、多元并举的。当年上海外滩的洋式建筑，当年哈尔滨道里区、南岗区的俄式建筑、新艺术建筑，如今都已融汇到近代中国建筑的文化构成中，成为近代中国的建筑文化遗产。

第二个问题是讨论建筑文化既然在时代特征、地域风格、民族特色上无优劣之分，何以在文化品位、品格上却有高低、上下之别？主要论析了建筑品位现象背后存在着内涵的精神文明、政治文明、物质文明的关联与制约。著名的文物学家王世襄曾经对明式家具的"品"和"病"做过很深入的精彩评析。家具品位与建筑品位在原理上是相通的，我就把他对家具品位的品析引申来做对建筑品位的品析。现在看来，这部分的阐释写得过于单薄，当时不应该把"文明一元"和"文化多元"的分析也挤在这一节里表述。如果添加一节另述"文明一元和文化多元"，条理就比较明晰，那样也能把文化品位问题充实地展开。

对于建筑的"文明价值转换与文化历史积淀"，这方面可发挥的内容比较多。我主要围绕着历史建筑，选择了三个"点"来切入。第一点说的是历史建筑实用性功能的历时性下降。它在实用功能层面的陈旧、过时，是不可避免的，但并不意味着整体文明价值的贬值，而是其文明价值的转换，从当年的实用价值转换成为当今的历史认识价值。建筑经历的年代越长，这种建筑的文物价值越高。文明价值转换凝聚为建筑文化积淀，它的历史印记的展示意义也就越珍贵。这实质上意味着建筑文化内在价值的重大升值。第二点说的是历史建筑不可避免地存在着历时性的工程折旧，它所蕴涵的科技文明价值也同样呈现着应用价值的下降和认识价值的上升。这个过程同样凝聚为建筑文化的历史积淀。这里存在着历史建筑需要工程改建、更新与文物价值需要保持原构、原状的矛盾。这是建筑历史文化遗产保护的一大难题。我从欧洲石构建筑原原本本保留"原件"的"原真"保存，日本木构建筑允许更换木质"原件"的"原式"保存，以及中国古代建筑既非"原真"也非"原式"，而只是"原址"新建的做法，分析了中国古代建筑遗产在"原真性"保护上的重大缺失。第三点说的是历史建筑所经历的历史事件对其文明价值转换和文化历史积淀的影响，建筑产权的更迭、建筑建造的背景和建筑中发生的历史故事，都会给历史建筑粘贴上"政治标签"，烙印下"历史积淀"。以清末北京东交民巷由不平等的《辛丑条约》所开辟的使馆区建筑为例，分析了这批建筑呈现的先进的科学价值与其服务于殖民需要的社会价值的相悖，外来建筑的传播与其不光彩的传播背景和强制性的传播方式的相悖。在这一点上，我们可以看到，"政治是风云"，"文化是积淀"，时过境迁，它的负面的不文明历史，也会积淀为历史的记忆，转化为认知历史的正面价值，这几乎是历史建筑、文物建筑的普遍现象。

对于建筑的"文明散布与文化增熵"，主要从"全球化"的现象来分析。先进文明向落后地区的迈进和世界范围文明的普及，自然形成"文化趋同"的格局。早在1985年，我在《美术》上就读到王鲁湘写的"新趋势的新平衡"

一文，他后来成了凤凰卫视文化栏目的著名主持人，那篇文章给我留下了很深的印象。他指出全球意识引发的"文化增熵"，需要以"寻根意识"的"负熵"来抗衡。这里所说的"熵"的概念来自热力学第二定律，指的是孤立系统中热总是从高温处流向低温处，直至整个系统温度均衡，这个无差别的同一的过程就是"增熵"。这个"熵"的数学式正好与申农推导的"信息"的数学式相同，只是"熵"是正号，"信息"是负号，因此"信息"就是"负熵"，是有序化的量度，而"熵"则是无序化的量度。所谓"文化增熵"就是指的"文化趋同"。

要抗衡建筑的"文化趋同"，就得有效地注入建筑文化的"负熵流"，我简略地归纳了建筑领域呈现的三方面对策：一是强化寻根意识，以保护历史地段、历史建筑的城市个性信息，避免城市个性特色的全盘消失；二是做地域性文章，以地域性的"多元"抗衡全球化的"趋同"，在地域性设计中，不停留于"形式本位"的表层模仿，全面地从气候、生态、环境、技术、材料、人文、历史、文脉诸多因子中捕捉与时代合拍的东西加以强化，凸显与地域有机关联的特色，有助获取新的城市个性；三是突出时代性强因子，顺应全球化带来的时代性的多元创新，跟上时代脉动，追求创新的开放性审美，以创新的独特个性构成应对"文化趋同"的"负熵流"。我们有理由期待当代中国建筑文明的挺进能够取得与其相称的建筑文化。

这篇应急的文章就这样被逼出来了。这个很响亮的题目实在是太大，我只能蜻蜓点水地写得很简略。通过这次简略的触碰，我觉得"建筑文明与建筑文化"这个课题还是很值得深入论析的，提到这个高度来认知建筑，还是有助于我们澄清一些混淆的认识。我很感谢《城市建筑》的约稿，促使我有缘触及了这个课题。

定格"软"传统

在 20 世纪的 50 年代和 80 年代，我先后成了"美学发烧友"和"方法论发烧友"，这两度"发烧"给我的最大收获，可以概括为一个"软"字，让我有了"软视野"。我在知道计算机有"硬件"和"软件"的同时，也知道了国家有"硬实力"和"软实力"，科学有"硬科学"和"软科学"，学科有"硬端"和"软端"。在建筑学科中，建筑构造学偏于硬端，建筑史学偏于软端。在建筑史学中，研究古建筑的营造技术偏于硬端，研究古建筑的艺术美学偏于软端。有了区分"软硬"的意识，我很自然地在学习和治学上成了一个偏好"软件""软端"的人。面对中国建筑遗产，在认知它的表层形制、做法、样式、制式时，总是很想探悉它的背后蕴涵的设计手法、创作方法、构成机制和哲理思想。前者是它的"硬件""硬端"，后者是它的"软件""软端"。由此，我冒出了一个想法：既然建筑遗产是多层面的结构，由建筑遗产积淀的建筑传统当然也是多层面的，也是可以区分"软硬"的。我们应该、也有必要提出"建筑硬传统"和"建筑软传统"的命题。我朦朦胧胧地意识到这个区分是很有意义的，很值得作为选题进行专题研究。

大约从 1988 年开始，我就集中思索这个问题。围绕着中国建筑的"软"传统和"软"继承撰写论文，连续在 1989 年 4 月和 1990 年 6 月，先后在顾孟潮、张在元主编的《中国建筑评析与展望》一书中发表了"中国建筑的'硬'传统和'软'传统"一文，在《建筑师》39 辑，发表了"建筑的'软'传统和'软'继承"一文。

我给建筑"硬传统"和"软传统"作了如下的概括和表述：

建筑"硬传统"是建筑硬件遗产的集合，是建筑传统的表层结构。它是建筑传统的物态化存在，是凝结在建筑载体上，通过建筑载体显现出来的建筑遗产的具体形态和形式特征。

建筑"软传统"是建筑软件遗产的集合，是建筑传统的深层结构。它是建筑传统的非物态化存在，是飘离在建筑载体之外，隐藏在建筑传统形式的背后，透过建筑硬件遗产所反映的传统价值观念、思维方式、文化心态、审美情趣、建筑观念、建筑思想、创作方法和设计手法。

早在抗日战争时期，梁思成先生在四川李庄编写《中国建筑史》的时候，他所表述的中国建筑特征，已经显现出区分"软硬"的迹象。梁先生明确地把中国建筑特征区分为两大方面。在第一方面，他列出了四项："以木料为主要用材""历用构架制之结构原则""以斗栱为结构之关键"和"外部轮廓之特异"。这四项特征，前三项都属于"结构取法"的特征，后一项指的是外观形式的特征，梁先生把它细分为彩画之施用、绝对均称与绝对自由之平面和用石方法之失败。在第二方面，梁先生列举出属于"环境思想"的四项："不求原物长存之观念""建筑活动受道德观念之制裁""着重布局之规制"和"建筑之术，师徒传授，不重书籍"。

　　显而易见，梁先生列出的第一方面特征，都属于中国建筑遗产表层结构的"硬"传统的东西，他所列出的第二方面特征，已是中国建筑遗产深层结构的"软"传统的东西。我们从这里可以领会到，梁先生在审视中国建筑遗产时，已经注意到中国建筑除了直观的表层特征，还存在着思想层面的深层特征。但是在1954年发表的"中国建筑的特征"一文中，他把中国建筑归结为9大特征：①单体建筑由台基、屋身、屋顶构成；②群体建筑形成庭院式布局；③整个体系以木材结构为主要结构方法；④采用斗栱；⑤由举折、举架构成弯曲屋面；⑥突出采用大屋顶；⑦大胆使用颜色和彩画装饰；⑧构件交接部分加工成装饰件；⑨大量使用琉璃砖瓦和砖石木雕。这9大特征列的却都是硬传统。这种情况表明，包括梁先生在内，我们对于传统的认识，长期以来，主视点都是落在"硬传统"上。因此，我觉得提出"建筑软传统"的命题，引发对"建筑软传统"的关注是很有必要的。

　　对于建筑软传统的阐述，我主要论析了软传统的多向度内涵、多层次结构和通用性品格。论析传统的多向度内涵，我以"大屋顶"和"彩画"为例分别展述它的品格特征、形态构成、调节机制及其蕴含的设计手法、创作精神。论析软传统的多层次结构，我选择了私家园林理水中的留"水口"现象作了案例剖析。从留"水口"的"硬件"，分析了制约它的"不尽尽之"的设计手法、"虽由人作，宛自天开"的创作思想和"天人合一""无为"等价值观、哲学观、自然观、审美观。表明在多层次的软传统构成中，低阶软传统必然受中阶软传统的制约，中阶软传统必然受高阶软传统的制约。

在比较硬传统和软传统时，最让我感兴趣的就是两者与"载体"关联的不同。硬传统是"凝结"在建筑载体中，硬件和"载体"捆绑在一起；而软传统是"飘离"在建筑载体之外，软件不受建筑载体的牵制。"水口"是一种硬件，它和边岸、水道的载体是分不开的。它是具体的物的存在，是看得见、摸得着的东西，有它的"式"和"象"。而"不尽尽之""宛自天开""天人合一"都是虚的思想理念，都和载体脱钩，都是看不见、摸不着的。从"水口"的硬件，上升到"不尽尽之"的软件，它立即从"式"的感性认识，上升为"法"的理性认识。一旦成为"法"，它就具有了通用性的、普适性的品格。中国园林在叠山处理、界面处理、观赏路线等等处理中，都有很精彩的"不尽尽之"的手法。

应该说，看不见、摸不着的软传统，有它很大的长处。它摆脱了旧"载体"的羁绊，就可以无障碍地运用于新"载体"。这样的通用性品格是非常可贵的。如果说"硬"传统的继承是"式"的继承，那么"软"传统的继承就是"法"的继承。如果说"式"的继承得到的是"形似"，那么"法"的继承得到的是"神似"。这两者的高下是显然的。当不同的时代，建筑空间载体和构筑载体已经变异的情况下，拘泥于"式"的"形似"，难免导致格格不入的负效果。唐代画家张彦远在《历代名画记》中说的那句众所周知的名言："得其形似，而失其气韵；具其色彩，则失其笔法"，就是对这一现象的生动针砭。1987年李泽厚在天津"城市环境美的创造"学术研讨会上说：

民族性不是某些固定的外在格式、手法、形象，而是一种内在的精神，假使我们了解了我们民族的基本精神……又紧紧抓住现代性的工艺技术和社会生活特征，把这两者结合起来，就不用担心会丧失自己的民族性。

李泽厚的这个主张实质上就是强调对待建筑传统，应该着眼于内在的软传统而不是外在的硬传统。

关于建筑软传统，我特别欣赏的是日本著名建筑师黑川纪章的一句话。他在讨论中国现代建筑与传统结合的问题时说，不能只把看得见的东西作为传统照搬到现代建筑中来，而要注意眼睛看不见的东西。

是的，软传统是看不见的东西，我们应该注意的恰恰是建筑传统中的这个看不见的东西。我通过对于建筑传统的"软硬"论析，不仅对于建筑创作如何对待传统有了明晰的认识，而且对于我自己的建筑史学治学方向和"中国建筑史"的讲课重点，也有了进一步的明确。寻觅眼睛看不见的东西，寻觅中国建筑遗产中看不见的"软"的东西，侧重于建筑学术的"软"思索，致力于建筑园地的"软"耕耘，寻觅建筑之道和中国建筑之道，成了我的一个明晰目标。

六、讲『软软』的课

半个世纪一门课

我教了一辈子书，讲了三四门课。其中有一门主课，是给建筑学专业本科生讲的课程，课名叫"中国建筑史"。这门课，我从1956年登台开讲，到2001年退出讲台，前后46年，几乎长达半个世纪。

这门课的初始，是张之凡老师为哈尔滨工业大学土木系工业与民用建筑专业开的"建筑史及造型"。哈工大的工民建专业以建筑、结构、施工"三条腿一样粗"为特色，为充实建筑的教学特地添加了这样一门课，既讲中国建筑史，也讲外国建筑史，还讲建筑造型的基本知识。1956年张之凡老师要去莫斯科建筑学院进修，这门课得有人接替。1955年冬，我从哈工大基建处刚转到建筑教研室半年。张之凡老师和当时担任建筑教研室主任的富延寿老师都知道我对中国建筑史很感兴趣，就安排让我来接替这门课。可是，我是刚刚踏进教研室门槛的23岁新手。我虽然对中国建筑史很感兴趣，却远远没有达到入门的程度。一个既没有教学经验、也没真正入门的小年轻，居然要上台讲课，这可吓坏了我，惶惶然实在不敢担当。但是两位老师说教研室里没有更合适的人，我看当时的局面的确也是如此，就不得不勉为其难地、硬着头皮应承。我要上课的这个班级是工民建53级，是一年预科学俄语、五年本科学专业的六年制学生。这是学得很充实的、大有实力的、让我非常羡慕的一班学生。我和这个班同学实际上是同龄人，有的学生只比我小两三岁，有的学生反比我大一两岁，这使我在心理上有很大很大的压力。

张之凡老师很热忱地帮助我，他把他的讲稿留给我参考。这样，我可以先参照他的框架讲。我发现张老师的讲稿里有一些我没见过的东西，如他在

157

讲中国建筑的石作时，讲到了踏跺石的搭接处理，讲到了垂带石的端部削尖处理，还讲到了清式须弥座在线型防水性能上的演进。这些有深度的分析给我留下很深印象。这让我意识到，即使在学时很紧的、偏于宏观概述的课程中，也可以局部地加入有深度的细腻分析，这样的粗细结合效果很好。这时候，陈志华和高亦兰合译的《古典建筑形式》刚刚出版。我很喜欢米哈洛弗斯基的这本书，他对希腊、罗马古典柱式做了许多不仅"知其然"，也能"知其所以然"的分析。这样，我把在清华时积攒的、从张之凡老师讲稿延承的和来自米哈洛弗斯基书里的点滴知识，选择我觉得富有启迪的分析，溶进讲稿中，粗中有细地把"建筑史及造型"这门课应对了下来。我现在能查到，我是1956年10月18日这一天在教研室做了"预讲"，由教研室全体老师帮我指点。我已经想不起来这个稚嫩的"预讲"和这学期稚嫩的讲课是怎样惶惶地渡过的。只记得当时我穷得还没有手表，上台讲课得掌握时间，只好挤出半个月的工资，买了一个大块头的"欧米伽"怀表。上课时第一件事就是掏出怀表，把它放置在讲台上，那情景很有点风趣。

我常常追忆起给工民建53级初始讲课的这一幕，那是我一辈子教学生涯的起步。后来这个班的刘忠德当上了我们国家的文化部部长，他的夫人金芷生也出于这个班。我更感到我当年居然敢登上这个班的讲台，实在是太大胆、太不自量力了，总觉得我的教学生涯迈出的第一步是很匆促、很蹩脚的。

没有想到的是，前一阵突然收到老友黄天其给我发来的赠诗。他在2012年清华大学百年校庆庆典的中央电视台联播中，看到了我在人民大会堂的镜头。激动之余写了两首诗赠我。其中一首写道：

> 惊艳当年遇少师，开堂一讲众生痴。
> 江南儒雅颜如玉，课里斯文语胜诗。
> 锦秀华章群宿赞，风流高格尽人知。
> 清华百诞豪英聚，珍秒银屏见鹤姿。

我很感谢天其老友的褒扬，特别让我惊讶的是，他提到了我的那次讲课。

原来他正是这一届工民建53的学生。万万没想到的是，他留下的不是我的讲课的稚嫩和蹩脚，而是"颜如玉"和"语胜诗"。这当然是天其老友的过誉，倒也让我抹淡了自以为蹩脚起步的、不自信的愧疚。

1958年哈工大土木系成立新的建筑学专业，新成立的建筑学专业为六年制，1958年正式招了六年制新生。在这同时，从工民建在学的55级、56级、57级各抽调一个班作为五年半制的建筑学过渡班。这样，我上的"建筑史及造型"课就终止了，改为给建筑学过渡班讲"中国建筑史"。这时候"外国建筑史"课由富延寿老师讲，我可以集中精力讲"中国建筑史"。从1958年到1964年连续讲了7届学时分量很重的"中国建筑史"。正是在这几年里，我成了美学发烧友，对建筑理论、建筑美学引发了很大兴趣，参加了全国组织的编写"建筑三史"的班子，接触到建筑史学科的泰斗梁思成先生、刘敦桢先生和一起写书的师辈同行、平辈同行。从耳濡目染中，似乎自己已经跨进了中建史学科的门槛。这段时间我也很醉心"知识小品"的阅读，试着撰写深入浅出的建筑小品短文。我意识到构思建筑知识小品也有助于备课的推进。水涨船高，我仿佛觉得自己的"中国建筑史"课讲得也渐入佳境，有了入门的感觉。但是没过多久，由设计革命、教育革命导致了停课闹革命，接着就是漫长的"文化大革命"。中国建筑史课程就长期中断了。幸好在高校恢复招生之后，我在中建史讲坛上又继续待了28个春秋。我跟中建史这门课算是很有缘、很有缘的。

不知道从什么时候开始，我的中建史讲课得到了学生的好评。我渐渐发现，中国建筑史听课的出勤率很高，不仅没有旷课的，还冒出不少旁听生。原来有一些学生听了一遍还不过瘾，又回来听第二遍。特别是1978年开始招收硕士研究生，建筑学的硕士生入学考试要考建筑史，这也促使一批进修生和准备考研的本科生涌来听课。偌大的阶梯教室，几乎坐得满满的，济济一堂，显得人气很旺。教室里开始有占座现象，前中部的好座位，头天晚上就被一个个书包占上了。我能感受到学生听课的浓浓兴致，时时会有会心的笑声。学生里时不时地会冒出中建史迷，他们常跑到教研室或是我家来问问说说。学生告诉我，他们中间有不少是我的"粉丝"，自称"侯迷"。有一位"侯迷"调皮地说，她自己就是班里的"侯迷团长"。

学生对中建史讲课的反响超出了我的想象。我奇怪中建史讲课怎么会有这样的效果，实际上我在讲课上并没有投入多大的精力。我的兴趣主要都集中在中国建筑美学和中国建筑软传统的思索上，只是这方面的专题思索有了进展时，就星星点点地添加到讲稿中来。讲稿中的论述，凡是我觉得已经分析到位的，就保留着重复使用，没有进一步地推敲。每次讲课只是添加一些新冒出的见解，对讲稿做一些"微调"。

　　退休后我住在北京，陆陆续续地见到了各个年代毕业的哈建工、哈建大的建筑系校友。他们见到我，几乎都异口同声地说，当年的中建史课，给他们留下深刻的印象。有一位校友一见到我，就脱口而出地嚷嚷"不尽尽之""不了了之"，那是我分析园林边界处理手法的用语。不少校友说中建史讲课的一些分析，至今还历历在目。我从学生和校友的共同感受中，明白了一条，原来他们意识到建筑设计、建筑创作需要一种"悟性"，而喜欢学习建筑史，正是因为能够从中得到一些"悟性"的启迪。

　　这恰恰是我醉心于寻觅建筑"软"传统的初衷。这门课能够受到学生的欢迎，我想大概就是加入了对建筑遗产的"软"分析的缘故。如果说我讲的"中国建筑史"课程有什么特点的话，那就是我讲了一门"软软"的课。

从"描述性"转向"阐释性"

　　1987年11月，召开全国"第二届建筑教育思想讨论会"。为了参加这次会议，我得写一篇关于中国建筑史教学的文章。我一直没有深入思考过中建史的教学问题，这次要撰文论述，才作了一点认真的思索。赶巧的是，就在这时候，我读到《历史研究》发表的"史学理论的层次模式和史学多元化"一文。这篇文章指出，历史学有四个层次：一是低层史学；二是中层史学；三是高层史学；四是哲学史学。低层史学是历史学中最基本的部分。它的任务是把个别史实尽可能客观地描绘出来，它的工作方法主要是考释和描述，它以真实性和准确性作为主要价值标准。中层史学是在已确立的史实基础上，以探索史实间相互关系的合理阐释为任务，主要工作方法是分析与归纳。高层史学是在已确立的史实和史论的基础上，建立历史演化的一般法则和理论模式，它的价值主要由理论自身的内部一致性、理论的涵盖性和参照性来衡量。哲学史学则从哲学角度对整个历史学的思考，它以历史学自身为研究对象，它的工作方法和价值标准主要是哲学的思辨性。

当时我对史学层次的这个提法很感兴趣。我参照这个说法来审视中国建筑史学。中国营造学社时期，以梁思成、刘敦桢两位先生为先驱，进行了大量的古建筑调查、测绘和古建文献的校勘工作。这些工作开创了中国建筑史学科，奠定了中国建筑史学研究的科学基础。它的意义和贡献是重大的。在史学层次上，这是属于奠基性的低层史学范畴。抗日战争时期，梁思成先生在李庄编写了一部《中国建筑史》，根据当时掌握的建筑实物和文献记载，梳理出断代的中国建筑发展概貌。这是及时总结、归纳当时中国建筑史学调研的新鲜成果而进行的开创性的编写中国建筑史的学术实践，是中国建筑史学从低层史学向中层史学迈进的突破性成果。1984年，刘敦桢先生主编的《中国古代建筑史》问世。这部书纳入了大量的、丰富的古建史实，对这些古建史实做了严格的鉴别和准确的描述，对各时期、各类型建筑的概况和特征，做了严谨、精辟的归纳、分析，是一部高水平的、具有重大学术价值的中国建筑史宏著，它应该标志着中层史学的成熟形态，并带有局部高层史学成分。

在中国建筑史学科的这种史学层次背景下，我们的中建史教学相对应地自然也是中层史学的教学模式。建筑学专业学生通过中国建筑史的学习，能够了解中国建筑的发展概况，了解木构架建筑的基本做法，了解古代建筑的重要实例，了解中国建筑体系的基本特点和风格特征。这些知识对建筑学专业学生来说，是必要的，是重要的，但是从高层史学来看，这些还是不够的。

我当时试着以高层史学的视角，从建筑学专业学生所需要的、新的知识结构来考察中国建筑史课程应该有哪些新的、更高的要求，写了下面这一段话：

学生的这种知识结构不满足于了解历史的建筑，而要求认识建筑的历史；不满足于了解建筑遗产的表象、特征，而要求认识建筑文脉的内涵、实质；不满足于了解历史建筑的演进过程，而要求认识建筑体系发展的本质规律；不满足于了解建筑遗产的多彩风貌，而要求认识传统的建筑理念和符号机制；不满足于了解一个个具体的建筑实例，而要求认识它们抽象的概括模式；不满足于了解建筑遗产是什么样子，而要求认识它为什么形成这样的形态，要求认识制约它的社会结构、经济结构、环境结构、科学技术结构、文化心理结构等等背景及其制约机制；不满足于微观地、孤立地评价中国建筑遗产，而要求把中国建筑体系放在中国社会大系统中，放在世界建筑历史的广阔背景上，进行宏观的比较的考察；不满足于中国建筑史的学习中，仅仅获得建筑历史的知识和素养，而要求获得认识论和方法论的收益，建立鉴往知来的历史意识和历史眼光。

我当时的理解，这就是中国建筑史教学不满足于中层史学、而需要向高层史学演进。后来我接触到现代阐释学和接受美学，认识到"史学层次"实际上与"史学方法"息息相关。我们与其关注中国建筑史教学的史学层次，还不如直接地关注中国建筑史教学的史学方法。

我们知道，有两种研究史学的方法：一种是描述性史学，另一种是阐释性史学。实际上，建筑遗产对于我们来说，就是前人创作的建筑"文本"，我们写建筑史、讲建筑史，就是对历史建筑的文本描述、文本阐释。因此，任何写史、讲史都蕴含着不同历史学者这样那样的描述和阐释。描述性史学遵循的是"传统的阐释"，如同19世纪德国历史学家兰克所说的，历史事件"是怎样发生的就怎样叙述"。按照这样的观点写建筑史、讲建筑史，自然主要致力于建筑史实的考释和建筑发展历程的梳理，客观地描述历史上的建筑活动和建筑特点。而阐释性史学遵循的是"现代的阐释"。现代阐释学创始人伽达默尔说："所有的理解都必不可免地包含某些偏见"，这种"偏见"就是特定的"现在视界"，只有达到"历史视界"与"现在视界"的融合，才是真正的理解。不同人群、不同时代的接受者对同一文本会有不同的解释，自然赋予作品不同的意义。我很认同这样的"现代阐释"。相对于历史建筑的文本，我们完全可以透过"现代视界"，不断地从历史文本中，解读出新的意义。我想起马克思有一句名言："人体解剖对于猴体解剖是一把钥匙"。我起初以为应该是通过猴体解剖来认知人体，怎么会是通过人体解剖返回来认知猴体？细琢磨才知道这话有很深的意义。这告诉我们，懂得现代建筑的当代人，回过头来考察古代建筑，必定能比古人看得更深。运用现代意识来审视古代建筑遗产，有多方面的优势：一是可以从当代建筑实践需要的角度审视中国建筑遗产；二是可以从当代世界建筑发展的广阔背景，在全球意识观照下审视中国建筑遗产；三是可以对古代建筑在古今演变中进行历时性的比较分析；四是可以对传统建筑从中西文化的异同中进行共时性的比较分析。这种以现代的意识，广阔的视野，从新学科的视点来辨析建筑传统中正面的、负面的东西，发掘有价值、有意义的东西，意味着对建筑史料、建筑史实信息价值的再开发，具备着"点石成金"的价值转化功能。从这一点说，中国建筑史教学从"描述性"史学方法向"阐释性"史学方法的转变应该说是有很大意义的。

正是基于这样的认识，我对建筑传统提出了区分"硬传统"和"软传统"的概念。建筑"硬传统"是建筑遗产的"硬件"集合，是建筑传统的表层结构，是看得见、摸得着的东西。建筑"软传统"则是建筑遗产的"软件"集合，是建筑传统的深层结构，是看不见、摸不着的东西。如果说描述性史学主要关注的是建筑的硬传统，那么阐释性史学则深入到建筑软传统的层面。现代阐释学和接受美学理论强化了我对建筑软传统的认知，我把主要精力用在科研上，主要做寻觅"软传统"的研究专题，也在教学上尽量把讲课内容引申到"软传统"的层面，注意讲一些能够上升到设计手法、创作思想、生成机制、构成法则、发展规律、价值观念的"软"的东西。当然，所能做到的只是从"描述性"开始转向"阐释性"，添加星星点点的例析。我没有想到的是，就是这些星星点点的例析，也受到学生很大的欢迎。我曾经在"中国建筑史"绪论课中给学生通俗地解释"阐释性"与"描述性"的区别，举了两个浅显的例子。一个例子是"尺"的历史发展轨迹。中国古代丈量布的尺，从周尺、汉尺到唐尺、宋尺，都是越来越长，一直到宋之后才稳定下来。如果仅仅表述这个现象，那就是一种"描述性"的讲述；如果进一步分析，这是因为古代用布帛作为实物交租，为加大收租量，自然不断地放大尺的长度。而宋以后改实物地租为货币地租，尺就不再加长了。这么说就是一种"阐释性"的讲解，从"知其然"深化到"知其所以然"。另一个例子是原始社会的彩陶器皿。它有一个很显著的共同特点，就是图案都分布在罐体的上半部，罐体下半部完全是空白的，看上去形成强烈的对比。如果只是描述出这个现象，那就还停留于"描述性"的讲述；如果进一步分析说，这是因为当时的彩陶罐罐都放置在地面上，人眼是从高处俯视它，看不见罐体的下半部，自然就不关注下半部的美化。说到这个深度就上升到"阐释性"的讲解。它不仅讲了表层看得见的"式"，还讲了深层的、看不见的、制约着它的"法"。学生对"阐释性"有了这样的概念后，自然对中建史的讲课添增了"阐释性"的期待，都说从"绪论"的开场白开始，就吊起了他们浓浓的学史兴致。

学生反映说，学习中建史的一大收获是，仿佛对建筑创作思维长了些"悟性"。这使我意识到建筑史的学习原来还有一个很重要的作用，那就是"有助于培养建筑创作的黑箱型思维"。为此，我特地在中建史绪论中又添加了一个内容，给学生讲什么是黑箱型思维、白箱型思维。白箱型思维是透亮的，也称"亮箱"，是通过公式体系、数学模型、数理逻辑、则例规范等等来运算、演绎、推理、推导的思维过程，有确定的程序。而黑箱型思维是隐埋的，也称"暗箱"，如艺术的创作构思，没有构思的"公式"，也不存在构思的严格程序和严密推导。它的生成是一种顿悟，是一种灵感的闪现。建筑方案的设计构思很大程度上就带有这样的性质。它的历史实践经验不能高度提纯，不能凝结成"公式"。不能通过"设计公式""构思规范""创作流线"来传承和积淀。前人的构思设计的"黑箱"是打不开的，它是隐埋的、封闭。但是，它是可以通过"黑箱"方法来包抄、来逼近的。所谓黑箱方法，就是不打开系统自身，而从系统的整体联系出发，通过对系统的输入和输出进行整体研究，从而"逼近"对黑箱的认知。这样，建筑史的学习就派上了大用途。因为历史建筑作品就是历代建筑师黑箱思维成果的"信息输出"；而产生历史建筑作品的社会背景、地域背景、环境背景的种种"需求"和种种"制约条件"，就是那个时代建筑师黑箱思维的"信息输入"。我们打不开隐埋的"黑箱"，但可以考察它的整体输入和整体输出。建筑史讲的正是整体"输入端"的这样那样的社会、地域、环境背景和整体"输出端"的这样那样的建筑作品信息、建筑作品分析。因此，建筑史的教学是一个有效的认知建筑黑箱型思维、提高建筑创作修养、领悟建筑创作规律的学习过程，建筑史课程的学习意义，应该提高到这个高度来认识。

为什么搞文学的、搞艺术的要强调学习文学史、艺术史？为什么建筑学专业对建筑史的学习，远比工民建专业的要高得多？就是这个缘故。

从培养黑箱型思维的角度，我当然意识到，阐释性史学比描述性史学更能起到作用。但是"阐释性"并非能够一蹴而就。我的讲课，并没有为"中国建筑史"讲稿搭构出"阐释性史学"的框架，只是把自己意识到的、能够提升到"软"的层面的东西，星星点点地粘贴进去，在从"描述性"转向"阐释性"的努力中，迈出了一小步。

博采众"软"

我对建筑软传统的关注，是从认知建筑的"式"与建筑的"法"开始的。建筑的"式"是看得见、摸得着的东西，在它的背后存在着看不见、摸不着的"法"。这种"法"可以是与"式"相联系的"手法""方法"，也可以是与"式"相联系的"法则""机制"。看到"式"，只是看到表层，只是"知其然"，了解到"式"的由来，知道制约它的"手法""方法""法则""机制"，那就是"知其所以然"，这才是深层的认识。我对这个"知其所以然"的深层认识最感兴趣。最初读《园冶》的时候，就很注意看图上的文字讲解。有一幅冰裂式的图，计成说它："其文致减雅，信画如意，可以上疏下密之妙"（图6-1）。原来这个冰裂纹，虽可信手而画，却并非全无规则，形成符合自然生态的"上疏下密"，的确显得高雅、洒脱、生动、天趣。这与习见的匀称冰裂相比较，一下子就觉得后者笨拙、做作、呆滞、匠气（图6-2）。我曾经疑惑，为什么习见的多是匀称冰裂呢？后来有了"图"与"底"的概念，才意识到，原来"上疏下密"的冰裂式，只是当它作为"图"，也就是作为独立画面出现时，是很生动的。如果它连结成片，组成大面积的"底"，就转化成了面上的"二次肌理"。这种情况下，"上疏下密"的变化就显得过于凌乱，还不如匀质的好。因此，匀质冰裂也有它的适用域。《园冶》里还有两幅木栏杆图式。一幅是"波纹式"（图6-3），另一幅是"联瓣葵花式"（图6-4），都在图旁特地画出"标

图 6-1 《园冶》中的"冰裂式"窗棂图样，裂纹分布有"上疏下密之妙"

图 6-2 习见的匀称冰裂式，适于组构大面积的匀称肌理

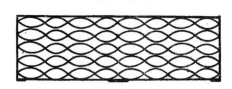

图 6-3 《园冶》中的"波纹式"栏杆图样。计成特地画出"标准杆"，注明"惟斯一料可做"

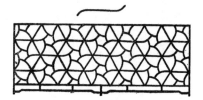

图 6-4 《园冶》中的"联瓣葵花式"栏杆图样。计成特地画出"标准杆"，注明"惟斯一料可做"

准杆"，注明"惟斯一料可做"，就是说"只要用这一种杆件就可以组装"。我觉得这里体现出以最少的模件来组装丰富图式的意图，这个构成原则是很好的。但是，这两式所用的标准"模件"，自身都是带曲线的。用木的材质去做曲线形的杆件，这个模件本身就是不可取的。在这一点上，李渔似乎要比计成高明。他在《闲情偶寄》书中，列有一幅"纵横格"窗棂图。他说这个棂格"是所谓头头有笋、眼眼着撒者（图6-5）。雅莫雅于此，坚亦莫坚于此矣"。这个质朴的纵横格的确体现了李渔的"制体宜坚"原则。他分析说：

凡事物之理，简斯可继，繁则难久，顺其性者必坚，戕其体者易坏。木之为器，凡合笋使就者，皆顺其性以为之者也；雕刻使成者，皆戕其体而为之者也。一涉雕镂，则腐朽可立待矣。

这锵锵的掷地有声高论实在精彩，非常吸引我，让我对李渔有了很大的好感。为此，很冲动地写了一篇"李笠翁谈建筑"的文章，刊于《建筑学报》1962年第10期，这竟然成了我发表建筑论文的处女作。

图 6-5 《闲情偶寄》中的纵横格窗棂图。李渔说它做到"头头有笋，眼眼着撒"

　　大约在 1962 年前后，我看到潘谷西先生撰写的关于苏州园林布局、关于苏州园林观赏点和观赏路线的文章，很为江南园林的设计手法所吸引。在这之后不久，郭黛姮、张锦秋两位发表了她们合写的"苏州留园的建筑空间"一文，这篇文章给了我很大的震撼。原来私家园林的建筑空间处理达到如此高妙的境地，围绕着"设计手法"，传统建筑原来有这么丰富的素材可以梳理、可以提炼。我很兴奋地就盯住"传统建筑的空间扩大感"来思索它的"设计手法"，从"化整为零""尺度处理"等不同向度来归纳它的具体处理手法。我当时很赶巧地见到"画论"。在论及画面布局时，画论有"意不可尽，以不尽尽之"，"山水家秘宝，止此'不了'两字"的论述。我想园林布局和画面布局在这一点上是相通的，因此梳理出传统建筑在空间处理上的一系列"不尽尽之""不了了之""不结束的结束"的种种做法，展述了"化有为无""隔而不挡""源流无尽""周而复始"等"不了十法"。这是我写的第二篇建筑论文。这表明我跨入建筑史论门槛，正是从追索"设计手法"这样的"软"分析起步的。我把这些设计手法的分析也拿到中建史课堂上来讲，学生都听得津津有味。这很鼓舞我，就想在讲"式"的时候，尽量能多讲一些"法"。但是，追索"式"背后的"法"，谈何容易。我还没有能耐展开这方面的系统思索，只能仿照艺术家"采风"的做法，去博采众"软"，就是在阅读相关文献时，添加一个心眼，注意寻觅涉及"法"的论析，尽量汇集"软"的信息。每次见到三言两语的精辟"软"分析，我都有如获至宝的惊喜。一条条星星点点的精彩"软"分析，对我都成了一次次拨云见日、顿开茅塞的启迪，仿佛为我打开一道道灵感之门，推动我顺着这个启示的思路去推衍"软"的思索。现在回顾起来，这一桩桩启示中，有不少是记忆犹新、历历在目的。从"软"的启迪，到引发"软"的思索，我觉得是十分美好、很有意思的进程，有的还很生动、有趣。在这里，我忍不住梳理出几条，做一下扼要的展述：

1.梁思成论"石栏杆"

梁思成先生在"石栏杆简说"一文中，在比较宋、清两式石栏杆的形式后写道：

这古今两式之变迁，一言以蔽之，就是仿木的石栏杆，渐渐脱离了木权衡及结构法，而趋就石权衡所需要的权衡结构。

这真是一语中的地道出了宋、清两式石栏杆形制的由来和演进的规律（图6-6）。我觉得这是对建筑进行形态分析和机制分析的精彩范例。梁先生在这里追溯了与"式"相关联的"结构法"和"权衡"。这"权衡"两字用得特别好，我们从这里不仅仅注意到不同材质有不同的"结构法"，还进一步领略了不同材质有不同的微妙"权衡"。有了这样的启迪和修养，我自然就知道宋、清两式须弥座也同样呈现着从仿木到石权衡完善的现象。因为须弥座最初也是木质的，先用作寺庙的佛座，转作殿塔基座时才改为砖作、石作。宋式须弥座显现的多而密的层次，细腻、纤巧的雕饰，秀挺、洒脱的韵味，都源于木质须弥座的母体特征。到清式须弥座，层次简化了，雕饰粗硕了，不适于防水的线型消失了，易受碰损的线脚也不见了，基座整体敦实、稳重，这都是石结构法完善的成熟表现。

顺着梁先生对石栏杆权衡结构的考察，我们自然对石栏杆作进一步的形态构成审视，发现作为石栏杆组成分件的"抱鼓石"和"望柱"，原来也是大有讲究的。

抱鼓石位于石栏杆的尽端，它是用来顶住最末一根栏杆望柱，以保持整列栏杆的持久稳定，并以优美形象，作为栏杆队列的尽端结束和美化处理（图

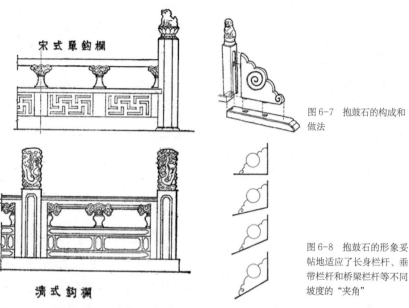

图6-7 抱鼓石的构成和做法

图6-8 抱鼓石的形象妥帖地适应了长身栏杆、垂带栏杆和桥梁栏杆等不同坡度的"夹角"

图6-6 宋、清两式石栏杆。梁思成先生指出,两式的变迁,就是从"仿木"趋就到"石权衡"的完善

6-7)。它看上去并不起眼,其实在形态构成和调节机制上却大有匠心。因为用于垂带踏跺和桥梁坡面的抱鼓石,其所处的斜坡是或大或小、斜度不定的。抱鼓石设计的妙处,就在于它运用一个圆形的鼓镜作为主体装饰,这个圆形对于不同角度的夹角都是合适的;鼓镜上下的卷瓣曲线,也是可以任意调节斜度的。这是一个非常简洁、优美、流畅,又极具灵活适应机制的设计(图6-8)。这里所蕴含的设计创意是非常精彩的。从官式做法的这个极微小的定型细节,我们不难看出整个木构架建筑的高度程式化和高度成熟性,达到了何等的精密度、纯熟度。

栏杆望柱也很奇特,在定型的清式石栏杆中,地栿的制式是不变的,栏板的制式在大多数情况下,也是通用不变的,唯独望柱的制式在变化。而望柱的变化中,它的柱身还是不变的。真正的变化都集中于望柱的柱头,有云龙柱头、云凤柱头、叠云柱头、二十四气柱头、石榴柱头、仰莲柱头、俯莲

柱头、素方柱头等等，可谓变幻万千。这是为什么呢？从构成机制上分析，原来它是栏杆中的"自由端"。"自由端"有两大特性：一是不与其他构件交接，不受牵扯，具有随意处理的自由度；二是位于顶部，是令人瞩目的位置，又是栏杆边际线的重要构成。因此石栏杆自然集中在望柱头上大做雕饰的文章。由于人与石栏杆既可能贴近地接触，也可能拉开距离地观望，因此，望柱头的雕饰既要满足临近观赏的要求，也要适合远观的整体剪边效果。其美化作用自然受到分外的重视。

认知望柱头的"自由端"特性，让我很有点兴奋。因为推而广之，可以把它视为传统建筑装饰分布的一个普遍现象。它不仅呈现在石栏杆的望柱头，也呈现在石台基的螭首、石牌坊的冲天柱头、棂星门的牌坊柱头、华表柱的柱头云板。在木构架构件中，它也呈现于额枋搭角交接伸出的霸王拳、三岔头，挑尖梁端伸出的挑尖梁头，以及斗栱中大量集聚的麻叶头、蚂蚱头、六分头、菊花头和各式昂形、昂嘴。"软"分析中这种举一反三地一层层推衍、深化，是件饶有兴致的事。

2.梁思成论"清式彩画"

清式彩画定型为三大类：一是和玺彩画；二是旋子彩画；三是苏式彩画（图6-9）。梁思成先生在《清式营造则例》中对这三大类彩画，从画题的不同把它归并为两大式：殿式与苏式。梁先生指出，殿式的特征是程式化象征的画题，用的是龙、凤、锦、旋子、西番莲、菱花等；苏式的特征是写实的笔法和画题，用的是写实的花卉、动物、器皿、字画等。这样从画题的不同而区分出彩画的两大式，是非常重要的形态分析。顺着梁先生的这个启迪，我们可以进一步思索殿式与苏式在画面构成上的另外两点不同：第一点是结构逻辑的不同：殿式彩画尊重构件的结构逻辑，画面严格遵循构件之间的界限，绝不超越、交混，以保证构件组合的清晰性；苏式彩画则突破构件的结构逻辑，不拘泥构件的界限，以大面积的"包袱"模糊构件组合的形态；第二点是画面视感的不同：殿式彩画严格运用平面图案，排除图案的立体感、透视感，

图 6-9 梁思成先生把清式彩画从画题上区分为殿式与苏式两大类，殿式中再分为和玺彩画和旋子彩画

力求保持构件载体表面的二维平面视感；苏式彩画则热衷于运用退晕和立体图案，画面呈现显著的立体感、透视感，不在乎构件载体表面产生凹凸的错觉。殿式彩画、苏式彩画的这些不同构成形态，自有制约它的缘由。一是不同的建筑性格对彩画装饰品格的内在制约。殿式用于庄重、富丽的场合，要求表现出规整、端庄、凝重的格调；苏式用于轻松、活泼的场合，要求表现出变通、风趣、丰美的格调；二是它们所体现的不同创作方法对彩画装饰意蕴的制约。殿式贯穿的是重理的设计，强调客观制约性和纯净的建筑语言；苏式则是偏情的设计，带有浪漫的色彩，敢于突破客观的制约和纯净的语言。正是这些，导致两式彩画呈现出大唱对台戏的局面。两者在处理手法上如此针锋相对的截然相悖，生动地构成了建筑创作中触目的"二律背反"。从这一点说，我觉得清式彩画给了我们很大的启示：建筑创作不能搞"一刀切"，不能以一种手法去否定、排斥另一种手法，而应该兼容不同的手法，促成艺术手法的良性互补。

3.刘敦桢论"曲廊"

在博采众"软"中，刘敦桢先生当是给了我最多启迪的一位。这有两个原因。一是反反复复地细读刘先生的书。刘先生编的《中国古代建筑史》，经历过八稿才定版，是中建史学科的范本，自然得细细地读。四卷本的《刘敦桢文集》也得反复细看。还有那本经典的园林巨著《苏州古典园林》，在我看来，更是"软"分析的宝库。二是有幸参与刘先生的教材编写班子，有了与刘先生接近的机会。刘先生只要和我们在一起，就几乎不停地给我们讲说他对中建史的这个思索、那个想法。因此，从读刘先生书到听刘先生讲，获益大大，启迪多多，都融化成潜移默化的无形心得。我在这里想说一件深深铭刻、最最难忘的启示。

1965年秋冬，刘敦桢先生召集《中国建筑史》教材编写组的成员到南京，进行一段集中的写书时间。有一天，刘敦桢先生亲自带领我们去参观南京"瞻园"，这是刘先生刚刚修复完工的园子。那天刘先生要说的重点是瞻园的假山，而给我留下难忘印象的却是刘先生对"曲廊"的精彩论析。我记得刘先生领着我们走到一处曲廊时，突然停步对我们说，过去对园林沿墙廊子隔不多远就离墙斜出并不理解，这次为瞻园做设计，才恍然大悟，这是廊子自身屋顶排水的需要。因为私家园林空间小，廊子尽量不做单坡顶，以避免高陡的屋顶把庭院反衬得很局促。这样就得做两坡顶。而两坡顶的廊子不允许把水排到邻家，靠墙的一面就只好用水平天沟。水平天沟又不能做得太长，这就不得不频频离墙斜出，而形成了曲廊。刘先生这一席话揭示了曲廊的奥秘。我想起姚承祖在《营造法原》书中提到过"荐"的事。他说吴语"荐"与"占"是同音、同意。凡是侵入他人土地，就属于"荐"。因此，建筑中的山墙都不得伸出自己的墙垣之外，屋面滴水都只能落在自己的天井中。如落在别人家，就是犯了"荐"。经刘先生讲解，我才知道曲廊的成因原来与避"荐"相关联。受水平天沟长度的限制，廊顶必须离墙斜出，这本来是很不利的因素，但是智巧的匠师将计就计，把直廊转化做成了曲廊。这个曲廊，既打破了直廊的单一，延伸了廊子的长度，又围出一口口生动有趣的小角落空间，真是极具匠心的设计。刘先生的这个精彩分析，让我明白了隐藏在曲廊背后的技术制约和匠师因势利导、化解难题、变不利为有利的大手笔，给我留下了深刻的印象。难得的是，这一天的日子还能弄得很准确。因为在《刘敦桢全集》第10卷中，在243页刊有一幅刘先生与参加编写《中国建筑史》的五院校青年教师参观南京"瞻园"的照片（图6-10）。

图6-10 刘敦桢先生带领教材编写组全体人员到南京瞻园，讲解瞻园叠石。拍摄时间是 1965 年 12 月 29 日。
自左至右：侯幼彬、乐卫忠、喻维国、刘敦桢、杜顺宝、陆元鼎、马秀之、杨道明、叶菊华

照片注明摄于 1965 年 12 月 29 日。刘先生给我们讲解曲廊的奥秘，正是这一天的事。这大概是我的博采众"软"中，唯一能查到确定日期的一次。

4.单士元论"鸱吻"

1977 年，中国科学院自然科学技术史研究所为编辑《中国古代建筑技术史》这本大部头的著作，特地成立了一个"编审组"。时任故宫博物院副院长的单士元老先生是编审组的顾问，我是编审组的成员之一。有一段时间，编审组集中在北京工作，这样，我就住在编审组里，常有机会见到单老。记得有一次，在聊到琉璃构件时，单老突然跟我说：大屋顶正脊两端的节点，从前期的尾巴形象（鸱尾），转化到后期的嘴巴形象（龙吻），是构造上加厚的需要。因为鸱尾与正脊的厚度是相同的，为了加大鸱尾的厚度，就只好把它变成张口吞脊的龙吻。我当时觉得这是一个很精彩的、也是极风趣的阐释，

173

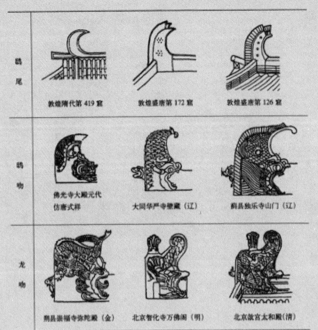

图 6-11 吻的三阶段演变。单士元先生戏称是从"尾巴"转化为"嘴巴"

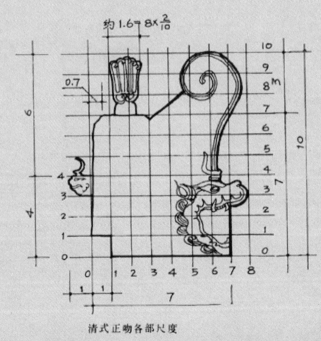

清式正吻各部尺度

图 6-12 清式正吻各部尺寸图。琉璃窑匠师把它概括为"一九、二八、三七、四六"口诀

就深深地记住了。

大屋顶的正脊两端节点，的确是经历了从"鸱尾"经"鸱吻"到"龙吻"的演进（图6-11）。鸱尾的形象是顺着正脊延伸，到端部翘起，呈尾状内卷。这样，它的厚度与正脊厚度是一样的。最晚到中唐时期，从四川乐山凌云寺摩崖石刻上已见到带张口吞脊的"鸱吻"形象。这个演变进程虽然大家都知道，但是为什么要从尾巴向嘴巴的演变，还没有人解说过。大家都只是描述其演变的现象，而没有阐释其演变的原因。单老的这一席话正是对鸱尾变龙吻的生动阐释。我很认同这个阐释。古建筑的形式演变很多都是由于功能的、材质的、构造的、结构的原因促使的，这就是一种"建构"的逻辑。龙吻（清代称为正吻、大吻）的形象就饶有趣味地蕴涵着这种"建构"逻辑。

早在清华上学时，听赵正之先生讲"中国建筑营造学"，他就说到，正吻上的"剑把"，是空心的正吻在填充碎砖之后，用以加盖的"盖子"；正吻背部的"背兽"，原本是横穿正脊的铁杆所留下的洞口"塞子"。它们都是由功能所需的构造处理转化的。

傅熹年先生曾经绘制一套《历代鸱尾形式演变举例图》，我从这套图中，见到了傅先生引用的宋画中的"拒鹊叉子"，傅先生特地指出，清式正吻"剑把上有五股云，疑自五叉拒鹊子变成"。这是又一个精彩的阐释. 揭示了正吻中显现的又一个细微的"建构"逻辑。拒鹊叉子原是为了避免鸟鹊栖立积粪而设置的，出现在这个位置的这个形象，久而久之也成了视觉习惯，在"形式相对独立性"的支配下，居然留痕到了剑把的形象上。

知道了正吻的这些来龙去脉，我觉得很有意义。我从程万里先生的一篇文章中还见到一幅"清式正吻各部尺寸图"（图6-12）。它的整体高宽比为10：7，正吻各部的嘴头、卷尾、剑把、背兽等的分位比例，琉璃窑匠师把它归纳为一句口诀，叫作"一九、二八、三七、四六"。这幅"尺度图"正是这句口诀的图示。想不到样式如此复杂的琉璃件，居然能用如此便捷的口诀来概括。我觉得这是中国工匠师徒相承中运用口诀传承的一个典型的生动范例。我把蕴涵在正吻中的这些"建构"逻辑的"软"分析，连同口诀化的尺度比例，都给学生做了讲解，试图从"描述"的层面，深化到"阐释"的层面。

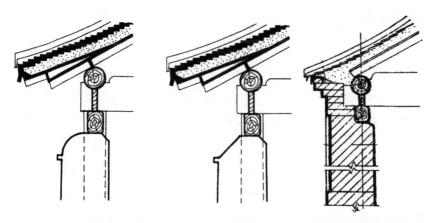

图 6-13 "老檐出"的两种做法，都敞露檩、垫、枋与檐柱的受力关系，明示出墙体不承重的"墙倒屋不塌"的构筑特色

图 6-14 "封护檐"完全隐蔽檩、垫、枋与檐柱的受力关系，与"老檐出"唱对台戏

5．陈志华论"老檐出"

忘记了是哪年参加哪个学术会议，陈志华先生和我在交通车上坐在一排，闲聊中陈先生突然说：中国建筑的"老檐出"，墙体只做到檐枋下皮，把檐柱上端和檐檩、檐垫板、檐枋都袒露出来，是一个明示墙体不承重的节点（图6-13）。陈先生不经意说的这段话，给了我很大的触动。我意识到自己怎么这么迟钝，从书本上和实物中不知多少次接触到"老檐出"，却是久久视而不见，没有看出这个奥妙。后来知道了"建构"的概念，觉得"老檐出"真可以称得上是典型的"建构"标本。从梁头与檐柱的交接情况，人们一眼就可以看清檐檩是搭在梁上，梁是支在檐柱上，清晰地反映出木构架的力的传递途径，明确地显示檐墙是不承重的，与力的传承无关，即所谓的"墙倒屋不塌"。这是十分精彩地、极真切地袒露木构架结构逻辑的理性设计。我们在悬山屋顶所见的"五花山墙"，也是这样处理的。有趣的是，当我正在盛赞"老檐出"结构逻辑的理性设计时，却想起来檐墙显示梁架，还存在着另一种称为"封护檐"的檐口做法。它把檐墙一直伸到瓦檐，把整个椽条、檐檩、檐垫板、檐枋，连同檐柱、梁头全部包裹在砖砌的封护檐内（图6-14）。这种全封闭的檐口，完全隐蔽了

内部的梁架关系，与"老檐出"的做法恰恰背道而驰。这是怎么一回事呢？原来"老檐出"的做法，有它的弊病，檐部敞露的檩、垫、枋，没有厚墙保温，成了"冷桥"。这对于室内空间的保温是十分不利的。它只适于对室内保温要求不高的建筑。而对于一般宅屋来说，是不可取的。因此，通常宅屋的后檐墙大多还是采取"封护檐"的做法。这样，我们就得建立这样的概念，"老檐出"的显示结构逻辑是"建构"的、理性的，与"老檐出"背道而驰的"封护檐"，虽然隐藏结构，但是基于防止"冷桥"的需要，体现了功能逻辑，同样也是"建构"的、理性的。这可以说是又一个生动的"二律背反"的设计。

6．汉宝德论"檩承重与椽承重"

中国台湾的汉宝德先生，在他所著的《斗栱的起源与发展》中有一段关于"檩承重"与"椽承重"的精彩论述。他说：

在长方形的早期掩蔽体中，东西方有一很大差异，乃在西方（以希腊为例）之发展倾向于使用长向墙面为承重之部分，而在我国则采用短向墙为承重之用……我曾分析此差异所造成结构系统的分别。由于长向墙承重之结果，西方建筑之屋顶部分之支承，则必然由垂直于长向之构材来完成。用现代的名词可称为"椽承重系统"。而我国则有赖于平行于长向之构材来负担屋顶重量，可名之为"檩承重系统"。我曾说明整个中国建筑的形貌概由此一特色决定。

我的理论是我根据此一假定而推出西方建筑的主要入口概自短向进入，因短向为不承重之墙面，开口较便之故。同理，我国的建筑主要入口概自长向进入，因长向为不承重之墙面，开口较易之故。

我非常喜欢汉宝德先生的这段论述，觉得他抓住了中西建筑体系在构筑上的一个重大区别。古代希腊建筑，从特洛伊文化房址、莱夫坎迪葬仪建筑、麦加仑式厅堂（图6-15），到早期神庙，的确一脉相承，显现着椽条架立于长向墙上的"椽承重"系统，它们都以端部为主入口和主立面。并且创造了带山花的主立面形式。而中国的木构架体系，则是以横向的梁架为承重构架，以纵向的"檩"或"纵架"承重，属"檩承重"系统。在这种情况下，自然

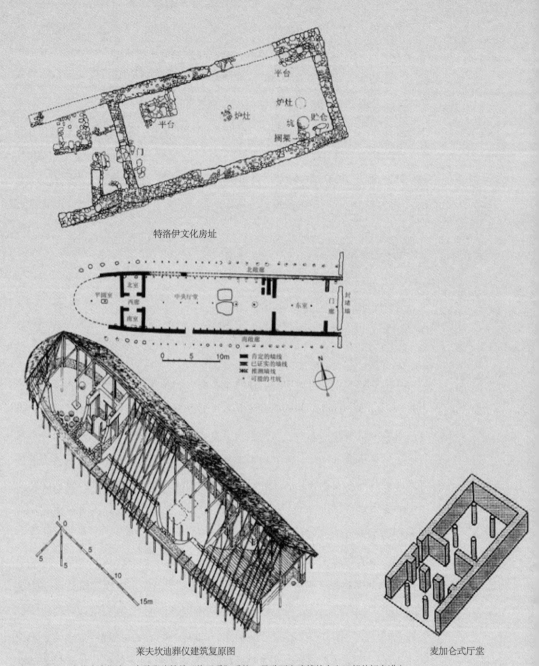

特洛伊文化房址

肯定的墙线
已证实的墙线
推测墙线
可能的柱坑

0　5　10m

莱夫坎迪葬仪建筑复原图

麦加仑式厅堂

图 6-15　汉宝德先生指出，古希脂建筑的"椽承重"系统，导致西方建筑的主入口都从短向进入

以前檐正中为主入口。前檐成了建筑的主立面。当它处在庭院式的总体布局时，前檐都朝向庭院，更加强化了前檐的主立面地位。单体建筑的四向立面中，总是以前檐为首位，后檐为次位，而将山墙面列为末位。山墙所面对的，都是院庭中的偏偏角角；山墙面的形象，较之前后檐立面，自然是逊色多了。这与西方建筑恰恰相反。当我们看到帕提农神庙主立面的那种典范性的美的构图的时候，怎么能想到这里凸显的恰恰是把中国人看来最不能登大雅之堂的山墙，用到了主立面。难以想象的是，这不起眼的山墙面居然能做出像山花这样的造型，居然达到建筑艺术的美的极致。当我们明白了它是"椽承重"系统后，这一切都释然了。这一点给了我很大的触动和启示，我在《中国建筑之道》书里把这个启示做了如下的理论表述：

构筑形态是建筑形态的根基，不同建筑体系的初始构筑形态，往往是奠定该建筑体系空间格局和形貌格局的重要"基因"。

7. 刘致平论"单座建筑"

1957 年，刘致平先生出版了《中国建筑类型及结构》一书。这书原是作者抗日战争时期在四川李庄同济大学土木系和抗战胜利后在清华大学建筑系讲课的讲稿。这书在当年出版时，是新中国成立后出版得比较早的一部中国建筑专著，自然成了我那时候的主要参考书。

这本书不是写史，而是写中国建筑类型和中国建筑技术。这位刘致平先生写书很放得开，虽然写得不是那么严谨，但是涉及面很广，有很大的信息量。我很喜欢这本书。因为 20 世纪 60 年代初，我醉心于写建筑知识小品，写了一组"门""窗""廊""塔"等。这些选题，在刘致平先生的书中都有专节展述。因此他很像是走在我的前面的先行者，比我先一步对同样的课题做了专业审视，对相关的古文献做了先一步的筛选。我的有关门窗的古文献引述，是他先引用了，我从他那儿再转引。我写"窗"这篇知识小品时，所引用的《淮南子》关于"牖"的两句重要表述，就是从刘先生书中转引的。刘先生引用的第一句是："十牖毕开，不若一户之明"；第二句是"受光于隙照一隅，受光于牖照北壁，受光于户照室中无遗物"。这两句表述,对我们认知早期的窗,那小小的"牖",显然是极重要的信息。这信息就是刘致平先生像一位"二传手"似地传递给我的。有趣的是,在我写《中国建筑之道》时,正式引用"十牖毕开,不若一户之明"这句话,需要注明原引文的出处。而刘先生书中只是笼统地说出自《淮南子》,没有标明卷数,我只好到国家图书馆去查。我查知这句话出于《淮南子》的"说林训卷十七",但是这个版本的文字却是"十牖之开,不如一户之明",这与刘先生所引文字有出入。这样,我在《中国建筑之道》书中只好采用国家图书馆这个有出处的版本的文字。但是我总觉得"十牖之开,不如一户之明"不如"十牖毕开,不若一户之明"好。因为我没有时间去追索刘先生所用版本,以至于未能选用好版本的引文,心里总是耿耿于怀。我想了一个好办法,在《中国建筑之道》书中,在给这句引文注释时,特地添加了刘先生引用版的文字作为注脚,我觉得这个小小的细节算是达到了两全其美的处理。

《中国建筑类型及结构》这本书,对我产生最大的影响是它的第二章。这一章的标题是"单座建筑",全章分五节,分别讲的是"楼阁""宫室殿堂""亭、廊、轩、榭、斋、馆""门阙"和"桥"。中国建筑的确存在着殿、堂、房、室、楼、阁、亭、榭、门、廊等类别。把它单列一章加以论述是完全必要的。这一章引起了我的很大兴趣,也引发了我的久久思索。我意识到这个分类很必要,但是我弄不明白的是,中国建筑既然已有宫殿、坛庙、陵寝、苑囿、王府、宅第、衙署、寺观、宗祠、书院、店肆等的功能分类,既然已有大木作、小木作、石作、瓦作、土作、彩画作等的做法分类,为什么还要弄出殿、堂、房、室、楼、阁、亭、榭、门、廊这样的分类?它们是什么意义上的分类?这样的分类究竟有什么用意?刘致平先生在书中对这些都没有解释,它成了刘致平先生留给我的一个难解的谜,一个大大的问号。这个谜,一直到我受到京剧"行当"的启示,才恍然大悟,这就是"建筑行当"的分类。直到我退休之后,在撰写《中国建筑之道》时,为了论述中国建筑的庭院式布局,在探讨庭院构成形态时才对这个问题作了专题的表述,才明白划分殿堂、房室、楼阁、亭榭、门廊的真正奥秘。没想到刘致平先生留给我的这个难解的谜,竟然促使我深化了对于中国建筑程式化的认识。有关这个问题的表述,我留在第九章讨论庭院式构成机制时详细分解。

博采众"软"的确让我获得了许多生动的、难忘的、富有启迪的启示，我把它都充实到讲课中。我有一个信念，凡是我觉得精彩的，转述给学生，学生普遍也都会认为很精彩。因此，我很热衷地博采众"软"，也很热衷地把经过我发挥后的众"软"，传达给学生。我觉得，精彩的"软"分析，就像是说相声中的甩"包袱"，一堂课如果能有几处达到"软"分析的深度，那效果自然会是很好的。

无形的备课："软"思索

为了回顾"中国建筑史"讲课，我特地想想我在中建史备课方面，有没有什么值得说的事。想来想去，想不出为备课做了什么。我这才意识到，我虽然讲了近50年的课，实际上并没有做多少"为备课而备课"的事。我的主要精力是投在"软"思索上。我最感兴趣的是这个事。我是在"软"思索上有了什么灵感触动后，就继续追索，写出专题文章，同时也在讲课中充实这方面的内容。这种现象就成了非备课的备课，无形的备课。

这种无形备课的"软"思索，倒是值得回顾的。这种情况很多，这里说说我记得比较清晰的两件事。

第一件是匠作区分"正式"、"杂式"引发的思索。

1983年，由文化部文物保护科研所组织编写，出版了一部《中国古建筑修缮技术》。这本书由著名古建筑专家杜仙洲先生主编，参编的都是精通北方明清官式建筑做法和施工工艺的名家。我特别喜欢这本书在表述匠作工艺做法方面所达到的深度。对于欠缺匠作知识的我，自然特别想从这本书里充实一些难得的古建工艺做法信息。

这书的第三章"瓦作"，是由北京市园林古建工程公司的总工程师、瓦作专家刘大可先生写的。他在这一章论述了"台基""墙体""地面""屋顶"和"影壁、牌楼、门楼"之后，突然冒出了"杂式建筑"这个标题。在这标题之下，他写道：

在古建筑中，平面投影为长方形，屋顶为硬山、悬山、庑殿或歇山作法

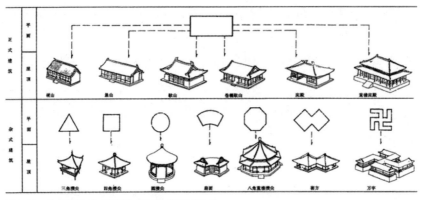

图 6-16　正式建筑与杂式建筑的平面形式和屋顶形式

的砖木结构的建筑，叫"正式建筑"，其他形式的建筑统称为"杂式建筑"。

当我看到这一段文字时，真是大吃一惊。中国古建筑居然有划分"正式建筑"与"杂式建筑"这回事，怎么我一直都不知道。我一直没有见过哪个文献有关于"正式"与"杂式"的论述。只有梁思成先生编订的《营造算例》里，见到他把"大木作"分为"斗栱大木大式做法""大木小式做法"和"大木杂式做法"。当时对这个"大木杂式做法"并没有在意。从刘大可先生的表述和所附的杂式建筑图示，可以看出，所谓正式建筑，要符合四个条件：一是平面为横长方形；二是屋顶为硬山、悬山、歇山或庑殿；三是结构为木构架承重；四是层数为单层。其他形式的平面，如正方形、六角形、八角形、圆形、曲尺形、工字形、凹字形、凸字形、扇面形、套方形、套环形等；其他形式的屋顶，如各式攒尖顶、盝顶、盔顶、组合顶等；其他非单层的各种楼阁，其他非木构架的各种砖构、石构，等等，统统都属于"杂式建筑"之列（图 6-16）。我朦朦胧胧地意识到，这个区分是大有文章的，可能是一个被我们长期忽视的、十分重要的匠作概念。

为此，我就想追索：为什么会有这样的区分？这样区分的意义何在？我先看梁思成先生的《营造算例》，这回看懂了梁先生在《营造算例》里把大木作划分为"斗栱大木大式做法""大木小式做法"和"大木杂式做法"三个类别，正是基于区分"正式"与"杂式"的需要。我们可以看得很清楚，在《营造算例》中，在第一章"斗栱大木大式做法"和第二章"大木小式做法"中，都是以"通用构件"作为条目展述的，并将其中的第一节都作为"通例"。而在第三章"大木杂式做法"中，则完全不是以"通用构件"列目，而是直接以具体的建筑类型列目，并撤销了"通例"。原来对于杂式建筑来说，都是各有各自的做法，既不像正式建筑那样有通用"构件"，也不存在正式建筑那样的"通例"，两者的程式化做法是不同的。在《营造算例》中，梁先生列出的杂式建筑有：楼房、钟鼓方楼、钟鼓楼、垂花门、四角攒尖方亭、六角亭、八角亭、圆亭、仓房、游廊，共10项。梁先生就是以这10种杂式建筑开列出"大木杂式做法"的条目。

弄明白了这一点，我才知道这就是"正式建筑"与"杂式建筑"的区别。这个区别显然是极为重要的。显而易见，正式建筑具有通用性的品格，杂式建筑具有专用性的品格。正式建筑的长方形空间形态，有突出的实用性和适应性。这种规整的形式，最便于"间"的分隔，能最大限度地保持各个"间"的完整，并取得观感上的庄重、大方。因此，它既适用于日常起居的生活空间，也适用于进行政务、祭祀、宗教、聚会等活动的仪礼空间；既可以作为宫殿、坛庙、陵寝、寺观的主殿、配殿、寝殿、门殿；也可以作为衙署、府第、宅舍的厅堂、正房、厢房和皇家园林、私家园林的殿、堂、轩、馆、斋、室，以及各类型建筑的大量辅助性建筑。它是通用的、普适的、运用得最多的、数量上占绝对优势的建筑形态。而杂式建筑的特定空间形式，则是对应于特定功能的，或是游乐性、观赏性需要的，主要用于亭榭等景观建筑和某些特定的专用建筑。杂式建筑的体形复杂多变，空间各具特色，功能个性显著，外观活泼多姿，在数量上远逊于正式建筑，而以品种的纷繁多样取胜。

由此，我们知道，正式建筑与杂式建筑意味着官式建筑中存在着通用型与专用型。我进一步思索了这两种建筑在形态构成上的不同性质和在组群构成中显现的不同特点。基于对"正式建筑""杂式建筑"的理解，我后来在撰写《中国建筑之道》时，把木构架建筑从"程式化"的视角，把它区分为"程式建筑Ⅰ：通用型"；"程式建筑Ⅱ：专用型"；"非程式建筑：活变型"三个大类。对通用型建筑，讨论了"官工正式"和"民间正式"，探讨了通用型建筑的"装修调节""级差调节"和"随宜调节"；对专用型建筑，讨论了民间戏台与皇家戏台，讨论了寺庙建筑中的"大佛阁"和"五百罗汉堂"。特别从"田字形五百罗汉堂"中感受到中国建筑在专用型设计中叹为观止的杰作。程式化问题是中国木构架建筑体系的一个极为重要的研究课题。我觉得认知"正式"与"杂式"，从而划分通用、专用、活变三型，是认知单体建筑程式化构成的重要环节。我很感谢刘大可先生，亏得他在讲述"石作"的时候，表述了匠作对"正式"与"杂式"的区分，使得传统匠作的这个重要理念没有被淹没、遗忘。这样的"软"思索，我当然都充实到讲稿中，这就是我的无形的备课。

第二件是"四清"下乡住"炕宅"引发的思索。

1965年，我下乡参加"社会主义教育运动"，即所谓的"清思想、清政治、清组织、清经济"的"四清"运动。完全没想到，这个纯粹的参加政治运动，居然会引发我对于"炕宅"的思索。

我去的是黑龙江省庆安县丰收公社双庆大队。这给我提供了居住东北农村火炕住宅的机会。冬天住过，夏天也住过，不知不觉之间积淀了住东北炕宅的切身体验。现在回顾起来，一下子就能梳理出几个关键词：

第一个关键词是"最佳选择"。 下乡之前我没住过火炕，对火炕没什么感受。到了双庆大队，白天在炕上工作，晚上在炕上睡觉，整天离不开炕。我强烈地意识到火炕实在是高寒地区宅屋的绝配。我去的时候，正值严冬，室外那个冰天雪地，比在哈尔滨市区要冷冽得多，而一进屋内就一团热和，这全赖火炕的赐予。我不禁对火炕肃然起敬，不免对火炕作一些理性思考，越想越觉得火炕的创意实在太妙了。它并没有添加什么复杂的设置，只是把原来用于睡眠的床，接通到本已存在的灶台，把"灶"的火道盘旋沟通于"床"的底下，就整合出神奇的"炕"。它用的制作材料，是就地取材的土坯。它耗费的燃料，是杂木拌子和农作物的副产品、废弃品秸秆之类。它用不着高技术，盘炕是农家自己就能做的。只要有盘炕高手指点，就能盘出好炕。它可以说是以最便捷的取材，最低廉的成本，最乡土的能源，最简易的工艺，成为高寒地区农家宅屋取暖的最佳选择。它的性价比是无与伦比的，难怪它很早就出现了。2006年河北徐水县发现西汉时期的火炕遗址，把它的建造史推到了2000多年前。我本来觉得黑龙江的民居遗产很贫乏，引不起研究兴趣。没想到一住

图 6-17　东北火炕民居的定型平面

炕宅，就被火炕给镇住了，立马觉得火炕绝对是民居建设史上的一项伟大发明，而且具备超长期的生命力，由此引发了对炕宅的关注。

第二个关键词是"高密度就寝"。火炕的尺度比床大得多。它以居室的开间宽度作为炕的长度，以床的长度作为炕的深度，人是横卧在炕上睡觉，一铺炕足可以容纳 5 个人就寝。通常居室都是既设南炕，也设北炕，一间居室具有住 10 个人的潜能。黑龙江炕宅基本上是三种单体平面形式（图 6-17）：两开间的"一明一暗"（一个灶间，一个居室），三开间的"一明两暗"（一个灶间，两个居室）和五开间的"一明四暗"（一个灶间，四个居室），分别可以住 10 人、20 人和 40 人，可见其容量之大，潜能之高。在我的记忆中，双庆大队好像没有"一明四暗"的房子；"一明两暗"的也不多，多数都是两开间的"一明一暗"。我们四清工作组四五个男同志，两个女同志，一共六七个人。包括我在内的四五个男同志住在一位青年社员的"一明一暗"家中。房主人姓什么已经想不起来了。他和妻子有一个小男婴。房主人三口住南炕，我们四五个男同志住北炕，这间居室就这样住了七八个人。工作组的两位女同志，是当地粮食局的小年轻干部，都没结婚。她们住在另一位社员的"一明一暗"家中。那家是老两口和小两口四口人，老两口住南炕，小两口住北炕。我们这两位女同志就和这家老两口一起住南炕。我的印象，这个村有很大的容纳余额。即使来再多的工作队员，也都能像我们这样分散挤进各家火炕，这就是炕宅的惊人潜能。

第三个关键词是"空间叠加"。炕宅的有趣就在于住人极多而居室极少。一明一暗的户型实际上就是"一室户"，一明两暗的户型也只是个"二室户"。这么少的居室怎么能满足这么多的住居功能呢？我意识到，这里面存在着被我们视而不见的"空间叠加"。炕上空间原来是炕宅里的"多功能空间"。炕是睡眠空间，担当着高效能、高潜能的卧室功能；在炕上摆上炕桌，就可以进餐，立即转换成了餐厅功能；客人来了，请客上炕，围着炕桌喝茶聊天，这就发挥了客厅功能。实际上女主人的针线活、手工活和孩子们的看书、写字也在炕上进行，这炕上空间还起着工作间和儿童室的作用。炕上还设有炕柜、炕箱，用以收藏被褥衣物和诸多用品，这里实际上也具有收藏功能。可以说炕宅的神妙就在于把诸多功能都叠加在这个炕上空间，使一室而兼多室之用。在这里，南炕无疑是最佳空间，有暖和的炕面，有向阳的日照，有明亮的采光。这意味着全家进餐、宴客、聚友和孩子学习、儿童活动、主妇劳作，都如同睡眠一样，全都能在这个最佳空间里重叠地运作。

第四个关键词是"极度规整"。住在双庆大队，炕宅的极度规整、高度划一给我留下了深刻印象。我们"四清"工作组是吃"百家饭"的。每天带着钱票、粮票轮流到每户社员家吃早、中、晚三餐，不到两个月就吃遍全村。这样，村里每户人家的住屋我们都进入过。屋里屋外的景象大体上都浏览过。我得到的感受是，大家住的条件都一样，不是典型的"一明一暗"，就是典型的"一明两暗"。这里的"明"，指的是带出入口外门的"堂屋"。这个原本应该是宅内礼仪空间的"厅堂"，在东北炕宅中完全蜕变成了"灶间"和缓冲寒气的大门斗。"一明两暗"的户型，灶间必然设四个大灶台；"一明一暗"的户型，灶间必然设两个大灶台。这里的"暗"，指的是不带出入口外门的"居室"，这个居室几乎无例外地都设南北炕，都将炕与"明间"的灶台相连。凡是"一明一暗"的户型，暗间必在明间西侧。这里每一幢宅屋，都是正南正北的朝向，都是一色的平房，都是用草辫泥叠砌的"拉哈"墙，都在居室南向开辟大面积的支摘窗。这里的房间全是规规整整的，绝没有什么高高低低、凹凹凸凸。这里宅屋的尺度，因为没有丈量，可能是有差别，但是感觉大小也都差不多。这是一种高度的类型化、标准化、同质化。这种景象在我心目中原本是单调、雷同的负面感受。比起江浙山地民居，体型千变万化，空间凹进凸出，总觉得东北炕宅实在太老实、太乏味、太刻板、太千篇一律了。等到我体验到高寒的冰天雪地，看到基地的平坦宽舒，见到炕屋的厚墙厚顶，了解到炕灶的紧密联接，我就完全明白炕宅的布局、朝向、户型、制式、设施和它的空间处理，都是合乎逻辑的，都是符合建构原则的。单调的感觉转换成了质朴的感觉，原本乏味的景象似乎闪烁着理性的光辉。

第五个关键词是"坐姿穿越"。炕宅来了客人，都让客人上炕，这是待客的礼节。在炕上进餐，也是长辈、尊者、客人往炕上请，晚辈、年轻人、自家人挨着炕沿。我因为从小没住过火炕，对于盘腿坐在炕面上总是不适应，坐不了多久就受不了。因此每当主人让我上炕时，我都宁可坐在炕沿，觉得这样反而舒适些。有一天我突然意识到，这两种坐法其实大有文章，是划时代的大区别。原来这正是中国历史上的"席地坐"和"垂足坐"。

在魏晋南北朝之前，中国汉地广大区域，基本上都是席地而坐。席地坐有两种坐姿：一种是双足呈跪状的"跪坐"，另一种是双足呈蹲状的"踞坐"。前者是合乎礼仪的，后者是不合礼法的。《史记·黥布列传》提到，汉高祖接见黥布时，因为踞坐谩客引起黥布大怒，以至于想自杀。《韩诗外传》也有一条记述说，孟子有一次看见妻子在独处时竟然踞坐，认为妻子失礼，单凭这一点就想休妻。可见古人对坐姿是否合乎礼法是高度重视的。由于西域胡床的传入，从魏晋南北朝开始，低足家具向高足家具转化，席地坐逐渐为垂足坐所取代。两宋以来，基本上已是垂足坐的一统天下。

真没想到，就在这火炕之上，席地坐又出现了。炕面上的席地坐与炕沿边的垂足坐竟然穿越一千多年的历史，就在一炕之中联结在一起了。炕上用的是炕桌之类的低足家具，地上用的是桌椅之类的高足家具，低足与高足这两大家具体系，也穿越一千多年历史，在这炕宅之中会合在一起了。

双庆大队的炕宅，只是呈现在农家、贫户中的穿越景象。我后来有了兴致，想知道在官宦、豪富人家，会是个什么样的穿越景象？我查看了《红楼梦》，果然能窥知一二。曹雪芹对荣国府荣僖堂东边的三间耳房，有这么一段表述：

临窗大炕上铺着猩红洋毯，正面设着大红金线蟒引枕，秋香色金线蟒大条褥，两边设一对梅花式洋漆小几，左边几上摆着文王鼎，鼎旁匙箸香盒，右边几上摆着汝窑"美人觚"，里面插着时鲜花草。地下西面一溜四张大椅，都搭着银红撒花椅搭，底下四副脚踏。两边又有一对高几，几上茗碗瓶花俱备。

从《红楼梦》的这段文字和其他片断文字，我们可以看到荣宁两府居室里的大炕，它们临窗而设，炕上置有炕桌、炕柜、炕屏、炕几等低足家具，地上摆着连排大椅和成对的高几等高足家具。那大椅，有的是一溜三张，有的是一溜四张，有的是对称的两溜十二张。这些椅都配有脚踏、椅搭、椅袱。那炕上更是铺设着毡毯、条褥、坐褥、靠背、引枕。这里有花梨圆炕桌，有梅花式洋漆炕几，有鎏金大火盆，有汝窑美人觚。坐褥是金心绿闪缎的，软帘是大红洒花的，引枕是大红金线蟒的，椅袱是黑狐皮的。原来这低足家具与高足家具的会合还能有这么热闹的景象。原来火炕在进入大户人家后，经过分化，它的取暖功能已由地炕担当，炕自身成了木质的，专供憩息的坐炕。这个坐炕竟然有这么多的高档品为之装点，与之配伍，表明炕并非只是习见的那种普及性的"乡土版"，它也可能展现令人意想不到的考究奢靡的"豪华版"。

第六个关键词是："私密缺损"。炕宅虽然有极大的寝居潜能，如果南北炕都住上人的话，就难免导致寝居私密的缺损。这是我住炕宅得到的一个强烈感受。我们"四清"队员四五个男的住在北炕，这家主人夫妻俩和一个婴孩住在南炕。一屋子住七八个人，并不觉得拥挤。严冬时节女主人在傍晚时分，就早早地把我们的被褥在炕面上铺开，捂得被窝非常暖和。我们从刺骨凛冽寒风中进屋，钻进被窝，那热乎的感觉实在是太得（děi）劲了。与房主人同居一室，大家在对面炕躺着，都是头朝屋里、脚朝外墙，躺下之后彼此都看不见，似乎也没有什么私密障碍。其实不然，让我没有想到的是，在这火炕上睡觉，竟然都是不穿内衣裤的，全都是赤裸地钻在被窝里面，连女主人也是这样。我第一次睡炕时，是穿着内衣裤睡，当时就被劝阻了。原来这是为了防虱。穿着内衣裤睡觉，那内衣裤上就会长虱子，那可受不了，所以当地的习俗是睡觉一律不穿内衣裤。有趣的是，这内衣裤不仅不能穿着睡，在脱下来之后也不能随便地搁在身边的炕面上。因为搁在炕面上仍然会有虱子藏匿。统一的做法是，得跟外衣外裤、毛衣毛裤一样，叠得整整齐齐地，摆成一摞，这一摞衣服并非搁在炕面上，必须摆在炕后面的窗台上。大家的确都很认真地这么做，我当然也得这么做。我的印象好像这么做衣服上真的没长虱子。但是这样一来，上炕睡觉就很麻烦了，得脱光衣服，叠好衣服，再把一整摞衣服摆到窗台上。这个操作过程就免不了走光。不仅如此，夜里难免要起夜，房间里虽有一个木桶搁着，那是房主人用的，我们都很自觉地不用。这样，夜里起床就得整个儿穿好内衣、外衣，一直到戴好皮帽，穿好棉鞋，才敢出门外。回来后，还得再一次脱衣、叠衣、摆衣。这个过程实在太费事了。这成了我"四清"生活中最苦的一环。我们那两位女队员的情况更为严重。她俩是和一对老两口同睡南炕。北炕上还有一对小两口，聊起晚上就寝脱衣、叠衣、摆衣的麻烦，她们更觉得尴尬。这让我意识到，这样的炕居私密的缺损，应该说是够严重的。

实际上，炕宅设计对这个情况还是有措施的。炕沿上方，在栅顶之下都吊着一根名叫"幔竿子"的东西，它可以悬挂幔帐，形成一道炕幔，可以遮挡南北炕之间的视线。但是，实际的情况是仅设"幔竿子"，而没有见到哪一家真的挂上幔帐。我打听过为什么都不挂？老乡的回答是：头顶上没有风，用不着挂。原来这炕幔还有一个作用，就是用来避免睡觉时头顶受风着凉。既然没觉得有风，那就不用挂了。至于炕幔的隔挡视线功能，老乡似乎早已忘却。这意味着对于对面炕之间的"走光"问题，老乡是并不怎么在意的。我注意到这里的妇女，几乎都不回避当众喂奶；大热天的时候，还能看到四五十岁的大妈、大娘，都跟男人一样，裸着上身。我想正是这种低要求的私密度，使得炕宅的私密缺损，在老乡心目中并没有像我们觉得的那么严重。

我还记得一次难忘的对话。村里有一对要结婚的青年，新房早已盖好，还迟迟未结婚。当我问他怎么还不结婚、还不搬进新居时，没想到他给我的回答是："还没找到'对面炕'"。原来这对小青年要找一对人来住北炕，他觉得谁住对面炕很重要，得慎重地挑选合得来的人。我大为惊讶。他们家的经济状况，在村里是属于上等的，他居然还要找人来住对面炕。我真没想到还有这样的情况，为了节省一个炕的燃料，宁可邀请人来合住自己新婚的洞房。

我这才明白，为什么这里所建的炕宅，即使家庭人口不多，也几乎无例外地都在居室里做南北炕。如果是在华北地区的话，一个炕的取暖可能就够了。而在这里，漫长的严冬，仅有南炕的确还是不够的。这样家家户户自然就都设了北炕。但是烧北炕也是一个负担。为了暖和，为了节省燃料开支，宁可付出"对面炕合住"的代价也在所不惜。当然这是 50 年前的情况，现在应该不至于为节省北炕燃料而邀请合住吧，炕居的私密缺损应当有很大的改善。

上面是我住炕宅的体验。有了这个体验，完全改变了我对东北炕宅的认知和心态。我的心目中又冒出一个关键词："高寒强因子"。民居是一种地域性建筑，在诸多制约民居的地域因子中，当地的气候和地形地段无疑是重要的制约因子，而对于东北炕宅来说，"高寒"更是最大、最突出的强因子。这样，我在"中国建筑史"讲课中，在讲到民居建筑时，就特地添加了一节，对浙江山地民居与黑龙江火炕住宅做了比较分析。我着重强调了两者在气候条件上的天差地别：一个是高热，一个是高寒。再加上两者用地的紧张与宽裕和地段的起伏与平坦的不同，在建筑形态上就呈现出截然相反的景象。我对此作了一番比较：

前者薄墙轻顶，构筑轻巧；后者厚墙重顶，体态稳重。

前者向上发展，以楼房为主；后者横向发展，一律建平房。

前者高低错落，凹凹凸凸，活变多样，千姿百态；后者高度定型，整齐划一，规规整整，老老实实。

前者没有什么设备上的牵扯，无拘无束；后者又是大炕，又是大灶，灶炕紧接，不得分离。

前者的"实体"服从"空间"，建筑实体乖乖地随建筑空间的需要而灵活调度；后者的"空间"屈从"实体"，建筑空间老实巴交地备受建筑实体的枷锁、限定。

前者的拿手好戏是"占天不占地"，想方设法地争取更多空间；后者的独门绝技是"一炕多用"，在同一空间里争取多用途。

前者彰显的是民居中的"空间主导型"的看家才艺；后者展示的是民居中的"实体主导型"的质朴表演。

应该说，两者在它们的重因子、多因子制约下，都散发着理性的光辉，都达到优化的境地。它们不存在孰优孰劣的问题，各有各的精彩。当我们赞赏"千姿百态"的时候，也应该同样地赞许"整齐划一"。我本来特别喜欢浙江民居，现在觉得东北炕宅也很了不起。没有想到像"四清"这样的下乡搞运动，居然也会引发学术上的收获。这成了我的一次特殊的、有趣的、无形的备课。

我喜欢教师这个职业，很庆幸自己能够一辈子待在大学里教书，讲自己饶有兴致的中国建筑史。我知道，要当这样的教师，要想达标、称职，就得朝"学者型教师"去努力，得干两件事：一是治学；二是教学。教学的水平取决于治学的水平，治学的高度决定教学的深度。因此，治学的过程就是无形的备课。现在回顾起来，我的治学得益于我在学习上的两度"发烧"：20世纪50年代做了"美学"发烧友，80～90年代又成了"方法论"发烧友。两次"发烧"，李泽厚成了我的治学偶像，"软"分析、"软"思索成了我的治学途径，"寻觅建筑之道"成了我的治学目标。我的教学得益于我对科普文学的痴迷，特别爱读那些以散文笔触讲说科学知识的优美文章。王梓坤先生的那本《科学发现纵横谈》很吸引我。他教我怎样把科学知识深入浅出地、生动地表述。他那段关于"才、学、识"的妙喻——"才如斧刃，学如斧背，识是执斧柄的手"，我曾经在"中国建筑史"讲课的"绪论"中为学生转述。我自己也有两段时间撰写过建筑知识小品。现在意识到，对科普文学的热衷，不仅仅促使我有兴趣去写作建筑知识小品，其实对我的教学也有重要促进。因为"讲台"也是"科普"的平台，教学方法与科普方法是相通的。治学上的"哲理深度"的东西，经过科普式的转换，就能适合教学的口径。

我反思我的治学和教学。我在治学上可以概括为"认真"两字。一个没有什么天资、才气的人，治学就得靠"认真"。"认真"的好处是可以达到一定的"深度"和"精度"。"认真"也要付出代价，那就是影响"效率"和"数量"。我的论文写作是慢吞吞的，成果数量是稀稀拉拉的，这是很大的局限和遗憾。我在教学上如果也用两个字来概括的话，那就是"轻松"。我这个人是认真地、费劲地治学，放开地、轻松地教学。因为讲"中国建筑史"我没花多少时间，没吃什么苦头。教学所需的深度，靠治学的成果已可应付；讲课所需要的效果，可以驾轻就熟地、像科普那样深入浅出地生动表述。我对治学和教学，还有一种错觉。我觉得写文章、写书，一旦发表、出版，那就是白纸黑字，公开、明晰地亮相，千万得严谨、慎重。而讲课是在自己的教室里，是一种内部活动，只有有限的学生在听，一说而过，不必那么拘谨。因此，我在讲课上是比较放得开的，有一些新冒出来的见解，还不成熟，还来不及推敲出准确的措辞，写文章肯定还不行，而讲课却放胆地讲了。我这样放得开的讲课，"东"补充一点新思索，"西"穿插一点"软"分析，学生听了反映还挺好。但是我的讲稿却因此弄得很零碎、很散乱，带着千疮百孔。这情况我很长时间并没有在意。等到我退休了，我才意识到这种"放松"的教学，无拘谨的讲课，产生了大问题。

原来有一些学生记录了我的讲课。有的是因为喜欢这门课，很认真地记录、整理；有的是因为考研，也很认真地记录、整理；这样每届听课学生中都可以冒出几种听课记录的版本。这些版本我都没有接触过，只是有一两次偶尔见到几页片断，留有一点印象。这几年我听说，这些听课笔记的版本在考研学生中有流传，在网上也能见到，有人出售，也有人买。这让我很感不安。我担心这样的听课版本，难免走样，记下的是纲要，有"骨头"，而欠缺丰满的"肉"；也难免有些抄录的错字、漏句或是散乱的穿插，那就成"走样的东西"。最麻烦的是，我把讲课视为校内的教学，并没有像正式发表论文那样经过严谨的推敲，因而并没有达到可以"外传"的程度。现在变成听课版本流传出去，是一种很无奈的"被发表"。一想到散出去的是未经"去芜"的、带着"疮孔"的、可能还是"走样"的东西，我真是觉得惴惴不安。这时候颇后悔当年的"轻松"教学，留下了这个大麻烦。

提纲挈领编《图说》

大约是2001年，中国建筑工业出版社张建编辑跟我联系，约我写一本《中国古代建筑历史图说》。我觉得她的这个组稿创意很好。建筑学专业的"外国建筑史"课程,早在 1978 年,就有同济大学建筑系与南京工学院建筑系合编的《外国建筑史图集》。罗小未、刘先觉等几位名家都曾投入这项工作。那本图集很受学生欢迎,起到很大作用。"中国建筑史"课程还欠缺类似的参考书,的确很有必要编写。从学生的角度来讲,会是很期盼的。从我自己的角度说,教了一辈子的中建史,能够整理出《中国古代建筑历史图说》(以下简称《图说》)这个副产品,倒也挺好,就动心想写。

赶巧在这之前,我的女儿、女婿把他俩淘汰下来的计算机搬到我们家里,让我们有空时玩玩。那是第一代的"386"型。我和老伴都是"电脑盲",把计算机看得很神秘,觉得离我们老远,高不可攀。我们都不会现代汉语拼音,中文输入就成了"拦路虎"。女儿、女婿给我们配了"汉王笔"、打印机。果真,用汉王笔手写十分方便,这问题就迎刃而解了。这样我们就开始津津有味地学电脑,完全是自学,碰到问题就问身边的研究生,没太费劲就能上手了。自己的文章可以自己打字、自己打印了。正当我们两人处在学电脑的兴头上,突然遇上了"图说"。我们觉得正好把这两者结合起来,通过《图说》的写作、编辑,来学习计算机的运用。

这件事老伴李婉贞的兴致比我还高,她自告奋勇可以干"图"和"录"的事。我们添置了一台扫描仪。有关找图、选图、画图、扫描图、修饰图、打字、编排这些事,她都饶有兴趣。这样,我们就很认真地、也觉得很好玩地借助这台"386"电脑,写起了这本《中国古代建筑历史图说》。

我们琢磨这本书该怎么写,大体上形成了几点想法,也大体上兑现了这几点:

一是图文并重。我们觉得,张建编辑把它称为"图说",这个定位很好,它不是"图集",不是"图录",应该有相当的文字解说,以至于论析;既要有翔实的图,也要在文字上下功夫,争取图文并茂。

二是简练精要。该书主要读者对象是建筑学本科生,应该为他们提供一本篇幅不大,虽是简练而能精要的书。我牢牢记得,在刘敦桢先生身边参加编书时,刘先生总是强调教材要"少而精",图不宜选太多,书要尽量便宜,让学生都买得起。因此,这本书不但没用彩色照片,连黑白照片都没用,全部选的是墨线图。我们谨慎地精选了500余幅图。

三是采用以"断代"为框架的列词条写作体例。因为各校建筑学专业用的都是潘谷西先生主编的《中国建筑史》通用教材，是按"分类法"写的。为了避免与教材重叠，《图说》特地采用"断代"的框架，基本沿用刘敦桢先生主编的《中国古代建筑史》经典著作的成熟分代；在断代中按词条列目撰写。我体会这种条目式的写法，最便于组构框架，最便于提纲挈领，也最便于精练表述。

四是凸显各个历史时期木构架建筑体系的演进特点。对原始建筑，点到了"文明初始期的建筑风采"；对夏、商、周建筑，秦汉建筑，三国、两晋、南北朝建筑，以及隋、唐、五代建筑，分别展述了木构架体系的生成期、形成期、融合期和成熟期的演进特点；对宋代建筑，着重表述木构架体系的制度化和精致化；对明、清建筑，着重展述木构架体系在高度成熟期的建筑定制。

五是对民居建筑的恰当处理。作为中国古代建筑历史图说，当然要纳入古代民居建筑。但是，现存的各地区具有代表性的民居宅屋实例，绝大部分都是鸦片战争以后所建的。如何能够把并非古代建筑的民居实例，归入到古代建筑的图说之中，这成了一个难题。我想出了一个招，单列最后一章，以"传统的延续：近代乡土建筑"为标题，这样就颇为得体地把传统民居名正言顺地展述了。

六是在简约的表述中，力求达到有深度的论析。全书篇幅为"384千字"，图面占去版面的60%以上，全书文字实际上还不到15万字。这个字数应该说是很少。因此，文字表述必须简约，惜墨如金。我的对策是大刀阔斧地省略历史背景、社会背景的描述。各个历史时期的建筑"概说"，也精简到只用几百字来概括。为了能达到一定学术深度，重点条目还是安排了尽可能充实的篇幅。对"宋代建筑体系的制度化、精致化"和"高度成熟期的明清建筑制度"分别用了13页版面和17页版面。对"北京紫禁城""颐和园"和"天坛"组群，分别用了6页、4页和3页版面。对"佛光寺大殿""独乐寺观音阁""应县木塔""拙政园""留园"和"北京四合院"等重点建筑，都用了2页版面。现在回过头来看，这样的保证重点篇幅，对于深化分析还是很起作用的。如"北京四合院"条目，由于占用2页版面，可以有1500字来展述。这样，在叙述了北京四合院单体、组群、构成、形制、间口、门式之后，还能表述它所呈

图6-18 《中国古代建筑历史图说》成了畅销书，并被国家新闻出版广电总局列入"首荐"（首届向全国推荐中华优秀传统文化普及图书）

现的以空间等级区分人群等级，以建筑秩序展示伦理秩序；展述它的伦理教化功能与安居适用功能的合拍，礼的规范形制与木构架体系的艺术表现规律的吻合；揭示它所体现的官工正统与京畿地域性的双重本质。我想通过这种"点睛"式的"软"分析，来尽量充实《图说》的学术内涵。

由于《图说》的编排是与计算机的学习相结合，我和老伴在版面处理上，特地作了些安排。采用的是方形开本，书本打开时，左右两页并列，双号页在左，单号页在右。为了版面规整、有机，我们都是以并列的两页统一构图版面。每个条目的图与文字都紧密地排在一起，每个条目的文字都尽量不跨页，要跨页也只跨于并列的左右两页之间，完全避免从正面页跨到背面页。这样，每个"条目"都能在单页右下角利利索索地结束，每一章的首页都能堂堂正正地从单页面开始，每一页面都能保持规规整整的版面。那时候不知道有没有"排版软件"，即使有，我们也不会用。老伴完全是根据版心尺寸，计算好条目的字数，按构图需要，打印出相应的行列，与图一起，用剪贴的"土办法"排出版面。这样编排的效果还不错，能够达到版面规整大方、紧凑充实、信息浓缩密集的预期意图。

这本《图说》在2002年11月由中国建筑工业出版社出版了（图6-18）。《图说》出版时，我也退休了，和老伴一起到北京定居了。离开了学校，离开了教学一线，没有直接听到学生对《图说》的反馈信息。从出版社那儿知道这书销路还好：一版一次印2500册，2003年5月就第二次印刷3500册。听说确有建筑院校把这本书作为"中建史"的参考书，也听说这书在考研的学生中受到很大的欢迎。我自己偶尔去清华大学建筑学院开会，也碰到过几位考进清华大学建筑系的研究生走过来谢谢我，说《图说》给他的"中建史"考研帮助很大。渐渐地，这本《图说》好像成了畅销书，到2017年4月，它已经进行第26次印刷，出版总数达到69000余册。这真是我们始料未及的。我特地看了一下当当网，网购这本《图说》的情景很有点热闹，有4400多人写了评语。从评语知道，读者中有很多是老师推荐他们买的，或是同学间相互通告的。还有一点印象很深刻，买这书的很多人都是为了考研。最有意思的是，有一位读者把这本书推荐为"考研神器"。我现在想想，虽然当时编写时，并没有明确地意识到考研的需要，现在看来，它的确是能够对上考研的口径。

这本《图说》带给我们一个最大的意外是，它竟然入选了"首荐"。什么是"首荐"？它的全名是："首届向全国推荐中华优秀传统文化普及图书"。这是国家新闻出版广电总局组织开展的一个遴选，遴选的是有助于传承中华民族文化精髓，激活中华优秀传统文化生命力，传播中国声音，阐释中国特色，展示中华文化独特魅力，提高中华文化国际影响力、传播力的优秀普及图书。全国有312家出版社报送图书1072种参选，经过初审、复审、专家论证、质量检查等严格程序，于2015年12月28日确定首批推荐图书86种。完全没想到的是，这本《图说》居然在这"首荐"之列。当我们俩得知这个信息时，的确有喜出望外的感觉。我查看了86本的"首荐"图书名单，这里面有：蔡元培的《中国人的教养》、费孝通的《中国文化的重建》、杨伯峻的《论语译注》、钱钟书的《宋诗选注》、吴小如的《吴小如讲杜诗》、施蛰存的《唐诗百话》、夏承焘的《金元明清词选》、叶嘉莹的《人间词话七讲》、俞平伯的《唐诗鉴赏辞典》、李学勤的《细讲中国历史丛书》、任继愈的《老子绎读》、冯友兰的《中国哲学简史》、沈从文的《中国古代服饰研究》，等等。这些人都是我心目中最权威的大师、名家，这让我对"首荐"的分量刮目相看。我本来对于图书评奖是很不关注、很不在意的。这次《图说》的意外入选"首荐"，却有一种分外的高兴。我和老伴一直以为编写《图说》是做了一件普及的事，并非什么学术著作。整个编写过程也很轻松，边学电脑就边做出来了。想不到却入了"首荐"。这正应了那句谚语："无心插柳柳成荫"。

七、结缘中国近代建筑：

『软』接触

从 s 形曲线说起

我跟中国近代建筑好像特有缘分，头些年参加的建筑学术活动，接触的都是中国近代建筑。

第一次是参加建筑工程部建筑科学研究院组织的编写"建筑三史"。我被分配在"中国近代建筑史编写组"，参编了《中国近代建筑史（初稿）》。这是最早成型的一部《中国近代建筑史》书稿，我是 6 名执笔人之一。这个书稿主要以铅印本发送征求意见，未正式出版。

第二次是参加中国建筑史编辑委员会组织编写的《中国建筑简史》，我参加的是《简史》的第二册——《中国近代建筑简史》。此书于 1962 年 10 月在中国工业出版社出版，是正式出版的第一部中国近代建筑史著作，我是 7 名执笔人之一。

第三次是参加建工部委托刘敦桢先生主编的《中国建筑史》教材。刘先生安排我撰写教材的第二篇——"中国近代建筑"。这部书稿在将近完成时，因"文化大革命"而中断。

第四次是参编《中国大百科全书·建筑、园林、城市规划》卷，我担任的是"中国近代建筑"主条目的撰写。

第五次是参加汪坦先生主持编写的《中国近代建筑总览》，我担任《哈尔滨篇》的分册主编。

第六次是参加潘谷西先生主编的《中国建筑史》教材编写。这是高等学校教学参考书。我参与的是第二篇"中国近代建筑"，1～3 版两人合写，从第 4 版开始由我一人撰写。

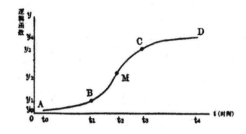

图 7-1　显示事物发展规律的 S
形曲线

第七次是撰写中国建筑名师丛书《虞炳烈》，由我和老伴李婉贞合写。

能够从 1958 年全国展开编写"建筑三史"开始，就接触中国近代建筑的写作；能够一次次地投身中国近代建筑简史、教材、总览和大百科条目的编写行列，应该说是非常的"有缘"，也是非常的"有幸"。但是，我却一直觉得这不是我的主攻方向。我的自我感觉，我一直像是中国近代建筑研究的"票友"，一次次地在中国近代建筑的研究平台上"客串"。

为什么会出现这样的状况？原来我在清华建筑系上学的时候，很早就迷上了中国建筑史，我饶有兴趣地听莫宗江先生、赵正之先生的"中国建筑史"和"中国营造学"的讲课。我悄悄地旁听梁思成先生的中建史讲座，我跑到系资料室埋头翻读《中国营造学社汇刊》。所有这些，接触的都是中国古代建筑。后来我着迷地习作建筑知识小品，选题也都是中国古代建筑。这些，先入为主地形成了我对中国古代建筑的浓厚兴趣，读的、想的、写的都是中国古建筑。没想到一旦参加全国性的建筑史学术协作项目，干的却都是中国近代建筑。而我实际上并没有中国近代建筑的积累，欠缺研究近代建筑的底气。因此，总觉得自己和中国近代建筑隔着行似的。

不仅如此，这还涉及我的一个基于"S形曲线"的理念。忘了是什么时间，很早我就读到讲S形曲线的文章，后来还看到冯之浚写的《论科学发展的逻辑型规律（S规律）》。这使我知道原来还有"S形曲线"规律这么回事。这个S形曲线规律也称"逻辑型规律"，它是事物发展的基本规律之一（图7-1）。它表明事物的发展是一条S线，随时间的延续，遵循着前期缓慢发展、中前期加速发展、中后期减速发展直至后期饱和发展的过程。这是四段的分法。也有人把这条S线分为3段：前段是"导入期"，发展较缓慢；中段是"成长期"，发展加速，呈指数增长；后段是"成熟期"，又转入缓慢发展。当时列举出胎儿的身长发展美、日、德的钢产量增长，法国和美国的小麦亩产量增长等等都遵循这个规律。宏观来说，整个科学发展呈现的也是这个规律。而且宏观的S线中，它的每一个小区段自身，也存在一系列微观的S线。有人还指出，这个S形曲线对于我们的科研选题有很大的指导意义，就是应该选从"前期"转向"中前期"的"拐点"课题，或者说从"导入期"转向"成长期"的"拐点"课题。我很认同这样的分析。我想，拿中国建筑史发展来说，营造学社时期，是梁思成、刘敦桢两位先生开创中建史研究的导入期，奠定中国古代建筑的调查研究、文献校勘、史料积累和专题建设的基础；到了新中国成立后，正是要进入学科的成长期，通过史与论的结合，梳理规律性的认识，在学科发展上正是面临快速演进的大好局面。我们搞中建史研究，就应该选这样的"拐点"课题。而中国近代建筑还处于学科的起步阶段，当时还没有全国性的普查，更欠缺中国近代建筑专题研究的积累，仅仅是学科启动的导入期。这时候要做的工作是对中国近代建筑的普查和重点调查，专题研究和系列研究，应该经历艰苦的奠基性努力，到达转入成长期的拐点，才适合做"写史"的课题。现在就拉着鸭子上架，为时过早。

我觉得这是理性的科学分析，这个分析使得我更加倾向于研究中国古代建筑，把研究中国木构架建筑体系的理论课题作为主攻方向，而不想干中国近代建筑的"写史"课题。但是，我老是身不由己地一而再、再而三地触碰了。因为这是学科协作的统一安排，也因为这些项目还是很诱人的，我也舍不得拒绝。这就导致了我一次次地不自量力地"客串"近代写史。

在这种情况下撰写中国近代建筑史，我觉得自己不是"作者"，而是"编者"。我们是靠当时全国各地送报的近代建筑调查和当地初编的近代建筑史稿，进行筛选编纂的。我们做的主要是建立全书框架、确定历史分期、明确指导思想、梳理演进脉络、评析建筑思潮之类的事。这都是属于"软"的工作，当时称为"务虚"。中国近代建筑史的编写过程，对我来说，就是"务虚"的"软"处理、"软"

加工，是一个"软"接触的过程。现在回顾，我在中国近代建筑写史活动中，所经历的"软"的"务虚"，大体上有前后两个阶段。在"文革"之前，务虚的指向是当时所理解的突出政治，想方设法地去贯穿"以阶级斗争为纲"；在"文革"之后，务虚的指向是拨乱反正，尽力从"阶级斗争为纲"中摆脱出来，苦思冥想地寻觅中国近代建筑的发展主线。

参编"建筑三史"

1958 年 10 月，建筑科学研究院召开建筑历史学术讨论会。这次会上发出倡议：在全国范围内发动群众编写"中国古代建筑史"、"中国近代建筑史"和"中华人民共和国建筑十年"三部书，作为新中国成立十周年的献礼。这就是中国建筑史学界所说的"编写三史"的大举动。这个大举动的声势很大，由于得到各省市、自治区科委的支持，各地很快就组成了当地的建筑史编委会。到 1959 年 5 月，北京、黑龙江、内蒙古、安徽、四川等 19 个地区编出了当地的近代建筑史；上海、河南、江苏、广西、广东、浙江、辽宁等省市编写了 27 种专题及资料。这样在 1959 年 5 月，在全国第三次建筑历史学术讨论会后，就在这些资料的基础上迈出了编写《中国近代建筑史》的第一步。

1958 年的会我没有参加，编写"三史"本来没我的事。但是"三史"中的《建筑十年》安排的是哈雄文先生当主编，具体编辑工作都是建研院历史室做。全国各省、市、自治区，除西藏之外，都编辑了本地区的"建筑十年"图册资料送来。到了最后定稿时，哈先生招呼我到北京帮忙。这样我就到了建研院《建筑十年》编写组。来了之后我才知道，《建筑十年》是一本大开本，以照片为主，主要的工作是选择照片，编排照片，给照片写说明。我到的时候，全书照片都已基本选定，基本编好。在一间大大的房间里，拉起一道道横线，用回纹针把一幅幅照片，按编排次序全部挂在线上。我没见过这样的架势，觉得这办法很新鲜，也很有趣。从头到尾巡回一圈，就等于看完了全书。有什么要更换调动的，立即就换片，很是方便。这时候，《建筑十年》的编排

图 7-2 建筑科学研究院组织编写的《中国近代建筑史（初稿）》。1959 年 10 月铅印

已近尾声。我记得，我只是参与了一部分照片的文字说明的修改。好像干了没多久就完工了，这本图册真的在国庆十周年就出版了。

《建筑十年》编完了，按说我就可以回校了。恰好这时候刚开完全国第三次建筑历史学术讨论会，刚刚在组织古代和近代两个编写组，正赶上用人之际，建研院历史室就把我留下来，分在"中国近代建筑编写组"。

这是我结缘中国近代建筑的开始。跟我一起分在"近代组"的，有建研院历史室的王世仁、王绍周，湖南大学的杨慎初，重庆建工学院的吕祖谦，武汉城市建设学院的黄树业。我们六个人组成了近代建筑编写班子。

我这时候是哈建工学院建筑系的一名小助教，我没有接触过中国近代建筑的调研，到了这个组，头脑里空空如也。我们看汇集来的各地近代建筑史和各地区的近代建筑资料，都偏于粗略、肤浅。幸好有两个重要的参考文献：一个是刘先觉撰写的研究生论文"中国近百年的建筑"，这是梁思成先生指导他写的，应该算得上是综述中国近代建筑的第一篇学术论文；另一个是建研院建筑理论及历史研究室此前做的、有关中国近代建筑的研究专题。这里面有对青岛的城市调研，有对北京近代商业建筑的调研等，这对我们起到了引领和示范的作用。我们就这样经过一次次地讨论编写大纲，一次次地务虚，建立了全书的编写框架，撰写了 21 万字的《中国近代建筑史（初稿）》。这个初稿于 1959 年 10 月，以铅字排版，印发给有关单位和专家征求意见（图 7-2）。

这可以说是第一个成型的中国近代建筑史书稿。这是在群众性的建筑普查的基础上，在建筑科学研究院汪之力院长很有魄力的领导下，在以梁思成、刘敦桢为首的建研院历史室的组织和主持下，由一批像我们这样的年轻人，在短短的三四个月时间里，匆匆地赶写出来的。我的印象，这个铅印版的排版非常匆忙，几乎像是没经过校对似的，铅字错排很多。"第一篇 1840-1919 年的中国建筑"大字标题，就错排成"第一篇 1848-1919 年的中国建筑"，不了解情况的人，一定会疑惑，为什么中国近代建筑要从"1848 年"开始呢。

我在这本书稿里，分工写了两章：一个是"第一章 西方建筑的传入和帝国主义在中国的建筑活动"，一个是"第四章 1840-1919 年的新类型建筑"。在组里的几位执笔人中，杨慎初先生给我留下了比较深的印象。他只比我大五六岁，但是好像比我们要成熟很多。我觉得他的马列主义理论水平很高。我们一起务虚，一起讨论编写大纲，我很佩服他的逻辑条理和分析能力。他分工撰写的是第六章"1919-1937 年的城市建筑"和第九章"革命根据地的建筑"。这个革命根据地建筑该怎么写，我们心中都没底。他可能作过专题调查，写出的这一章，当时我们都觉得挺好。

1960 年 8 月，在北京召开第四次建筑历史学术讨论会。这次会上，各个高校代表讨论了一年来试用"初稿"中发现的问题，提了不少意见。中国人民大学、中国科学院近代史研究所的同志，提了很多宝贵意见。这样，我们就开始《中国近代建筑史》的缩写，由董鉴泓、黄树业、王绍周和我四人，编出 13 万字的《中国近代建筑简史》缩写本。这之后，又经过反复的讨论，反复的审查，一遍又一遍的修改，到 1961 年 10 月终于完成《中国近代建筑简史》的定稿。这个定稿的字数是 18 万字，内容跟"初稿本""缩写本"相比，有较大的变动。全书框架改变了初稿本分前后两期的断代写法，卷首单独撰写"中国近代建筑概论"，总述中国近代建筑四个阶段的发展概况和对中国近代建筑的基本认识、评价；然后分章展述近代城市、建筑类型、建筑技术、建筑形式与思潮和革命根据地建筑。在当时情况下，我们认为这个框架还是比较简明恰当的。这个定稿的写作班子还是写初稿的那几位。只是杨慎初先生不知道为什么没来参加，由建研院历史室的黄祥鲲来接替他写"革命根据

图 7-3　1962 年 10 月出版的《中国建筑简史》，第二册为《中国近代建筑简史》

图 7-4　这本《中国近代建筑简史》是正式出版的第一部中国近代建筑史

地建筑"。同时添加了一位同济大学的董鉴泓先生写近代城市。定稿的"中国近代建筑概论"由我来写。这部分篇幅不长，但是最"虚"，对我来说实在是难矣哉，我只能勉为其难地、硬着头皮应对。

这部定稿于 1962 年 10 月，与《中国古代建筑简史》一起，作为"高等学校教学参考书"，在中国工业出版社出版了。书的全名是《中国建筑简史》，共两册。第一册为《中国古代建筑简史》，第二册为《中国近代建筑简史》（图 7-3、图 7-4）。这本《中国近代建筑简史》可以算是正式出版的第一部中国近代建筑史。

现在回顾起来，对我来说，这部《中国近代建筑简史》的参编过程远远比这本书的正式出版更为重要、更有意义。这是我第一次来到建筑科学研究院建筑理论及历史研究室。当时这里是中国建筑史学的研究中心，梁思成、刘敦桢是历史室的正副主任。因为编写"三史"，中国建筑史界的人物几乎都曾集聚到这里。我们"近代组"人少，而"古代组"人丁兴旺。我的印象里，前前后后有刘致平、单士元、赵正之、莫宗江、陈明达、孙宗文、辜其一、林宣、胡东初、陈从周、傅熹年、王世仁、张驭寰、张静娴、潘谷西、郭湖生、邵俊仪、赵立瀛、喻维国等，阵容很强大。当时各个高校的中建史教师几乎都到齐了。可以说是中建史的三代人济济一堂，真是一片繁荣兴旺。最有意思的是，当我们集中在建研院大楼工作时，我们这些外地来的都不住宾馆，而是集中住在建研院大楼的顶层。在一个大房间里打通铺,大家整整齐齐地联排席地而卧,不仅是年轻人这么住,陈从周先生、林宣先生也一样,大家都一个挨一个地躺着。每天晚上躺上地铺后,就开始神聊。七嘴八舌、天南地北,非常热闹,生动有趣。这里面数陈从周先生最能聊,他跟我们聊梁思成、聊林徽因、聊金岳霖、聊朱启钤、聊徐志摩。建筑史界的一桩桩轶事就像连续剧似地在这里讲说。我们都是在听故事中入眠。常常有人还在锵锵诉说,而大家都已睡着,直到讲说者发现没人听了,才打住。

这段时间,让我最难忘的,就是一次次参加古代组的学习、讨论、审稿。我是分在近代组,但是我"身在曹营心在汉",最关注的是古代组的活动。古代组可真热闹,一次次的学习会、讨论会、审稿会,常常有科学院历史所、考古所和北大历史系、人大历史系、国家文物局的人来参加。每逢古代组有重要的学术讨论,历史室都让近代组的人一起参加,因此我有机会跨组聆听。这种会议,在我看来是非常精彩的。不论是探讨虚的问题,还是实的问题,都讨论得很有深度。特别是外单位的专家发言,针对文稿,点出其中存在的观点出错、评价有误、措辞不当的问题,让我特别受益。我一下子明白了编史原来会涉及这么多问题,中建史原来有这么多的要点、难点要琢磨,写史的措辞用句原来得非常严谨地推敲,一不小心就会犯这样那样的差错。这一次次的讨论会、审稿会,就好像给我上了一堂堂撰写建筑史论文的写作课。来审稿的专家中,最让我佩服的有两位。一位是北大历史系、考古系的宿白先生,另一位是科学院考古所的徐苹芳先生。这两位的发言,一听就知道是高水平。那时候,宿白先生的那本被称为中国考古学的奠基性著作《白沙宋墓》已经出版了。现在知道,宿白先生是中国考古学的泰斗级人物,是中国考古学会的名誉理事长,前不久获得了首届中国考古学终身成就奖。难怪在半个世纪前,他已经显现出那么的优秀。徐苹芳先生只比我大两岁,我们完全是同龄人。当时看到同龄人的他侃侃地做出那么高水平的发言,我们觉得自己实在是大大地见拙。这位徐苹芳先生的确也是一位超级人物,曾任中国考古学会的理事长。我们那时候的审稿、讨论,能够有宿白、徐苹芳这样的人物参加,对我来说,是可遇而不可求的、千载难逢的学习机遇。

梁思成先生改稿

《中国近代建筑史》初稿，1959年10月铅印后，分发给有关单位和有关专家征求意见。其中有一本呈交给梁思成先生，请梁先生审稿。

难得的是，梁先生在百忙之中还真地审看了这本"初稿"。忘了是什么时候，梁先生的"审稿本"返还回来了。这时候，我们这个"近代组"正在写《中国近代建筑简史》，组里本来有几本"初稿"搁着，大家在那上面涂涂画画，剪剪贴贴，以它为底本来写修改稿。突然有一天，梁先生审看的初稿本交到组里，那上面有梁先生审看时添加的批改。我们当然很关注，很想知道梁先生的审稿意见。等到大家都传看一遍后，这事很快就放下了。原来梁先生的审稿，只看了"初稿"中的前9页，只在这9页作了批改，后面就没看，也就没批改了。而梁先生所看的这9页，恰好都是我写的。因此，除了我以外，好像别的同志就没太关心这事了。这样，没过多久，这本梁先生的"审稿本"就跟组里原有的几本"初稿"一样，面目全非了。封面的一角被蓝墨水泼洒得墨渍斑斑，书里面被钢笔、毛笔涂划得乱七八糟，整个"审稿本"眼看就要废了。应该说，这个"审稿本"在我心目中是神圣的，因为这是梁先生亲笔在这上面作了批改、写了批语的。因为我写的是第一章，梁先生审看的正是我写的这个开头的部分。我觉得，这等于是梁先生给我审看了作文，给我的作文作了批改，写了批语。这是何等的荣幸，何等的珍贵。没想到这么圣洁的宝物，却被漫不经心地弄成这个样子，简直是莫大的亵渎。我当时就心疼地跟组里各位说，梁先生的这个"审稿本"对我有特殊意义，现在快报废了，还是让我收藏作为纪念品吧。大家都赞同，我就把这个"审稿本"珍藏了（图7-5）。幸亏是珍藏了，我们现在才能具体地回顾梁先生的这次审稿、改稿。

梁先生的审稿一共看了9页。第1页是"绪论"，后8页是第一章第一节的全部和第二节的前一半。让我们完全没有想到的是，在梁先生所看的短短几页中，居然作了84处批改。我统计了一下，其中属于校正标点符号的有24处，属于校正错字的有10处，属于修改用词的有33处，属于批语的有12处。校正标点符号和校正错字，一共多达34处。这是因为初稿本匆忙铅印时没有

图7-5 《中国近代建筑史(初稿)》
梁思成先生审稿本

图7-6 梁思成先生在《中国近代建筑史(初稿)》审稿本上所做的批改。仅仅在这一页中就有4段批语和1处错字改正

好好地校对，也可能是根本就没有校对过，以至于错字连篇。想不到梁先生能有这么大的耐心，把标点一一改正，把错字一一改正，甚至于把英文字母的漏错，也一一改正（图7-6）。

看得出梁先生非常重视措辞的准确，他修改的33处用词，都属于这种情况。例如：

把"开始了中国近代建筑历史的新纪元"，改为"开始了中国近代建筑历史的新的转变"；

把"体现了帝国主义侵略势力的口趋巩固"，改为"反映了帝国主义侵略势力的日趋巩固"；

把"欧洲古典式的通行银行建筑形象在各个城市矗立起来了"，改为"欧洲古典式的通行银行建筑形象在各个城市冒出来了"；

把"1857年的早期海关，还是中国的传统庙宇形式"，改为"1857年的早期江海关，还是中国的传统衙门形式"。

诸如这样的措辞修改，的确都是用词不当，必须修改的。对于"帝国主义侵略势力的日趋巩固"用"体现"来表述，确是不当，是政治态度的失误，改用"反映"就没问题了。对于外国银行建筑，说它在各个城市"矗立起来了"，确是带有肯定的、颂扬的语气，改成"冒出来了"就没这毛病了。上海早期江海关的形象是脱胎中国的衙门，并非模仿中国的庙宇，在表述它的形象时，当然应该说它"还是中国的传统衙门形式"，而不应该说它"还是中国的传统庙宇形式"。

梁先生的这一处处纠正，提升了词义的精准、贴切，我觉得非常精彩。梁先生的几处批语更是集中地纠正文稿用词概念的不准确。当看到"外来技术未能正当输入我国"的表述时，梁先生旁批说："何为'正当'？何为'不正当'。"

当看到上海开埠后建造的房屋"很有异国情调"的表述时，梁先生旁批说："'异国情调'含义模糊。"

当看到鸦片战前，中国建筑技术仍然停留在封建社会条件下的建筑材料的表述时，梁先生旁批说："当时欧洲也只有这些材料。"

当看到"产生了中国近代建筑中虚假装潢、繁琐装饰的恶劣现象"的表述时，梁先生旁批写道："不赞成这说法。什么才是'真实装潢'呢？这些装潢都毫不掩饰地以装潢的面貌出现，我觉得它们才真是真实得很。"梁先生接着另起一段旁批说："我认为只有虚假结构，如没有梁做一个假梁，没有窗做一个'瞎'窗等。"

当看到上海1848年建成的法国领事馆是典型的"法国文艺复兴风格"的表述时，梁先生旁批说："同济、清华编西方建筑史都对这时期是否还叫'文艺复兴'提出疑问。"文稿中还有两处提到"文艺复兴"，梁先生也都划出问号，"欧洲古典"？提示我们应该准确地称为"欧洲古典式"。梁先生还在一处旁批中强调说："需特别注意运用形容词，不要过分地用美丽的词句来歌颂这些东西"。梁先生的这句批语是针对文稿中对青岛提督公署的不当形容说的。书稿说这个公署"很富强毅庄严性格"，梁先生把它改为"显示了强悍性格"，书稿说这个公署"细部处理很注意表现生硬、严肃的效果"，梁先生把它改为"细部处理很生硬、严峻"；书稿说这个公署"体量虽不大而浑雄壮观，在形象上显示德国占领者的赫赫威权"，梁先生把它改为"体量虽不大而摆出浑雄壮观的姿态，以显示德国占领者的威风"。

经梁先生这样仔细地批改，我才知道，原来我的文字中存在着这么多的概念含混和概念偏差；一不小心，就闹出这样那样的差错。

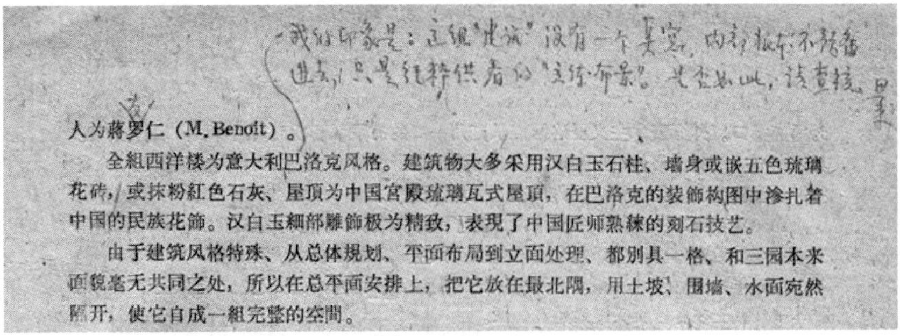

我的印象是：这组"建筑"没有一个真窗，内部根本不预备进去，只是纯粹供看的"立体布景"。是否如此，请查核。思成

人为蒋罗仁（M. Benoît）。

全組西洋楼为意大利巴洛克风格。建筑物大多采用汉白玉石柱、墙身或嵌五色琉璃花砖，或抹粉紅色石灰、屋頂为中国宫殿琉璃瓦式屋頂，在巴洛克的裝飾构图中滲扎着中国的民族花飾。汉白玉細部雕飾极为精致，表現了中国匠师熟練的刻石技艺。

由于建筑风格特殊、从总体規划、平面布局到立面处理、都别具一格、和三园本来面貌毫无共同之处，所以在总平面安排上，把它放在最北隅，用土坡、围墙、水面宛然隔开，使它自成一組完整的空間。

图 7-7　梁思成先生在重要批语的末尾，特地加上自己的签名

梁先生的批语中还有一条特殊的眉批。当看到"长春园西洋楼"的表述时，梁先生眉批说：

我的印象是：这组"建筑"没有一个真窗，内部根本不预备进去，只是纯粹供看的"立体布景"。是否如此请查核。思成

梁先生的这条眉批是很有价值的，梁先生特地在眉批之后，署上自己的签名（图 7-7）。此前我并没有这个概念，西洋楼如果真的都是假窗，那的确只是"立体布景"，只是给人看的，而不是给人用的，更显现其"宫廷猎奇"的本质。当年的乾隆对于西洋建筑这样的新事物，如果不是停留于新鲜玩物的猎奇，而是基于国计民生的引进，那么一部中国近代建筑史就完全改写了。

梁先生嘱咐我们查核是否真窗。我没做这件事，只是留心注意这方面的信息。这方面，只见到法国的米歇尔·伯德雷写过一篇文章，题目叫"怪诞的中译本凡尔赛"。这篇文章由陈志华先生译成中文，刊登在《古建园林技术》1985 年第 4 期。米歇尔把长春园的西洋楼视为"中译本的凡尔赛"，文中描述了西洋楼的情况。他在说西洋楼的"海晏堂"时提到："海晏堂的两层亭子（或译轩、榭、花厅），只有假窗子，看不见水池。"

这句记述足以印证梁先生的"假窗"印象。不过米歇尔在同一篇文章里，提到西洋楼的"谐奇趣"时，说"皇帝跟他的嫔妃们可以在那儿透过窗子欣赏铜羊和鸟嘴喷出来的泉水"。因此，很可能的情况是，长春园西洋楼中，有的建筑是真窗，有的建筑是假窗。

这次为了写口述史，我重新翻看了梁先生的审稿，心里大有感触。当年

发出去征求审稿意见的《初稿》很多，像梁先生这样认真地在初稿本上审改的，唯独只有这一份。从梁先生批改的字里行间，我们看到了梁先生对写史工作一丝不苟的严格要求和对文字表述字斟句酌的高度重视，看到了梁先生如何治学、如何审稿、如何在百忙之中，挤出时间手把手地培育后辈。这是我第一次接触史学写作，梁先生的批改教我如何写史，如何尊重历史事实，如何注意概念的准确，用词的准确，以至标点的准确；引导和鞭策我注意写史治学的严谨踏实，注意提高理论分析的严密逻辑和论义写作的文字功力。我为第一次写史能得到梁先生如此细致的教导而分外庆幸。我自己后来也当了硕士生导师、博士生导师，也有给研究生学位论文审稿的工作。但是，我还从来没有过像梁先生审批《初稿》这样深入细致地批改研究生论文。相形之下更能感受梁先生的这个批改是多么可贵。我几乎觉得，梁先生的这9页审稿批改，应该算得上是审稿的珍贵样板。

可惜的是，1959年的梁先生实在太忙了。他不是身兼数职，而是身兼十数职。这样，他真正能投入到中国建筑史研究中的时间是很少的。看来梁先生初始是想细细审稿的。他逐页地看，逐页地批改。可是，只看了9页，他就再也不能坚持下去了。《中国近代建筑史》初稿铅印本一共是152页。如果能给梁先生多一些时间，能够把《初稿》通看一遍，能够对我们所写的中国近代建筑的方方面面都点出问题，都批上他的想法，那对中国近代建筑的编史，该是多么重要的指点。

跟刘敦桢先生编写教材

1962年10月出版的《中国建筑简史》，虽然标明是"高等学校教学用书"，实际上不是很对教学口径。篇幅也太大，不是很适用。因此，当时的建筑工程部教材办公室想委托刘敦桢先生主编一部《中国建筑史》教材。在这个背景下，1964年3月，在南京召开了建筑史统一教学大纲会议。会上成立了《中国建筑史》参考教材编写小组。由刘敦桢先生任主编。刘先生基于当时的形势，

图7-8 这张刘敦桢先生的照片，是刘先生的夫人陈敬师母送给我的，照片背面有刘师母的签名，分外珍贵

决定组成集体编写班子。他从全国各校中建史教师中挑选了同济大学的喻维国、哈尔滨建工学院的我和华南工学院的陆元鼎三人，分别参加编写教材的古代、近代和现代三篇。这样，我就幸运地进入了刘敦桢先生主持的这个编写班子（图7-8）。

应该说，这是我第三次跟随刘先生学步写史。第一次是在北京建研院历史室，参编"三史"中的《中国近代建筑史》初稿；第二次也是在北京建研院历史室，参编《中国建筑简史》的第二册《中国近代建筑简史》。这两本书的编写，都是在历史室主任梁思成、刘敦桢先生的领导下进行的。当时参编的人很多，我并没有机会多接触刘先生。这回可好了，算是真正有机会贴近刘先生了。

这是1964年的春天，当时编写教材的大环境是十分严峻的。这时候正闹着设计革命，又闹着教育革命，接下来更是"清思想、清政治、清组织、清经济"的"四清"运动，"阶级斗争"的弦绷得紧紧的。编写小组成立之后，刘先生就领着我们一次次地"务虚"。先后修订了4次教学大纲，组织了两次讨论会。我们对书稿的立论行文都格外小心翼翼。大家都提心吊胆，生怕写出来的东西成了被批判的"毒草"。当时刘先生承受的压力之大是可想而知的。

刘先生对教材的编写，反复强调了两点：一是"突出政治"；二是贯彻毛主席所说的"少而精"。对于突出政治，我们当时在工作小结中曾经提到："力求做到站在无产阶级立场，从六亿人民出发，以建筑中反映的统治阶级的意识形态为主要对象，进行一分为二的分析批判"。对于"少而精"原则，我们也做了极度的努力，书稿文字控制在20万字以内，图版数量限定在80幅左右。可以说，从刘先生到我们每一个成员，都是极力地紧跟形势，兢兢业业地投入。

写史大环境如此严峻，没想到的是，我们的写史小环境却是非常非常的优越。也许是因为刘先生是学部委员，挺有威望。在刘先生的通力安排下，1965年秋天，我们竟能奇迹般地从各自的"革命前线"脱出身来，聚集到南京，在刘先生身边展开了四个多月的集中写作。

南京工学院建筑系有一间面积很大的"建筑历史资料室"，刘先生给我们配了钥匙，让我们晚上可以自由出入。资料室的图书也允许我们带回宿舍阅读，只要在"借书卡"上自行登记即可。在我看来，这里有关中国建筑的藏书可以说是应有尽有，我像做梦似的进入了想象中的建筑史书籍的海洋，我几乎每天晚上都美美地扑在书堆上，如饥似渴地翻阅。

那一阵，编写教材大概是刘先生排在首位的工作，他几乎是全力以赴。我的印象里好像每天都能见到他到我们的工作室来。有一天，刘先生突然宣布要给我们这几个人讲一些专题。这真让我们喜出望外。这样，大约每隔十天左右，我们就能听到刘先生讲一次课。刘先生主要讲他对中国建筑史学科方方面面的思索。刘先生说他讲这些也是要花时间备课的，但备课的过程就是对零散的思索进行梳理的过程，是值得做也是应该做的。

刘先生不仅给我们讲专题，更多的是日常的"漫谈"。每次刘先生来到工作室，我们就聚拢到他身边，他就一边议论我们的写作，一边即兴地漫谈。我的感觉是，刘先生每天都在不停地思索。他前一天思索的，到第二天见到我们时，就不停地跟我们说。这里面有的是与教材有关的思索，更多的是与教材无直接关联的。刘先的这种漫谈，谈的是中建史学科的纵纵横横、点点滴滴，是零散的、片段的、随机的、即兴的信息碎片。我们当时都有一个共同的感受，刘先生的漫谈就是给我们发送信息碎片。刘先生说的这些片言只语，都是饱含学术价值的，都有很高的含金量，是非常珍贵的。我们都特别爱听，也特受启迪。可惜的是我那时候还不懂得应该及时记录、及时整理，以为都能记得，其实那么多、那么丰富的精彩碎片后来都淡忘了，绝大部分都潜移默化似地无影无踪地融入我的认知，弄不清信息源了。只有个别的碎片我曾经加以引申的得以牢牢地记住。关于中国建筑用砖的事就属于这种情况。刘先生曾跟我们说，红砖的品质低，灰砖的品质高，按理说是先发展红砖，再进一步发展青砖。但中国建筑用砖却是一步到位，一开始就直接用青砖。这里的原因是中国的原始制陶已经历过从低级红陶演进到高级灰陶的历程，制砖吸取了制陶的工艺成果。我当时记住了刘先生说的这个碎片信息。到了1976年中国科学院自然科学史研究所组织编写《中国古代建筑技术史》，我和当时也在我们教研室任教的陶友松分工撰写瓦和砖的制作技术。我和他一起调研，我跟他说了刘敦桢先生关于青砖的这一席话。我们就注意制陶与制砖瓦的关联，弄明白了仰韶文化的红陶是在氧化焰（即空气充足的条件下燃烧的火焰）中烧成的。龙山文化的灰陶是先经氧化焰燃烧，再用还原焰（即空气不足的条件下燃烧的火焰）"炝窑"后烧成的。中国建筑的使用青砖青瓦，正是继承了龙山文化灰陶工艺传统而形成的。我们把这一点分别写入了这部《中国古代建筑技术史》的用砖、用瓦技术中。我在瓦的制作技术这一节中，还特地提到沣东洛水村陶窑的遗存中，盂、罐、豆、鬲等陶器碎片和瓦块相互掺杂，表明到西周晚期，瓦还是在陶窑内焙烧，制瓦和制陶还没有分家。这都是受益于刘敦桢先生的点拨。有意思的是，到了现代，中国的砖又改成用红砖了。这是为什么呢？刘先生当时说，这是因为对砖的认识提高了，知道用砖砌墙，红砖的品质已足以承担，就返回来采用工艺简易的红砖。这件事，曾经让我觉得特有趣，原来中国建筑用砖借鉴了制陶工艺，越过了红砖，一步就直接迈进青砖。哪想到，这一步原本是没必要"越"过的，为此绕了一圈的弯路，历史给我国的制砖开了一个两千年的大玩笑。

我分工写的是中国近代建筑部分。这时候我对中国近代建筑的掌握仍然是皮毛的。上两次编中国近代建筑史，主要忙的是务虚的事，思考的是如何把"阶级斗争为纲"贯穿到近代建筑历史分期、演进脉络的梳理和建筑背景、建筑思潮的评析，做的是一种"软"加工、"软"处理。这次编教材，"阶级斗争"的弦绷得更紧，当然干的还是这种"软"加工、"软"处理，而且是更加强调"突出政治"的负面指向的"软"加工、"软"处理。我当时的认识水平并没有意识到"突出政治"、"阶级斗争为纲"是负面指向，还以为是正面的，真心实意地想努力跟上这个形势。

这时候的我，仍然是"身在曹营身在汉"。自己写的是近代建筑，而关注的、感兴趣的还是古代建筑。恰巧，刘敦桢先生想的、关注的也都是古代建筑。他给我们讲的专题，是古代建筑，日常漫谈的也是古代建筑。因此在近代建筑方面，我这段时间并没有多大长进。我曾经跟刘先生提起过，很想访问一下近代有影响的前辈建筑师，刘先生曾经在给我的信里说："你能南来参观实物，并访问杨廷宝、童寯、赵深、陈植等老前辈，了解过去建筑界情况，我认为是必要的。"等到我集中到南京写史时，刘先生就让我挤出时间去访问。对赵深、陈植、董大酉三位先生他还特地郑重地亲笔写了介绍信。这对我来说，是一次极好机会的高端采访。除了童寯先生，因为我的胆怯，一直没敢登门外，这一位位显赫的大师都很热情地接待了我。可惜的是当时由于大环境的冲击，使得老先生都不想多说，我当时也提不出有深度的或巧妙地能避开敏感问题进行采访，因此采访的内容都已淡忘了。只有对董大酉先生的采访留下了深刻的记忆。

董大酉先生那时候是浙江省建筑设计院的总工程师，他家住在杭州。他的大名是我上初中时就知道的。我在南京上初中时，每天上学、放学都要路过大光路的一处工地，这工地围墙上就写着一层楼那么高的9个大字："董大酉建筑师事务所"。我当时觉得这样的建筑师好神气哦。想不到这次我会有缘去拜访他。我记得那天我到他家中，递上刘敦桢先生的介绍信。这位老先生好像是很威严的，他正忙着什么。看了刘先生的信后，我没想到的是，他居然跟我说："我现在头脑里乱得很，还跳不出来。这样吧，你先跟我一起谈我的事，我再跟你一起谈你的事"。原来老先生这时候正在设计西湖周边一处山体的宾馆，甲方要求的容量大，老先生的设计方案规划部门认为体量太

图 7-9　上海市政府大厦。董大西先生说他把烟囱隐藏在正吻里，正吻会冒烟，弄得不伦不类

图 7-10　上海江湾体育场。董大西先生说他做了改进，把烟囱隐藏在墩台顶部，烟可以从台顶香炉冒出

大，有碍西湖观瞻，这弄得老先生很苦恼。老先生让我看他的设计，谈谈我的看法。这下子可把我难住了，究竟在这个西湖山体里，配置多大尺度的建筑算是合适的，我哪有这水平来判断。情急之中我想到了塔，我就对老先生说，中国人的建塔遇到过这问题，楼阁式塔采取强化塔身分层的做法，密檐式塔采取层层密檐的做法，都是打碎整体，把大的绝对尺度转化成小的相对尺度。这句话真的让老先生听进去了，他说这是个可行的思路。这样，老先生就转过来聊我的采访了。没想到很威严的老先生聊起来还很幽默。他跟我说了一段设计大屋顶的趣闻。他说，他当时在设计带大屋顶的上海市政府大厦时，为了不在屋顶上露出烟囱，只好把烟囱隐藏在正脊两端的正吻内。设计时觉得这样做很巧妙，颇为得意；没想到建成后，烟从堂堂的市政府大厦的正吻口中冒出来，显得不伦不类，而且黑烟很快就染脏了正吻，弄得很狼狈（图7-9）。后来在设计上海江湾体育场时就吸取教训，把烟囱安置在正面墩台的顶部。为了适于冒烟，特地把墩台顶部饰物做成香炉状，让烟从香炉中冒出，而且把香炉做成古铜色，也不怕黑烟熏脏了（图7-10）。老先生说这也算是一种无奈的探索吧。我当时就意识到，这是一条极有价值的信息，生动地透露出近代新建筑套用旧形式的矛盾，是中国近代建筑中的一个典型事例的典型细节。当我调研返回南京，把这件趣事告诉刘敦桢先生时，也引得刘先生哈哈大笑。

在刘敦桢先生身边写史，还有过几次刘先生领着我们外出参观的事。一次是在南京，刘先生领着我们全组人马去看南京瞻园。这个瞻园是明代功臣徐达后代的花园，刘先生从1958年开始，花了几年时间陆续做了瞻园的精心修复。这一天，跟着刘先生在瞻园漫步，我们津津有味地听刘先生讲述瞻园修复中涉及的山石、水洞、亭廊、花木的创意构思和施工做法。也正是这一天，在走到一处曲廊时，刘先生不经意地对沿墙曲廊源起于廊顶排水的事给我们作了讲解，给了我深深的触动和启迪。这事我在本书的"博采众软"一节中把它作为一次重要的"软"启迪写进去了。还是这一天，有一件不能不说的事，那就是刘先生和我们一起拍了一张重要的照片，背景是瞻园的叠石。这是有准确日期的、和刘先生一起照的唯一的一张相片，特珍贵。刘先生带领我们外出参观，并非独此一次。早在编写组刚成立，我们都集中在北京修订教材大纲时，刘先生就已经有过几次带领我们参观的事。记得有一次是去北京故宫，请故宫博物院的副院长单士元先生领着我们参观当时还没对外开放的"乾隆花园"。有一次是去中央工艺美术学院，去看那儿收藏的明代家具。这时候，李婉贞正好住在工艺美院单身宿舍里的一个单间，也就算是我们在北京的家。难得刘先生来到工艺美院，我就请刘先生和大家先到我家坐坐。那天正是酷暑大热，大家在我家吃了解渴的西瓜。这是我最感到荣幸的一件事，居然刘先生能光临寒舍。还有一次是刘先生领着我们去看望王世襄先生。刘先生说让我们去开开眼界。王世襄先生住在芳嘉园小院，同院住的还有美术界老前辈张光宇先生和美术界两位名家黄苗子、郁风夫妇。王先生住在北屋三间。让我们大为惊讶的是，满满三间居室所用的床、桌、几、椅、箱、柜，几乎全部都是他自己收藏的珍贵明代家具。它们既使用着，也拥挤地堆置着。这是我第一次这么集中地接触到明式家具。看到了明式家具才知道明式家具原来是这样的洗练、简约、秀美，马上对痴迷明式家具的王世襄先生肃然起敬，也为他居然只剩下这么三间居室来堆置藏品而心酸。从这以后我就关注上这位王先生。后来看到他写的明式家具文章，他居然能把明式家具列出简练、淳朴、厚拙、凝重、雄伟、圆浑、沉穆、秾华、文绮、妍秀、劲挺、柔婉、空灵、玲珑、典雅、清新"十六品"，以及繁琐、赘复、臃肿、滞郁、纤巧、悖谬、失位、俚俗"八病"，让我对王先生艺术见识之高、鉴赏之深、体味之细佩服至极。家具与建筑是相通的，我们真应该像王先生细品家具那样去细品建筑。后来更了解到王先生有一位了不起的夫人袁荃猷，她是一位搞音乐的古琴家，擅长国画，还会剪纸。她曾经自创自剪了一幅《大树图》，祝贺世襄先生的八十大寿。这幅枝繁叶茂的大树上，镶嵌着世襄先生喜好的家具、玩物和撰写的杂稿大著，涵括了世襄先生的一生情趣和主要成就。我觉得这应该算得上是学者伉俪无以复加的、最高档次的生日贺礼。我回想起当日拜访世襄先生的家，怎么对他的夫人没有留下印象呢，也许是那天夫人没在家吧。我由此很感触地想到，这就是刘敦桢先生的朋友圈呀。不由得想起了"陋室铭"中的那句话："谈笑有鸿儒，往来无白丁。"

跟随刘敦桢先生写史的这段美好日子里，还应该提到两件事。一件是关于刘先生让我们转录《营造法式》校勘本的事。1934 年 4 月，刘先生曾与谢刚主、单士元两位先生，以石印丁本校核故宫抄本。难得的是，刘先生这次竟然把他校勘的这部《营造法式》，主动交给喻维国转录。喻维国大喜过望，就在他自己的一部陶本《营造法式》上认真地抄录。喻维国建议我也转录，刘先生也同意。我兴高采烈地从上海买来一部"万有文库"本的《营造法式》，也和喻维国一起，挤出时间细细地抄录。喻维国和我都深深地感觉，这个抄录的过程，就是沐浴着刘先生关爱的幸福过程。刘先生看看我们转录，高兴地说："这样很好。这不仅便于你们研究，也有利于校勘本的保存。有了几套校勘本，就不至于丢失淹没了"。另一件事是刘先生、刘师母给我们送鸡蛋烧肉的事。1965 年的南京，市面上猪肉货源过剩，政府动员市民多买肉，大家戏称为"吃爱国肉"。刘先生家也买了很多猪肉，先生和师母陈敬先生就商定了请我们吃肉。我记得很清楚，刘师母烧了一大锅肉，还加上鸡蛋、冬笋等一起煮，味道十分鲜美。当喻维国从刘先生家把一大锅肉端到我们工作的研究室时，大家都好一阵地欢欣雀跃。那天，陆元鼎、喻维国、杨道明、杜顺宝和我都在场，也可能还有别人。我们把它视为一次最难忘的写史会餐。1977 年，喻维国在《东南大学建筑系成立 70 周年纪念专集》上撰写的纪念文章中，满怀深情地记述了这回事。2000 年，我在《建筑百家回忆录》写的

图 7-11　刘敦桢先生 1964 年
10 月 24 日的来信

图 7-12　刘敦桢先生 1965 年 6
月 24 日的来信

图 7-13　刘敦桢先生 1965 年
6 月 28 日的来信

回忆文章中，也满怀深情地记述了这事。有趣的是，在我写到这件事时，《建筑百家回忆录》的主编杨永生先生特地添加了一条"注"："2000 年 3 月 24日，陆元鼎先生与本书编者杨永生在广州共餐时，陆先生还提起这件事。刘业、陶郅也在场。"的确，在喻、陆、我三个人的心中，在刘敦桢先生身边编教材的一桩桩往事是永远不会忘怀的，它让我们深深地怀念那段特殊的日子。

　　跟随刘先生编写《中国建筑史》教材期间，刘先生先后和我通了 9 封信（图7-11 ~ 图 7-13）。第一封信是 1964 年 10 月 24 日写的，最后一封信是 1966年 3 月 4 日写的。除了一封工作小结和另一封篇幅太长，是由乐卫忠先生代为复写的外，每封信刘先生都是亲笔写得工工整整的，如今都成了我的珍藏。

　　刘先生领着我们写的这本书，到 1966 年 3 月，书稿即将完成时，"文化大革命"也就要开始了，教材编写当然就这样不了了之。

　　这一年半跟随刘先生学步写史，编写的成果是不重要的。书没有出版，集中在刘先生那儿的书稿大概也早已湮没，我自己也没有底稿留存，整个成果归零。按照"突出政治""阶级斗争为纲"编写的成果，倒也是应该归零。但是这个跟随刘敦桢先生写史的过程，对于我来说，却是非常非常重要的。它让我接触到刘敦桢先生这样一位导师。这时候的刘先生应该说是站在中国建筑史学科的顶峰。他在不停地思索，思索着学科的纵纵横横。赶上编写教材，他就把自己顶尖级的学术见解和最新思索，一股脑儿，通过专题讲课、通过漫谈、通过讨论，毫无保留地端给我们这些年轻的后辈。我当时的感觉是，刘先生牵着我们这些建筑学子稚嫩的手，不仅把我们引进学科的大门，而且尽力让我们触及学科的深层。对我来说，这一年半，特别是在刘先生身边的四个多月，是金色的岁月。这段时间，我像是经历了一次超级的进修。我的近代建筑，仍做着负面指向的"软"处理，并无长进；但是我的古代建筑，却成了主修科目，让我好像入了门槛，有了初步积淀，好像知道了有哪些应该思索和怎样思索，自我感觉是迈进了对我的成长至关重要的一步。

大百科改稿

　　20世纪出版的《中国大百科全书》，我只参加了4个条目的编写。一是《建筑·园林·城市规划》卷建筑学科的"中国近代建筑"条目；二是《建筑·园林·城市规划》卷园林学科的"寺庙园林"条目；三是《美术卷》中国建筑艺术分科的"中国现代建筑艺术"和"中山陵"条目。这4个条目，我最感兴趣的是"寺庙园林"条目。我不是园林学的行家，把"寺庙园林"分给我写，是我完全没有想到的。这事还得从我的研究生说起。1978年我开始招硕士研究生，第一位招的是赵光辉。他是重庆建工学院建筑系的高才生，本科毕业后在钦州的设计部门工作。他第一次到我家时，带了几本他编绘出版的连环画给我看。我一看，原来他是一位绘画高手，画面上的山水树木画得非常熟练。我记得我跟他说，你擅长画自然山水风光，可以用它描绘寺庙园林环境，很适合做这方面的课题。没有想到，后来他的硕士学位论文真的就是"中国寺庙的园林环境"。他的这篇学位论文完成于1981年，算得上是有关寺庙园林的第一篇学位论文。写得很生动，也很有深度，曾由北京旅游出版社出版。大概是因为这个缘故，大百科园林分支学科就把"寺庙园林"条目让我来写。我很高兴撰写这个条目，因为这时候我已深深地喜欢上寺庙园林。我觉得跟皇家园林、私家园林相比，寺庙园林作为佛寺、道观和名人纪念性祠庙的园林，在面向对象的大众性，园林开放的公共性，选址名山胜地的自由性，景观开发的可持续性，历史积淀、文化积淀的丰富性以及与自然景观、宗教景观结合的优越性等方面，都有值得重视的特点。能够用 2000 字的篇幅浓缩地概述寺庙园林的缘起、发展、特点及其基本布局，还是很得劲的一件事。

我写大百科条目的重点还是"中国近代建筑"。大百科建筑学科编写组把"中国近代建筑史"这一组条目安排王绍周和我两人合写。王绍周先生早在建研院历史室工作时，就是主攻中国近代建筑研究的。他参与建筑"三史"中《中国近代建筑史（初稿）》的编写，参与"中国建筑简史"第二册"中国近代建筑简史"的编写，还曾主持"中国近代建筑图录"和"上海近代城市建筑"的课题研究。在建研院历史室撤销后，调转到同济大学。我和他有过长时间的共同编写中国近代建筑的经历。只是他的确是以中国近代建筑为主业，而我一直没有把主要精力转到中国近代建筑。这次撰写大百科"中国近代建筑史"条目，我是又一次像"票友"似地"客串"。

大百科给"中国近代建筑史"这一组条目安排的总字数是 25000 字，具体条目由责任编辑、分支学科主编、副主编和我们两个撰稿人共同讨论，一起审定出 8 个条目：

    1. 中国近代建筑史　　　　　　9000 字

    2. 中国近代建筑设计思想　　　3000 字

    3. 中国近代工业建筑　　　　　1000 字

    4. 中国近代商业建筑　　　　　1500 字

    5. 中国近代大型饭店　　　　　2000 字

    6. 中国近代娱乐建筑　　　　　1000 字

    7. 中国近代居住建筑　　　　　5000 字

    8. 中山陵　　　　　　　　　　1000 字

我们俩人做了分工，我写"近代建筑史""工业建筑""商业建筑"3 条；王绍周写"设计思想""大型饭店""娱乐建筑""居住建筑""中山陵"5 条。我的字数为 11500 字，王绍周的字数为 12000 字，预留 1500 字作为机动。我觉得这样的分工很合理、很恰当。没有想到的是，却在我们两人之间出现了折腾，再加上审稿意见要删减子条目，最后近代建筑部分经过修订只保留了 3 个条目：一个长条目——"中国近代建筑史"，由我撰写；两个短条目——"中山陵"和"中山纪念堂"，由王绍周撰写。

这样，我就集中地思索"中国近代建筑史"这个 1 万字的长条目。这时候是 1983 年。我上一次写近代史，是"文革"前夕参编刘敦桢先生主持的中建史教材，那是 1965 年。虽然已过了 18 年，中国近代建筑史学科的状态，可以说是依然故我。这个学科分支没有新的调研报告，没有新的课题积累，我自己也仍然没把主要精力转到近代建筑上来，在这方面完全没有长进。现在为了写大百科条目，我又得再一次摆弄中国近代建筑。我只能停留在原有的史料，原有的文献，原有的信息储备，重新做一遍文章。以 1 万字的浓缩篇幅，按大百科的体例，搭构条目框架，叙述历史沿革，梳理基本事实，做的还是"软"处理、"软"加工的事。不过这个"软"处理、"软"加工的指向，不再是"文革"前"突出政治""以阶级斗争为纲"的负面指向，而是"拨乱反正"，尽可能摆脱"突出政治"摆脱"以阶级斗争为纲"的正面指向。

我把自己觉得已是拨乱反正的文稿交了卷。大百科有一位编审审看了这篇文稿。责任编辑把他的审稿原件交给了我。原件落款有一个"高"字。我一看审稿意见，对这位只知其姓不知其名的高编辑大为佩服，知道我遇上了高水平的审稿人了。这位高先生提出了几点意见：

第一点是把条目名称"中国近代建筑史"，改为"中国近代建筑"，他说不用"史"字，反而自由得多。的确如此，非常明智，我忍不住叫好。后来知道，建筑卷中相对应的"中国古代建筑史"条目和"中国现代建筑史"条目，也都把"史"字删去。

第二点是指出：此文"突出政治"，某些地方似不合大百科体例，治疗的原则是"删"。他的这句评点，给了我当头一棒。我觉得我已经尽力摆脱"突出政治"，怎么还没有跳出来，可见我在 1965 年写史时的"务虚"中毒之深。曾经深陷的"突出政治"，经过这一顿棒喝，我才进一步清醒。

第三点是指出：文稿第一部分（指"发展阶段"）是纵观；第二、三部分（指"建筑类型""建筑队伍"）是横观，不免重复。他的意见是"合并"或"简化"。这的确是个问题，我后来通过"简化"的办法，避免了纵横的交叉、重复。

第四点是指出："发展阶段"写的其实是背景资料，是"建筑业"，不是"建筑学"。高先生说的这一点，指出了我这篇文稿的要害。我当时存在的正是这个问题。因为我当时对中国近代建筑的掌握，在"建筑学"上还没有达到应有的深度。只能把建筑类型与社会背景做一些肤浅的关联、分析，的确只停留于"建筑业"的层面。这问题当时还不能解决，我只能在文字表述上做一些改进。

第五点是把文稿中的一句话，"中国近代建筑处于承上启下、中西交叉、新归接替的过渡时期，是中国建筑发展史上一段急剧变化的阶段"，移到条目释文开端。这个改动也让我叫好。的确这句话是对中国近代建筑的一个重要概括，移到开端释文处，能起到开宗明义、画龙点睛的作用。

第六点是指出："务虚"的讨论删去，"建筑工人"一节可删。这两点还是"突出政治"遗留的毛病。我写这个条目时，已经把过去很重视的"革命根据地建筑"一节删去，自以为在摆脱"以阶级斗争为纲"上已迈出很大步伐。但是对于"建筑工人"，我还是不敢不提，怕有不重视工人阶级、不重视劳动人民贡献之嫌。从这一点看，我摆脱"突出政治"方面还是远远不够的。

第七点是强调："最要者，子条安排还要研究"，并补充说，"有些子条目，似可有可无，如'商业''娱乐''高层饭店'"。当时中国近代建筑还留有几个"子条目"，高先生在这次审看我的这条条目时，已经感觉到那些"子条目"，似是可有可无的。他的这个看法很有道理，后来的确把中国近代建筑的相关子条目都删除了，只留下"中山陵"和"中山纪念堂"两个短条。

第八点是提到："此文行文流畅，结构也明确，只是碍于体例和篇幅，不得不动手术"，并且说"文中观点、事例也颇多精彩处，应努力保留。'务虚'则大笔删去，文章可更好些"。我很高兴高先生对我的行文、结构、观点、引例的肯定。我自己很明白，我当时对中国近代建筑的认知，原来的"以阶级斗争为纲"的那一套破除了，而用什么来取代它，究竟什么是中国近代建筑的发展主题，我还没有找到，我完全处于青黄不接、不知如何深入的状态。因此，我的"中国近代建筑"条目的撰稿远达不到大百科所要求的深度。我是靠着写作的"能力"把条目"流畅"地写出来，靠的是写作的"才"，

图7-14　大百科全书《建筑·园林·城市规划》卷"中国近代建筑"条目。本条目自身带有本条目的"目录"

欠缺的是对中国近代建筑的"识"。

高先生的这一篇审稿意见，对我来说，实在是一次有水平的高端指导。我在此前的写作经历中，还没遇到过这么高屋建瓴的指点。我对大百科的条目写作开了一些窍，重新改写了"中国近代建筑"这个条目。我进一步地摆脱"突出政治"，注意表述"标准"的知识和精确的资料，注意严谨、规范，力戒片面、偏颇。全篇框架只谈"发展阶段""建筑类型""建筑技术"和"建筑风格"四节，力求写得四平八稳。

到了1986年夏天，《建筑·园林·城市规划》卷进入最后定稿阶段。我收到刘永芳责任编辑的信。她告诉我"中国古代建筑""中国近代建筑""中国现代建筑"3个条目，一起升级为更高一档的条目。这3个条目，不仅是字数很长的长条目，而且在条目之内，还开列本条目自身的"目录"（图7-14）。在整个《建筑·园林·城市规划》卷中，只有这3个条目进入这样的档次，为此要特别认真对待这个条目的定稿。因此要请我到北京在编辑部当面商议，做最后的审定。我没想到，"中国近代建筑"竟然成了这么重要的重点条目。这样，我就专程出差到北京。刘永芳编辑安排我住在大百科出版社住宅大院里的一间客房。她跟我说，由高林生编辑和我一起定稿。她说这位高编辑是很权威的人物，大百科的许多卷，到了最后定稿环节，都要请他做最后的把关、审定。这样，我终于见到了高林生编辑。高先生跟我细谈了一番，谈的细节我几乎忘了。但是，当时的感觉却深深地刻印在记忆中。我的整个感觉就是见到了"高人"，实在是"高"。我马上意识到，我的初稿审稿原件上，落款写的"高"字，应该就是这位"高林生"编辑。我是有幸得到高先生审看初稿，更有幸地面聆高先生，与他深入交谈。高先生大概就住在这个大院里。难得的是，他居然在晚上到我的住所来和我聊天，完全是一位很亲切的学者。我们大概聊了两三个晚上，我的整个感觉是，我算是经历了与真正高人的交谈。

"中国近代建筑"这个长条目，就在这次面对面的审稿、改稿中定稿了。我没想到我会摊上这样档次的条目撰写。我总有一种深深的歉疚，这个重要的条目我没能写到应有的水平。我那时候还处于尽力摆脱"以阶级斗争为纲"的状态，还找不到正确表述和梳理中国近代建筑的路子，可惜了这么一条重要的条目，因为我的局限而没能写到位。条目中有一句"建于1898年的中东铁路哈尔滨站"，应是建于1903年。当我发现差错时，曾紧急告知责任编辑，不知何故没来得及在出版前改正。在大百科全书中留下这样的硬伤，也增添了我的歉疚。

参编《总览》

1985年8月29日，由汪坦先生发起，在北京召开了"中国近代建筑史研究座谈会"。汪坦先生是赖特的入门弟子，是著名的建筑教育家、建筑理论家、建筑史学家。他长期潜心于西方现代建筑理论、建筑设计方法论、现代建筑美学等诸多领域的研究；创办了中国高等院校的第一份建筑学专业学术刊物《世界建筑》；率先开设了"现代建筑引论"课程，并为各地建筑院校开办讲座。他还主编《建筑理论译丛》，主持出版了12部有影响的西方现代建筑理论译著。汪坦先生是我心目中最响亮的前辈建筑理论家，是中国建筑界软学科孜孜不倦的引路人。像我这样一个很想进行建筑"软"思索的人，对江坦先生自然是特别地敬仰。

汪先生招呼我去开中国近代建筑史研究座谈会，我自然遵嘱准备了发言稿前去赴会。汪先生在他主持的座谈会上，强调研究中国近代建筑的必要性和紧迫性。他说：

（中国近代建筑）这一段历史是非搞不可的，今天不搞，明天也要搞；我们不搞，我们的后来人也要搞，迟搞不如早搞。这一段历史刚过去不久，许多当事人还健在，许多建筑物还保存尚好。搞得越早，条件越好；晚搞一天，耽误一天。

汪先生还指出："中国近代建筑史的研究要作为一门学科发展起来，有条件成为新兴的'比较建筑学'研究中的主要方面。"汪先生的看法得到了全体与会者的热烈响应，共同发布了《关于立即开展对中国近代建筑保护工作的呼吁书》。清华大学的周维权、同济大学的王绍周、南京工学院的刘先觉、北京市文物局的王世仁和哈尔滨建工学院的我，都在座谈会上发了言。我的发言中，按我当时的认识，对中国近代建筑独特的研究价值和重要的历史地位，作了如下的概括：

中国近代建筑处于承上启下的中介环节和中西交叉的汇合状态，既是中国古代建筑向现代建筑演变的过渡阶段，又是中国建筑开始大规模地与世界建筑文化接触，接受世界建筑文化直接影响的大变革时期。这一百年间，中国建筑从高度封闭的体系开始被动地转入开放的体系；从长久迟缓的发展状态，开始呈现部分的急剧变化。西方新建筑体系与传统的旧建筑体系在中国国土上形成错综复杂的并存、碰撞和交融。

对于中国近代建筑史研究中过去存在的问题，我提出了两点：第一，着重考察的是近代建筑的外部联系，而较少深入到近代建筑的内部联系。对于近代建筑的功能形态、空间形态、技术形态、建筑形象等方面的内部联系、演变规律以及新旧两大体系建筑之间的交叉渗透，研究得很不足；第二，对于中国近代传入的西方新体系建筑的评价，过去在认识上并没有真正解决，近代外来的西方建筑文化，既是近代的、先进的新建筑体系，相当一部分又确实是基于外国侵略的需要而传入的，它们既有建筑文化交流的属性，也有外国侵略印记的属性，如何站在开放的高视点，全面评价近代外来建筑文化

图 7-15　1990 年 10 月，第三次中国近代建筑史研讨会在大连召开，与汪坦先生、刘先觉先生合影

的双重属性，是一个有待解决的认识问题。

　　我的这个发言，表明我当时对于中国近代建筑的思索还是在"软"思索的圈子里打转转。实际上，从中国近代建筑史学科发展的全局来看，当务之急应该是学科的基本建设，应该抓紧展开全面的近代建筑的史实、史料的深入搜集和普遍调查。汪先生紧紧把握住这一点。他一方面向国家自然科学基金和建设部科技基金申请立项，另一方面与日本亚细亚近代建筑史研究会展开国际协作。双管齐下，解决了恼人的研究经费问题。以很大的魄力，召开了一次又一次中国近代建筑史研讨会（图 7-15）。动员了全国 16 个城市的同道学者，展开《中国近代建筑总览》16 个分册的编写。这 16 个分册中，有哈尔滨分册，而且列为 1989 年进行调查的六城市之一。这样，我就承担了编写《中国近代建筑总览·哈尔滨篇》的任务，又一次承接中国近代建筑的工作，继续身不由己地"客串"。

　　我赶紧组织调研班子。这时候我们教研室的讲师刘松茯正在攻读硕士学位，我就和他商量把"哈尔滨近代建筑研究"选为学位论文题目，由他担当"哈尔滨篇"的研究主力。请当时系里的几位青年教师周立军、张健、吴岩松参加调研，请我的研究生王莉慧、于亚峰协助实测建筑和部分调查，大家齐心协力地干了起来。

　　一个重要的问题是收集哈尔滨近代建筑资料。这方面我有一个重要的线索，就是在我刚刚来到哈工大，还在基建处工作的时候，有一次因为基建的需要，曾到学校图书馆去借一本名叫《Исторический Обзоръ К. В. Ж. Д》（《中东铁路历史概观》）的书。这书是 1923 年编辑出版的，部头很大，我一个人拿都很吃力。我想不起来我是怎样把它搬到基建处的。我看这本书好像从来没有人借过似的，完全是崭新的。书里有整个中东铁路路基的图、机车的图、车厢的图、沿线车站的图和哈尔滨铁路局大楼、铁路学堂、铁路住宅等配套建筑的图，当时给我留下了很深印象。现在要做总览的《哈尔滨篇》，我第一个想到的就是去图书馆借这本书。哪知道，哈尔滨建工学院的图书馆没有这本书。我想这是从哈工大分离出来时，这本书没有分到哈建工学院图书馆，就向哈工大图书馆去找。而哈工大图书馆也没有这本书，查不出它的下落。我就到哈尔滨市图书馆、黑龙江省图书馆去追索，全都没有。这么重要的资料，查寻不到，让我焦急万分。哈建工学院建筑系的系主任常怀生老师这时候也在搞哈尔滨建筑的研究，他就和我一起追索这本书。他探查到，哈尔滨铁路局设计院存有这本书。只是经过长年翻阅，已经破损，书的封面和前一部分已经不见了。还好，有关建筑部分的图都还完好。我们就跟铁路设计院联系借出此书翻拍。哪知道设计院说，此书是高级保密的，绝对不能翻拍，更甭说借出。弄得我们实在没招，想到了哈尔滨铁路局的国林局长。这位国局长对哈尔滨建筑也颇有兴趣，曾经发表过关于哈尔滨建筑的文章。赶巧的是，他有两位女儿——国清华、国卫华姐妹正在我们系上学。常老师就通过这姐妹俩请她爸帮忙，费了九牛二虎之力总算把这本书借了出来，翻拍了有关哈尔滨铁路建筑的图。

我对哈尔滨建筑，在这之前，没有从学术上关注过。这次仓促上阵，只凭新调查的建筑和有限的相关文献，认知是肤浅的。好在《哈尔滨篇》是按整个《总览》统一模式的要求和规格进行的，主要偏重于调研成果，进展还算顺利。我很感慨地意识到，哈尔滨这个城市，作为中东铁路的交会枢纽和铁路局驻在地，作为拥有 27 国侨民和 19 国领事馆的商埠城市，在中国近代城市和近代建筑发展中，的确是很重要、很有特色的。哈尔滨的建筑风貌，不仅有俄罗斯式，有多元折中式和集仿折中式，有装饰艺术式、日本近代式和中西合璧式，还独树一帜地集中了很大数量的新艺术建筑。新艺术建筑产生于 19 世纪 80 年代的比利时，而到 19 世纪末已通过法国传播到俄国，成为 20 世纪初俄国建筑界的一种新潮设计。中东铁路早期在哈尔滨建造的一批建筑，适逢其时。大部分的铁路建筑，包括火车站、铁路局办公楼、铁路技术学校等，都选用了这种当时世界上最摩登的形式。哈尔滨的新艺术建筑是很有特色的，它不仅起步早、数量多，遍及公共性的大型建筑，而且持续的时间很长。欧洲新艺术建筑如昙花一现，到 1906 年左右就逐渐衰落，而哈尔滨则一直延续到 1920 年代后期。建于 1927 年的密尼阿球尔餐厅（现哈尔滨摄影社）是现在所知的最后一座哈尔滨新艺术建筑。这座为哈尔滨新艺术建筑画上句号的建筑，它的新艺术特色还那么诱人。难怪和我一起参编《总览·哈尔滨篇》的日本学者西泽泰彦先生著文说：

> 哈尔滨新艺术运动建筑之集中，在世界上是独一无二的，如果我们称哈尔滨为"新艺术运动建筑城市"，她是当之无愧的。

哈尔滨近代建筑是精彩的。有大量的精彩建筑可作为调查选例。我们很快就圈定了 213 座建筑作为调查对象。按《总览》的统一要求展开调查。其中有"设计年月日""竣工年月日""设计单位·人""施工单位·人"是很难查的。我们费了不少气力，总算把这 213 座建筑调查完成，做出了 213 份"调查表"。我意识到作为建筑普查，这种列表调研的确是一种很好的方式，可以涵括哈尔滨近代建筑的概貌。赶巧的是设计教研室的徐苏宁老师精心编汇的"哈尔滨城市建筑大事记"也和我们同步完成。在取得他的同意后，这份"大事记"也纳入到《哈尔滨篇》中。从"大事记"中大体上可以勾画出哈尔滨近代建筑的演进梗概，很为《哈尔滨篇》增色。我们的《哈尔滨篇》书稿就这样按时交卷了。不过我当时心里还是有些担心的，因为"调查表"上的设计日期、竣工日期和设计人、施工人，有很多都是查不清的，都填着"不详"。我担心这么多的"不详"意味着我们调研不够到位。没想到的是，当我们交了稿，在总览汇齐之后，张复合先生有一次笑嘻嘻地跟我说："哈尔滨篇做得最好"。这下子给我吃了颗定心丸，消除了我们忐忑的心态。这本《总览·哈尔滨篇》是 1992 年出版的，等我看到同时出版的《总览》几个分册时，我才知道，调查表上的设计日期、施工日期和设计人、施工人，各个分册都同样填着很多"不详"。这是一种普遍现象，并非我们这篇如此。这样，《总览·哈尔滨篇》这项汪坦先生交给的任务，总算圆满地完成了（图7-16）。

现在回想起来，这次因参加《总览》工作而得以接近汪坦先生，有两件事给我留下了深深的记忆。

第一件是荣幸地得到汪坦先生的邀请家宴。那是1985年8月，汪先生主持召开"中国近代建筑史研究座谈会"。开会的那天晚上，汪先生特设家宴，宴请刘先觉、王绍周和我三人。我真没想到会有这样的荣幸。那天我们来到汪先生家。那时候汪先生住的房子还不宽敞，也没有适合宴客的标准餐桌。除了我们三个客人，还有陈志华先生、张复合先生作陪。家宴由汪先生的夫人马思珺师母亲自主厨。我们围坐在一张不大的桌子旁，汪先生和我们一起谈笑风生。当马先生端上一碗"红烧鸭"时，汪先生说这是马先生的招牌菜。我们尝了真的特好吃，大家一片赞扬。汪先生说，你们知道用了什么秘密武器吗？汪先生刚要揭秘，马先生制止说，你让大家猜猜嘛。我们七嘴八舌没猜出来。马先生说，是添加了桔皮呀！原来是这样，从此我学会了巧用桔皮这一招。汪先生的夫人马思珺先生，是马思聪先生的妹妹，她也是一位音乐家。汪先生曾经调侃地对我们说，他和马先生结婚时，马先生是音乐教授，而他还是建筑助教，是大教授下嫁小助教。每一次开近代建筑的会，马先生都是陪着汪先生与会。他们俩形影不离，特别恩爱，我觉得是我们建筑界的又一对精彩的大家伉俪（图7-17、图7-18）。能够参加汪先生宴请、马先生主厨的家宴，再加上偶像级的陈志华先生作陪，在我的心目中，这无疑是最高的规格和最大的荣幸。这时候正是汪先生启动中国近代建筑史研究的时刻，汪先生邀请我们三个近代建筑的同道共聚，可以想见汪先生关切近代建筑研究，激励近代建筑同仁的细腻用心。我觉得这次家宴很像是为汪先生的中国近代建筑调研，奏响小小的精致的序曲。

第二件是荣幸地得到汪坦先生的破格推荐。那是1988年4月在武汉召开第二次中国近代建筑史研究讨论会（图7-19）。那次讨论会得到了几个单位的资助，其中有黄石市建委。当时，黄石市建委向汪先生提出了一个要求，请汪先生为黄石市的建筑部门安排一场学术报告。汪先生觉得这个要求很在理，

图 7-16 《中国近代建筑总览·哈尔滨篇》于 1992 年出版，圆满地完成了汪坦先生交给的任务

图 7-17 1990 年 10 月与汪坦先生、马思琚师母在大连尔灵山合影。左一为刘松茯

图 7-18 1990 年 10 月，与汪坦先生、马思琚师母、刘先觉先生在大连共餐

图 7-19 1988 年 4 月，第二次中国近代建筑研讨会在武汉召开，与汪坦先生、刘先觉先生合影

就做了安排。汪先生的安排是由他自己、刘先觉、再加上我，我们三人各做一个报告。让刘先觉先生做这样的报告，那是轻而易举的。因为他当时不断地出访各国，有很多新鲜课题、新鲜信息可以给大家讲。对于我来说，做这样的报告，却是一个大难题。当时我为了参加武汉会议，准备了一篇论文。题目是"文化碰撞与中西建筑交融"。那是为讨论会发言用的，不适合给黄石的建筑部门讲。我自己很闭塞，真想不出有什么新专题可讲。想来想去，只好把当时手边刚完成的一个理论专题——"建筑的'软'传统与'软'继承"拿来应付。我当时对这个论题能不能得到汪先生和建筑学界的认同，心里还没底。把这么学究性的东西，给黄石市建筑部门的同志讲，也担心对不上口径，因此我心里很是忐忑不安。那天在黄石讲完后，我就很想听听汪先生给我的指点。没有想到的是，汪先生并没有给我评价和指点，却跟我说了一句让我大吃一惊的话。他说："这个题目很值得给建筑系师生讲，明天请你到华中工学院，给那里的师生讲一下吧。"原来华中工学院趁汪先生来武汉开会的机会，邀请汪先生做系列讲座，明天就开始讲座的第一讲。此刻汪先生突然决定，把他的第一讲往后延，让我插进来讲"建筑软传统"。这实在出乎我的意料之外。汪先生能够推荐我在华中讲这个课题，表明汪先生对这个论题是认同的，这一点让我特别高兴。因为"软传统"是我特别关注思索的理论问题。这个论题能否站得住，能否得到像汪坦先生这样的泰斗的认同，是至关重要的。汪先生推荐我去华中讲，当然是非常荣幸的。但是占用汪先生的第一讲，实在是太大的干扰。我就跟汪先生说，如果华中要我讲，可以另安排时间，不用占汪先生的讲座。但是汪先生还是执意让我第一堂就讲。这样，我就干了一件非常出格的、占用了汪先生学术讲座第一讲的事。

我记得那一天，华中工学院建筑系为汪先生的讲座，安排了一个很大的阶梯教室，挂上了很大的横幅——"汪坦先生学术报告会"，教室门口贴着很大的海报。那么大的阶梯教室坐得满满的。我从那盛大的热烈场面可以看出华中师生对汪坦先生的讲座抱着多么大的期盼。他们都还不知道，今天的讲座，汪先生要让给我来讲，我心里非常不安。整个讲的过程我都带着深深的歉意，总觉得浇了华中师生的兴头。这件事让我深深地感受到汪先生品格的高尚和待人的热忱。他觉得这个专题值得让建筑系学生听，就毫不犹豫地安排我去讲。这既是对我的关照，也是对华中学生的关爱，更是对于推进学术活动的真切关怀和极度热忱，以至于毫不介意地推延他自己的讲座。这是何等的博大襟怀，何等的坦荡心胸！

教材改版：确立"现代转型"主题

1978年，高等学校教材编写工作提到日程上来。《中国建筑史》教材编写由南京工学院建筑系潘谷西先生主持。他邀请了南京工学院本系的郭湖生、刘叙杰、乐卫忠和华南工学院的陆元鼎、哈尔滨建工学院的我，组成《中国建筑史》编写组。让陆元鼎和我加入编写组，当是因为在"文革"之前，刘敦桢先生主持编写《中国建筑史》教材时，曾经邀我们两人参加，有过这样的工作基础，潘先生很快就跟我们商定了分工，由潘、郭、刘写古代部分，由侯、乐写近代部分，由陆写现代部分。6人编写组成立后，曾经到过各地考察。我前不久在潘先生的口述史《一隅之耕》中，见到潘先生附有一张照片，是中建史教材编写组全组6人在峨眉山报国寺门前的合影。看到这张近40年前的合影，真是感触万分。当年大家都不到50岁，难得的同仁、同道聚在一起，协力撰写中国第一本专门为全国高等学校编写的中建史教材，我们居然有机会一起到各地考察，这真是一件美好的幸事。我现在翻看家里的影册，原来自己也存有这张照片，因此我这本口述史里也能留下这珍贵的镜头（图7-20）。

我和乐卫忠先生合写"中国近代建筑"这一篇，我们做了分工，乐写"近代城市"和"近代工业建筑"，我写其他部分。我们对这个分工特满意。因为乐兄就喜欢写这两部分。而我恰恰对这两部分很发怵，两人恰好成了互补。

这样，我又摊上写中国近代建筑的事了。能有参编《中国建筑史》教学参考书这样的好事，我当然乐得参加。但是所干的仍然是中国近代建筑。我又一次和中国近代建筑牵手，这实在是我与"中国近代建筑"的缘分，我继续像"票友"似的"客串"。

图7-20 1978年《中国建筑史》教材编写小组赴各地考察，在峨眉山报国寺前合影。左起：郭湖生、侯幼彬、潘谷西、刘叙杰、陆元鼎、乐卫忠

　　这时候写中建史教材，离我上一次跟刘敦桢先生编中建史教材，已经过去了13年。这十几年我在中国近代建筑领域没有什么长进。从全国来说，整个中国近代建筑史学科，在这十几年间也没有什么长进。因此，我觉得这次撰写是很难有什么"长进"的。我非常盼望能读到有关中国近代建筑的新的调研、新的专题、新的信息，然而全都一片空白。我的工作仍然只能围绕着中国近代建筑，在"软"思索、"软"处理上做文章。不同的是，"文革"前夕的那次写教材，"软"思索的指向是"突出政治"，贯彻"以阶级斗争为纲"；"文革"后的这次写教材，"软"思索的指向则是"拨乱反正"，尽力摆脱"以阶级斗争为纲"。由于此前的"突出政治"，积习太深，一旦需要摆脱一系列"左"的理念，在我这里还不能一蹴而就地洗刷干净。

　　潘谷西先生在《一隅之耕》中，针对编写教材，说了一段他的感受：

　　编写教材在当时被认为是一项仅能收录已有成熟科研成果，而不能表现自己独到学术见解的工作，甚至有人称之为"剪刀加糨糊的活儿"，所以并非人人都乐意承担此项任务。

　　这的确是我们这些参加编写教材的人的共同感受。我们是"编"，不是"著"。教材的要求，在这一点上有些像"大百科全书"，所写的知识是"标准"的知识，应是成熟的、普遍认同的。这样就难免停留于汇聚前人的成果。我在中国近代建筑史的写作中，撰写"革命根据地建筑"一章，就有这情况。在1959年10月铅印的《中国近代建筑史（初稿）》中，湖南大学的杨慎初先生撰写了"革命根据地建筑"一章，这是他经过调研写成的，写得很充实。除他写的这份文献外，在当时，革命根据地建筑几乎就没有别的文献可参考。因此，只要是写"革命根据地建筑"，就都源出于此。我这次编写教材，虽然想着要摆脱"以阶级斗争为纲"，但是我当时想，"革命根据地建筑"还是得写吧。因为它体现出劳动人民成了建筑主人，建筑事业获得了党的领导，贯彻了艰苦奋斗、自力更生，为我们树立了建筑事业的革命传统。这样的内容哪能不写，我还是把"革命根据地建筑"单写了一章。这一章的表述，自然只能从杨慎初先生的原作中提取、摘录。在《中国建筑史》教材的第一版、第二版中，"革命根据地建筑"这一章都存在。到了第三版，也就是1993年出的"新一版"，因为我在大百科"中国近代建筑"条目的写作中进一步洗刷了"突出政治"，我才把"革命根据地建筑"这一章从教材中抹去了。

在《中国建筑史》教材第三版中，虽然我抹去了"革命根据地建筑"这一章，大体上洗刷了"左"的理念，但是整个中国近代建筑的写作，并没有什么突破性的进展，仍然只是改头换面的修修补补，我对这种状态很苦恼。我意识到，《中国建筑史》教材中的"中国近代建筑"部分，既然由我来写，我就有责任把它写到位。但是一直到第三版，所写的仍然处于停滞不前的状态。我自己都不满意，很有些自责的歉疚。我知道问题出在哪里，那是因为我只是破了"左"的理念，还没有找到新的理念。对于中国近代建筑，一直到了第三版，我的表述还是：

中国近代建筑处于承上启下、中西交汇、新旧接替的过渡时期，既交织着中西建筑的文化碰撞，也经历了近现代建筑的历史搭接，它所关联的时空关系是错综复杂的。

停留于这样的认知，应该说还是空泛的，我还没摸到中国近代建筑的发展本质、发展主题究竟是什么？

正好在这当口，潘谷西先生告诉我《中国建筑史》教材要修订第四版了。第三版还是"高等学校教学参考书"，而第四版根据国家教委及建设部"九五"

图7-21　2000年2月在东南大学召开《中国建筑史》（第四版）教材评审会。前排左起：仲德崑、侯幼彬、刘叙杰、陆元鼎、潘谷西、郭黛姮、刘先觉、陈薇、贺从容；后排左起：龙彬、刘临安、刘大平、李海峰、李百浩、张兴国、程建军、张威、朱光亚

高校教材规划的要求，要上升为"国家级'九五'重点教材，高等学校建筑学、城市规划专业系列教材"。潘先生的意见，第四版要做较大的修订，还要召开八校建筑史教师会议，对第四版书稿开展讨论（图7-21）。潘先生还说，因为乐卫忠先生无意继续参加教材编写，从第四版开始，中国近代建筑就由我一个人撰写了。

这样，我就面临着"中国近代建筑"教材编写的新的挑战。全部近代都由我来写，我的担子更重了。面对新的改版，我想这次一定得有一个脱胎换骨的突破性蜕变。我必须对中国近代建筑整体有一个新的认识，全力找到中国近代建筑的发展本质、发展主题，应该对中国近代建筑教材的整体构架、整体理念有一个全盘刷新的建构。

这下子我不能再"客串"了，我得真正地投入了，把中国近代建筑作为一项科研专题进行认真的思索。这时候，中国近代建筑的调查研究、专题研究和学位论文写作已在全国蓬勃地展开。与近代建筑相关的现代史研究、近代史研究以及城市研究、口岸研究、租界研究、房地产研究等都有专著问世。

我尽可能地翻阅这些文献，从这些著作和文献中得到了很大启迪。

给我最大震撼的，是美国现代化学者布莱克的一段话。他在《现代化的活力：一个比较史的研究》书中指出，人类历史上有三次伟大的革命性转变：第一次大转变是原始生命经过亿万年的进化出现了人类；第二次大转变是从原始状态进入文明社会；第三次大转变则是世界不同的地域、不同的民族和不同的国家，从农业文明或游收文明，逐渐过渡到工业文明。这个第三次大转变指的就是以近代化为起点的世界现代化进程。这个现代化进程就是"现代转型"。这个"现代转型"居然被提到与人类的出现、与文明社会的出现并列的高度，可见这个转变的意义之重大。我一下子就意识到，我们研究中国近代建筑，首先应该把它摆到这个历史大背景的高度来考察。意识到这一点，让我非常非常的高兴。我觉得，我一直苦苦寻觅的中国近代建筑的基本发展线索，这下子找到了。"众里寻他千百度"，居然在这里觅到了。

由此，我明白了"现代化"是涵括"近代化"在内的。所谓"近代化"，实际上是在近代史中发生的现代化过程，是现代化的一个发展阶段。近代化的进程，就是现代转型的初级进程，因此我们可以把"现代转型"作为中国近代建筑发展的基本线索，视为中国近代建筑的发展主线、发展主题。

中国的现代化有它自己的特点，它属于"后发外生型现代化"，而不像英、美、法等国是"早发内生型现代化"。中国的近代化启动得比较晚。世界的近代史是1640—1917年，中国的近代史是1840—1949年，整整晚了200年。作为后发外生型的中国现代化，必然涉及西方早发现代化的"示范效应"，涉及外来建筑的移植，从而给中国近代建筑带来一系列相关的特点。

有了这个基本认知，我知道可以试探着以"现代转型"这根主线来建构"中国近代建筑"的理论框架了。

我侧重思索了以下几方面的"转型"问题。

1．城市转型

城市的现代转型，在近代时期，主要呈现在两个层面：一是"近代城市化"；

二是"城市近代化"。城市化是从近代才开始的。它不仅涉及城市人口占全人口的比重，也涉及城市的数量、城市的分布、城市的类型、城市的规模、城市的功能。教材不是城市史，不能全面展开写，只集中写了城市转型的推动力和新转型城市的类型。

从城市转型的推动力来看，中国近代城市转型既发轫于西方资本主义的侵入，也受到本国资本主义发展的驱动；既有被动开放的外力刺激，也有社会变革的内力推进，是诸多因素的合力作用。教材主要写了三个因素：① 通商开埠；② 工矿业发展；③ 铁路交通建设。其中通商开埠是最突出的因素。从1842年《中英南京条约》开辟五口通商开始，到1924年北洋政府自行开放蚌埠为止，中国近代开放的"约开口岸"和"自开口岸"共112个。这些通商口岸成了近代中国的开放性市场。多数口岸城市都因商而兴，市场发育转化为商品生产和金融活动的发育，推进了口岸工业的发展，推动了口岸房地产业的开发，刺激了口岸金融业和其他市场中介服务业的繁荣。口岸城市面积扩大，人口集中，市政建设率先传入和引进西方发达国家的先进技术。通商口岸成了传播西方文明的窗口和中国近代化的前哨，口岸城市自然成了中国近代城市转型的先导和主体。这种口岸城市，按照它的开放程度，我想可以区分为"主体开埠城市"和"局部开埠城市"两个大类。主体开埠城市是以开埠区为主体的城市，是近代中国城市中开放性最强、近代化程度最显著的城市。它自身又呈现两种类型：一种是多国租界型，如上海、天津、汉口；另一种是租借地、附属地型，如青岛、大连、哈尔滨。局部开埠城市只是划出特定地段，开辟面积不是很大的租界居留区、通商场，形成城市局部的开放。在近代中国一百多座"约开"和"自开"的口岸中，这种局部开埠城市占了很大数量。济南、沈阳、重庆、芜湖、九江、苏州、杭州、广州、福州、厦门、宁波、长沙等，都可以归入这一类。这样，我对中国近代城市的分类，就可以明确地区分为四种主要类型：①主体开埠城市；②局部开埠城市；③交通枢纽城市（如郑州、石家庄、蚌埠、徐州等）；④矿业城市（如唐山、基隆、焦作、阜新等）。按这四种城市的分类，我们就可以摆脱过去把中国近代获得较大发展的新城市，命名为"几个帝国主义共同侵占的城市""一个帝国主义独占的城市"的谬误和别扭，理顺了近代城市的基本理念。

2. 建筑转型

从"现代转型"的主线来考察中国近代建筑，我想首先得把整个近代建筑分成两大块：一块是新转型的建筑，一块是推迟转型的建筑。前者是近代时期的新建筑体系，后者是近代时期的旧建筑体系。

近代中国的建筑转型，主要体现在：

（1）建筑类型的转型；

（2）建筑技术体系的转型；

（3）建筑教育和建筑设计、建筑施工队伍的转型；

（4）建筑形式、风貌的转型；

（5）建筑制度的转型。

前四方面的转型，过去是注意到的，原教材中已有分析。但对建筑制度的转型，则长期被忽视了。这个问题，是在清华大学赖德霖的博士学位论文提出后，才取得突破性的进展。赖德霖博士以上海公共租界为对象，对中国近代建筑制度的形成展开了富有创造性的研究，论证了建筑生产的商品化、建筑管理的法制化、建筑师职业的自由化和当事人关系的契约化对近代上海建筑发展的促进作用。赖德霖认为建筑制度的转型是最具标志性意义的转型，我赞同他的看法。当我读到他的这篇博士学位论文，看到他的这些精彩的创新论析时，我意识到一位研究中国近代建筑的新星冉冉升起了。我明白了建筑制度的转型的重要意义在于从生产关系层面找到了中国近代建筑的发展机制。我们过去只关注类型、技术、队伍、风貌，而漏掉了"机制"。实际上，发展机制是写史更应该关注的。

这次改版，我就单列了一节"近代建筑制度的建立"。写了三点：①房地产商品化与建筑市场的崛起；②建筑管理法制化与营造厂的行业运作；③建筑制度近代化的历史作用。对这个发展机制的作用提了五个方面：① 推进建筑发展规模、发展速度；② 制约城市的经济布局、建筑布局；③ 推动市政建设和建筑技术的演进；④ 促进建筑类型、建筑形式的近代转型；⑤ 促成建筑设计施工队伍的成长、壮大。

这样，我觉得对于中国近代建筑转型的内涵，算是抓住了主要的梗概。

3．建筑转型的两种途径

我觉得有必要对中国近代建筑的转型途径，作一下深入的思索。因为正是在这一点上，我们存在着很多未解决的认识问题。

近代中国的建筑转型，基本上沿着两个途径发展：一是外来移植，即输入、引进国外同类型建筑；二是本土演进，即从传统旧有类型基础上改造、演变。这两种转型途径，在居住建筑、公共建筑和工业建筑中都有反映。

总的说来，外来移植是中国近代建筑转型的主渠道。它形成了中国近代化生活和工业化生产的一整套新建筑类型，构成中国近代新建筑体系的主体。这些建筑多数是在开放的设计市场，由外国建筑师或中国建筑师设计的。许多建筑是一步到位地接近其至达到引进国的建造水平。但是，这种"外来移植"的转型方式，也带来两方面的问题：一是其中有很大一批建筑是基于外国殖民活动的需要而建造的，这部分建筑纠缠着近代化与殖民化的矛盾；二是外来移植的建筑都属于西方传统的或西方流行的建筑样式，由此搅拌着近代化与"西化"的矛盾。这两个问题大大增添了近代中国建筑转型的复杂性。

对于前一个问题——近代化与殖民化的矛盾问题，当时历史界已经有了明确的认识。大家都认为，马克思对殖民主义"双重使命"的分析，有助于我们澄清这方面的认识。1853年，马克思在论述英国在印度的统治时指出：

英国在印度要完成双重的使命：一个是破坏性的使命，即消灭旧的亚洲式的社会；另一个是建设性的使命，即在亚洲为西方式的社会奠定物质基础。

与这段论述相关联，马克思还在另一篇文章中写道：

英国在印度斯坦造成社会革命完全是被极卑鄙的利益驱使的，在谋取这些利益的方式上也很愚钝……但是问题不在这里。问题在于，如果亚洲的社会状况没有一个根本的革命，人类能不能完成自己的使命。如果不能，那么英国不管是干出了多大的罪行，它在造成这个革命的时候毕竟是充当了历史的不自觉的工具。

在这里，马克思是从"历史中的资产阶级时期负有为世界创造物质基础的使命"这个"人类的生产力""人类的进步"的宏观视野的高度来看问题的。这对于我们认识殖民主义的建筑活动具有极为重要的指导意义。我们从中不难领悟到，殖民主义在近代中国所进行的建筑活动都带有与"双重使命"相对应的"双重属性"。一方面，它是殖民化产物，是殖民者在"极卑鄙的利益驱使"下建造的；另方面，它是中国建筑现代转型的重要组成。这当然不是殖民者的初衷，殖民者在这里只是"充当了历史的不自觉的工具"。

我们不能因为它具有"殖民化的产物"的属性，就不承认它也具有"现代转型"意义的属性。何况，这两种属性随着时间的转移，在今天并不是同等意义的。因为政治是风云，随着政权的更迭，就吹过去了。而文化是积淀，是会长久地起作用的。这批外来移植的建筑，在今天，它的"殖民化产物"的属性已经成为历史的过去，而它的现代转型却具有历史的、文化的意义。这个曾经长期困扰我们的问题，通过这样的理论分析，应该说是可以解决了。

对于后一个问题——近代化与西化的问题，我觉得可以明确几点认识：

1. 由于"早发现代化"都发生于西方国家，"后发现代化"国家所接受的当然都是西方工业文明的"示范"。这是世界现代化进程的总体格局所决定的必然现象。

2. 中国建筑突破封闭状态，进入世界近现代建筑的影响圈，迈上现代转型的轨道，是意义重大的、突破性的进展。

3. 近代时期的外来建筑，是工业文明的新建筑体系的导入，意味着中国建筑向工业文明转型的划时代大跨越。至于它带着西式的洋风面貌，那只是大跨越中的一个小插曲。

对于"西化"这个小插曲，如果以开放的视野来对待，可以视为文化的交流，本不是什么了不得的大事；如果从封闭的视野来对待，那就成了很大的问题。由于中国近代存在着帝国主义、殖民主义与中华民族的矛盾，民族意识的觉醒、民族自信心的张扬都是很重要的，这就导致了对建筑西化现象的敏感和重视。

为了摆脱"西化"羁绊，中国建筑师掀起了一股以"中国固有形式"为特征的"传统复兴"建筑潮流。这是近代中国建筑转型中，对于外来建筑进行"本土化"的一种努力，也是对于新建筑体系处理现代性与民族性问题的一种探索。现在看来，这里面存在着认识上的误区：

一是夸大了建筑风格的作用，把洋风建筑的艺术风貌问题夸大为"西化"的政治取向问题，夸大为损害民族情感的意识形态问题；

二是对中国建筑理解的偏颇，把"中国固有形式"当成中国建筑的"国粹"，视为中国建筑的"精神"所在，对待中国建筑遗产的继承，拘泥于"固有形式"的框框；

三是套用折中主义的手法来处理"中国式"，在"宫殿式""混合式"的处理中，都显现出旧样式与新形态的格格不入；

四是过分专注于民族性的强调而忽视了与地区性的融合，其实后者恰恰是外来建筑"本土化"的更重要的课题；

五是影响了对现代建筑的认识。当1930年代准现代的"装饰艺术"和现代的"国际式"进入中国时，中国建筑师很大程度上仍然把它视为折中主义诸多样式中的一个摩登的新品种，相应地推出了一种在现代建筑体量上点缀中国式装饰细部的"传统复兴"新模式。

我想，中国近代建筑写史中，长期困扰着我们的"西化"与"民族化"，"现代性"与"民族性"问题，通过这样的认知，基本上也可以解决了。

至于第二种转型途径，即"本土演进"问题，虽然不是现代转型的主渠道，也是很值得注意的。因为它主要出现在面向城市中下层市民的商业建筑和居住建筑中，与广大市民息息相关。值得注意的是：本土演进的建筑虽然品类并不很多，但建造的数量却很大。有一种本土演进的、称为"铺屋"的"下店上宅"的宅店一体建筑，以其高密度、低造价和规模可大可小的灵活性而成为近代南方许多城市用得最广泛的街面建筑。另一种本土演进的里弄住宅的建造量也十分可观，实际上是近代上海、天津等城市的住宅主体。正是这种大数量的、扎根于地域实际的本土演进式建筑，构成了中国近代的新乡土建筑。这方面的转型规律也是我们应予认真研究的。

4. 乡土建筑的推迟转型

近代中国建筑并非齐刷刷地同步转型，还存在相当数量的建筑并没有转型，我把它称为"推迟转型"。这是因为在半殖民地半封建的社会条件下，中国的经济是一种被称为"二元结构"的经济。先进的、新转型城市相对于落后的、未转型的传统地区，犹如汪洋大海中兀立的孤岛。因此，近代中国建筑所面临的向工业文明转型是极不平衡的。广大的农村、集镇和大多数的中小城市，近代新建的民居、祠堂以至店铺、客栈等一整套乡土建筑，几乎都停留于传统形态。即使在新转型的城市中，旧城区的新建住宅也有相当大的数量延续着旧的传统。这种情况构成了近代中国乡土建筑的推迟转型现象，它们成了中国近代的旧建筑体系，导致近代中国并存着新旧两种体系的建筑活动。这是近代中国建筑发展的一种严重滞后。但是，推迟转型所形成的中国近代庞大数量的传统乡土建筑实践，却给我们留下一份以"严重滞后"的代价换来的十分宝贵的建筑遗产。对于这份建筑遗产，我们不能因为它在近代属于落后于时代的旧建筑体系而轻视它、否定它。这些产生于近代的乡土建筑，可以说是中国古老建筑体系的"活化石"。不仅是中国的文化遗产，也是人类的文化遗产。在我们清醒地评价中国近代新建筑体系所体现的现代转型的重大意义时，也应该充分关注这支推迟转型的中国近代旧建筑体系的重要遗产价值。

明晰了以上四个方面的转型，我对整个中国近代建筑教材改版有了新的底数，围绕对"现代转型"的认知，撰写了"中国近代建筑的发展主题：现代转型""乡土建筑转型：世纪之交的建筑重任""以现代转型为主线——中国近代建筑史教材新构架试探"等论文，为冠名"国家级'九五'重点教材"的《中国建筑史》第四版写了改版新稿。为第四版的改版，曾经在 2000 年 2 月，在东南大学召开中建史教材编写评审会（图 7-21）；2000 年 11 月，又在武汉召开中国建筑史教学研讨会（图 7-22）。在这两次会之间，2000 年 7 月，在广州、澳门还召开过中国近代建筑史国际研讨会（图 7-23）。我在这三次会上，分别做了"以现代转型为主线——中国近代建筑史教材新构架试探"和"中国

图 7-22　2000 年 11 月，在武汉理工大学召开的中国建筑史教学研讨会合影

图 7-23　2000 年 7 月在广州、澳门召开的中国近代建筑史国际研讨会上宣读"中国近代建筑的发展主题：现代转型"

近代建筑的发展主题：现代转型"的发言。恰好这三次开会的照片，我在相册里都找到了。我很感谢教材的这次改版，它使我有机会对我自己的近代建筑写史做了一次脱胎换骨的改造。

撰写《虞炳烈》

1987年春，我和老伴收到一箱铁路慢件，这是我们的清华建筑系同班老同学虞黎鸿发来的。他这时候住在郑州，因为全家迁居巴西，特将他父亲——一位前辈建筑师虞炳烈先生——的资料转存我们家。他到巴西后，陆续给我们写了许多封信，诉说了他留法学建筑的父亲和留法学音乐的母亲的故事，希望我们能有机会把这些资料做一下整理。

受同窗挚友的嘱托，翻看了这一箱沉沉的资料，我们才意识到这里面印刻着一页沉沉的历史。我们夫妻俩商议，一定抽时间写篇纪念文章。但是因为腾不出时间，一直拖了9年，到1996年，才匆匆地写了一篇题为"一页沉沉的历史——纪念前辈建筑师虞炳烈先生"的文章，提交当年9月在庐山召开的"第五次中国近代建筑史研讨会"。会后，这篇文章收入中国建筑工业出版社出版的《第五次中国近代建筑史研究讨论会文集》。《建筑学报》1996年第11期选刊了这次研讨会的一组文章。听说由于汪坦先生的安排，特地把这篇纪念文章也纳入《建筑学报》发表。后来我才知道，幸好在《建筑学报》上发表了此文。因为在这之前，炳烈先生早已淡出大家的视野，是杨永生先生在《建筑学报》上看到这篇文章，才在他主编的《中国建筑师》和《中国四代建筑师》中，把虞炳烈列了进去，由此避免了炳烈先生在中国前辈建筑师行列中的漏失，得以为世人所知（图7-24）。

我们一直想对虞炳烈先生的资料作进一步的整理，退休前一直没有腾出空来。退休后我们迁居北京，我又忙于写《中国建筑之道》。直到2010年《中国建筑之道》书稿交出后，我们才把整理虞炳烈先生资料的事提到日程上来。

炳烈先生的资料，主要是他留存的设计底图、蓝图和一些相关的证件、

图 7-24 虞炳烈先生

图 7-25 设在圣·伊雷内堡的里昂中法大学。虞炳烈是这里的首届官费生

图 7-26 虞炳烈开列的留法期间所作建筑设计和都市计划清单

图 7-27 虞炳烈留法期间参加建筑设计竞赛项目的清单

图 7-28 虞炳烈获得的法国国授建筑师文凭

图 7-29 虞炳烈翻译的"法国国授建筑师文凭"译文

文件。炳烈先生逝世时，虞黎鸿才 11 岁，他对父亲的事迹知道的不是很多。20 世纪 60 年代，黎鸿与他母亲住在北京时，我们常到他家，多次见到虞伯母，但是都没有谈及炳烈先生和她自己过去的事。因此我们对炳烈先生、炳烈夫人所知甚少，欠缺感性的、生动的认知。这次撰写炳烈先生传记，主要上网查看了一些背景史料，如里昂中法大学、巴黎美术学院、巴黎大学城以及抗战时期的昆明、坪石、桂林、赣南等地的情况，尽量了解炳烈先生所处的历史时空。

综观炳烈先生一生，有三个方面值得我关注：

1. **他是中国早期留法建筑学人的佼佼者**。1921 年他进入李石曾、蔡元培、吴稚晖创办的里昂中法大学。是中法大学首届官费生（图 7-25）。他在中法大学获得长达 12 年的官费支持。在这期间，他先在中法大学上两年预科，在里昂建筑学院（即巴黎美术学院建筑科的里昂分科）读七年的本科和高级科，又到巴黎大学市政学院深造了两年。在长达 12 年的留法生涯中，他一直活跃在学院派的大本营，经历了完整的"鲍扎"嫡系教育，修满了第一阶段被称为"本科建筑设计"的"二级"学业（14 项设计）和第二阶段的被称为"高级建筑设计"的"一级"学业（19 项设计）。前后两段的设计学业竟然达到 33 项，可见其教学计划之充实和饱满（图 7-26）。而且这 33 项设计中，有 24 项是校际的或全国性的设计竞赛（图 7-27）。虞炳烈在这些设计竞赛中都取得很好的成绩。当时有媒体报道说：虞炳烈"历获法国全国竞争考试名誉奖证共 27 项"。仅在毕业前的最后一个学期，他就获得 4 项奖状。他的学位设计做得尤为出色。这项学位设计经过法国国授建筑师学会审评通过，授予他"法国国授建筑师"的学位（图 7-28、图 7-29），并被接纳为"法国国授建筑师学会"会员。国授建筑师这个考试，既是建筑学科的学位考试，也是注册建筑师的资格考试。获得这个学位是很难很难的，是法国莘莘建筑学子最为向往、梦寐以求的。虞炳烈不仅是中国留法学子获此学位的第一人，而且还得到法国国授建筑师学会颁发的最优学位奖牌和奖金。

1928 年虞炳烈因母丧回国半年，得知当时的国民政府将要颁布"首都计划"，要在南京建设中央行政区的消息。还没等到 1929 年 12 月"首都计划"

的正式颁布,他就迫不及待地提前为"中央行政区"设计起"政府公署"(图7-30)和"国民大会堂"（图7-31）两组建筑。他把设计"政府公署"和"国民大会堂"视为千载难逢的机会，在极度兴奋之余，激动地自告奋勇、自我请缨为首都建设贡献自己设想的设计方案。他做的这两项方案设计，都有照片存留。从方案看，的确设计得大气磅礴，极具隆重、宏伟、豪迈的气势。两组建筑用的都是当时国际刚刚流行的"装饰艺术"风格。虞炳烈把这种最新潮的风格，在两组大型建筑中挥洒得那么自如，那么酣畅，的确显现出他扎实的建筑功力和潇洒的设计才华。

虞炳烈是幸运的。他在里昂建筑学院的导师托尼·加尼尔，是法国建筑界的显赫人物，罗马大奖的获得者，法兰西政府的总建筑师兼里昂市总建筑师。他在巴黎大学市政学院的导师杜富拉斯，也是法国建筑界的耀眼人物，罗马大奖的获得者，法兰西银行总建筑师，曾任法国国授建筑师学会会长。虞炳烈有名师教导，也与名家共聚。与他同乡同龄、比他早4年就读于巴黎美术学院的徐悲鸿，是他亲如手足的知己。比他晚许多年入学的中法大学校友——常书鸿、王临乙、吕斯百，都成了他的挚友。他们共同组成了"中国留法艺术学会"。虞炳烈不仅成长为一名才华横溢的建筑师，也扎扎实实地跨入都市计划和市政工程的门槛（图7-32）。在中国前辈建筑师中，他可以说是真正在学院派大本营，接受最长时间的、最地道、最完整的"鲍扎"嫡系教育。

2. 他设计的"巴黎中国学舍"在"中国式"建筑设计上占有一席重要的位置。
巴黎居，大不易。中国学子留学巴黎，最大的困难就是住房开支太大，都盼着能有中国学舍可以廉价租用。这个期望并非白日做梦。1921年法国政府曾购买旧域堡土地29.8公顷,无偿地划分地皮，捐赠给各国建造各自的留学生学舍。到1930年，已建有十几国学舍，形成了著名的"巴黎大学城"。因为中国留法学生人数较多，自然分到一块不小的地皮。因此中国留法学生就组织了"巴黎大学城中国学舍促进会"，虞炳烈是其中的一位活跃人物。他决定把"巴黎中国学舍"作为自己的国授建筑师学位设计的选题，自告奋勇地担当中国

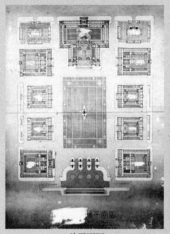

1.总平面图

2.总鸟瞰图

图7-30 1929年，虞炳烈自我请缨，为当时的"首都计划"作"政府公署"设计

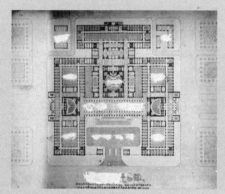

1.平面图

2.正立面图

图7-31 1929年，虞炳烈自我请缨为当时的"首都计划"作"国民大会堂"设计

图 7-32　虞炳烈在巴黎大学市政学院做的都市计划研究项目——江边山坡大学及住宅区之设计

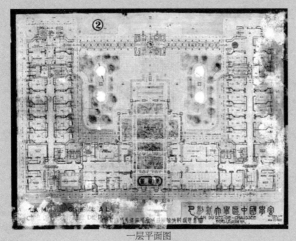

一层平面图

正立面图

图 7-33　虞炳烈所作法国国授建筑师学位设计——"巴黎大学城中国学舍"。全套 16 张图纸

学舍的义务设计。他是带着为国授建筑师学位完成考试、为巴黎中国学子建设家园、为巴黎大学城耸立中华建筑形象的三重神圣使命，夜以继日地投入这项设计（图 7-33）。这套设计共有 16 张大号图纸，现存有图纸照片 11 张，足以反映设计的基本面貌。整体学舍建筑是一座 Π 字形带穿廊的三合大院。正楼地上七层，地下一层；两翼配楼地上六层，地下一层；共有普通单人间 224 间，高级单人间 20 间，夫妻双人间 32 间，可容纳 300 余名学生居住。配套设有齐备的多功能大厅、食堂、体育用房以及地下车库等，为巴黎的中国学子设置了十分理想的生活场所。

这时候，巴黎大学城已建有法国、比利时、日本、美国、荷兰、越南、西班牙、丹麦等十几个国家的留学生学舍。我们熟知的柯布西耶名作——巴黎瑞士学生公寓，就是这个大学城的瑞士学舍。虞炳烈几乎是和柯布西耶在同一年（1930 年）同时进行中国学舍和瑞士学舍的设计。柯布西耶的这项设计成了早期现代主义的杰作。大学城的荷兰学舍、巴西学舍用的也是现代主义。但就整个大学城来说，各国学舍还是纷纷以自己的民族风貌争奇斗胜，显现异彩纷呈的建筑博览。虞炳烈满怀海外赤子的民族意识和爱国情怀，对中国学舍的设计，自然是责无旁贷地、理所当然地采用"中国式"，渴望着通过中国式学舍的耸立，向世人昭示中国建筑和中华文明。用他自己的话说，"为中国在世界文明中心之巴黎争光"。他的设计采用了中国式的檐口、腰檐、门廊、穿廊，平屋顶上局部耸立中国式的亭阁、花架，顶层门窗、楼梯门窗、穿廊栏杆、女儿墙栏杆点缀上中国传统的"步步锦""灯笼框"等棂格，整体建筑具有浓郁的中国风格。

虞炳烈的这项设计是大获成功的。可惜的是，当时中国政府无力提供建造所需的 1700 万法郎资金，求助华侨企业也没有得到赞助。巴黎中国学舍最终没能得以建造。但是，虞炳烈的这项设计创作，在中国近代建筑设计史上，却写下了浓墨重彩的一笔。

这是在当时的学院派大本营大受好评的设计。虞炳烈不仅以这个设计取得"法国国授建筑师"的学位，法国注册建筑师的资格，还获得了法国国授建筑师学会颁发的"最优学位奖"。一时间，这个设计誉满巴黎建筑界和巴黎大学城。1932年又连续获得法国国家艺术展览会的奖章。

　　特别值得称道的是，这是中国建筑在国外创作的、罕见的、大有分量的中国式建筑设计。虞炳烈在1930年的巴黎单枪匹马创作的这项中国式建筑，与国内中国建筑师同时期设计的中国式建筑重要作品相比，除南京中山陵、广州中山纪念堂较"中国学舍"早几年外，其余如上海市政府大厦、上海江湾博物馆、上海江湾图书馆、南京国民党党史陈列馆、南京中央博物馆等，都略晚于"中国学舍"。把"中国学舍"设计与这些建筑设计相比较，与当时南京"首都计划"推出的中国式公署建筑设计的意向性方案相比较，不难看出，中国学舍敢于把中国式的大楼做到局部8层的高度，是够有魄力的；高达七八层的大楼体量，通过檐口、腰檐的划分，门廊、穿廊的穿插，屋顶亭阁、花架的配置，栏杆、彩画的装点，呈现出颇为浓郁的中国风貌。这种后来颇为盛行的、在大体量楼房平屋顶上，局部耸立攒尖顶、歇山顶亭阁的设计手法，中国学舍算得上是一个较早的实例。我们知道，梁思成先生的《清式营造则例》是1934年出版的，《建筑设计参考图集》是1935年出版的。虞炳烈设计中国学舍时，这些书都还没出版。虞炳烈孤身处于海外，要收集中国建筑资料并准确地把握中国建筑样式是大不易的，他能够将中国建筑的样式语言掌握、运用到这个程度，多么难能可贵。

　　我们注意到，恰恰是这样一个中国式的学舍设计，在学院派的大本营被列为学位设计的最优等第，被授予最优学位奖。从虞炳烈的构思、创作到法国国授建筑师评委会的认同、赞赏，都有力地表明，这种中国式的设计与当时学院派风行的西方新古典主义如出一辙，可以说是文化民族主义与学院派折衷主义的交织物。虞炳烈的这个设计，遵循的是学院派的理念，施展的是学院派的功力，运用的是学院派的设计手法，只是以中国建筑的样式语言去局部替换西方古典建筑的样式语言。这种替换在当时是创造中国式新建筑的中外建筑师普遍的、不约而同的共同选择。在"中国学舍"设计中，虞炳烈也做出了这种语言替换，并进行了探索性的创造。当年的法国国授建筑师学位评委们对这种创造性的努力给予了高度的评价，我们今天把它与同时期中国式新建筑的设计放在一起比较，也能看出这个设计确有其技高一筹的独到之处。从研究近代"中国式"新建筑的创作思想、设计手法的角度，"巴黎中国学舍"无疑是一个值得重视的个案。

3. **他是奉献大后方建设的"抗战建筑"第一人**。炳烈先生于1933年学成归国，受聘于中央大学工学院，先后任建筑工程系教授、系主任。1937年因日军逼近南京，中央大学建筑工程系内迁。虞炳烈离系，转赴大后方，先后在昆明、坪石、桂林、赣南投身抗战时期的内地建设。在昆明，他设计了银行大厦、厂房车间、研究所大楼等三十几项建筑工程；在坪石，他为内迁的中山大学设计了100余座简易房屋，建起了全套过渡性校舍；在桂林，他完成了几座工厂、几座医院的配套建筑设备；在赣南，他应蒋经国的邀请，规划、设计了闽赣师范学院整套校区建筑。当时聚集在大后方的中国建筑师学会会员大多数都集中在重庆。能够像虞炳烈这样遍及昆明、桂林各地，深入到评石、赣南山区的寥寥无几。虞炳烈可以说是当时有名气的建筑师中深入大后方基层的最突出人物，难怪有人称他为"抗战建筑第一人"。虞炳烈在极端艰苦的条件下，面对大后方的急需工程、简易工程、临时工程，他都是精心满足实用需要，就地采用乡土材料，土法创造组合梁柱，保证建筑结构安全。他是兢兢业业地投入，认认真真地设计，工工整整地绘图。抗战时期西南地区展开的大量的、频繁的建筑活动，是中国近代建筑的一个特殊组成。这批建筑因其临时性、简易性，多数已经没有实物留存。当时的简易建筑工程，有许多是没有正式图纸的，即使有过图纸，也早已散失。难得的是，虞炳烈很珍惜自己的设计经历，他尽可能地留下了他所设计的大部分底图、蓝图。虽然这些底图当时所用的纸质极差，图纸已不完整，但还是给我们留存了这些建筑的基本信息。我意识到，虞炳烈的这些抗战建筑设计图有可能是我们今天能够看得到的抗战建筑的仅存史料。因此在撰写名师丛书《虞炳烈》中，尽可能地列入了这批建筑的底图、蓝图。可惜的是"中国建筑名师丛书"的开本很小，篇幅有限，能够列入的底图、蓝图很有限。

炳烈先生和炳烈夫人是1928年在里昂邂逅的。炳烈夫人路毓华女士是一位走在时代前列的新女性。她曾经在刘海粟任校长的上海美专接受音乐教

图7-34　1940年10月，虞炳烈、路毓华夫妇和儿子虞黎鸿摄于昆明。
照片背面虞炳烈手书"此为中华民国英勇抗战二年十月以来之惟一的家庭照相"

育，曾只身远赴荷属弗里洞华侨学校和新加坡南洋槟榔屿女子学校任教。她用教书积攒的钱，自费到法国留学。1930年如愿以偿地考取法国国立音乐学院里昂分院，学小提琴中级班，成了马思聪的校友。只是马思聪13岁就进入法国南锡音乐学院，15岁转入国立音乐学院的巴黎本部。而路毓华则是31岁才进入里昂分部。他是把31岁隐瞒为16岁才得以报考录取的。

　　炳烈先生与毓华女士于1932年结婚。按音乐学院规定，一旦结婚就必须终止学业。这时候炳烈先生已在巴黎大学市政学院进修。为了结婚，为了迁居巴黎，炳烈夫人只好终止音乐学业，在巴黎改学"法国文学"。1933年炳烈先生受聘中央大学建筑工程系教授，夫妻俩用徐悲鸿解囊资助的旅费，回国任职。第二年诞生一子，仿照吕斯百以"塞纳河"的谐音为常书鸿女儿取名"沙娜"的做法，虞炳烈夫妇以"里昂"的谐音，为儿子取名"黎鸿"，这就是我们的这位同窗。一家三口在南京渡过4年平静的生活。抗战爆发，就转赴西南地区，全家颠沛于大后方搞建设（图7-34）。不幸的是，在赣南设计闽赣师范学院的时候，因日寇进逼赣州，炳烈先生全家撤退到附近山区的储潭乡锯木坪。在那里，炳烈先生生了疔疮，穷乡僻壤缺医少药，于1945年3月午夜病逝。这一年炳烈先生才50岁，只要再挺过半年，就能迎来抗日战争胜利。炳烈先生在此时此地的不幸逝世，实在令人分外哀恸。抗战胜利后，毓华女士只能在赣州资源委员会的江西钨矿管理局任图书管理员，月薪只有

图7-35 2012年6月，在哈尔滨开《读建筑》和《虞炳烈》首发式。
前排左起：唐恢一、郭恩章、梅季魁、侯幼彬、李婉贞、张相汉、赵光辉；
后排左起：徐冉、李鸽、邢凯、邹广天、刘大平、刘洋、王岩、孙蓉晖、王莉慧、田健、朱莹

30元。当时虞炳烈、路毓华的一批留法同学都已回到南京、上海一带，他们建议路毓华转移到沪、宁来，可以安排他在上海、南京、无锡任选一处资源委员会的所属机构工作，工资可考虑她的留法学历和讲师资历，提至200元。但是毓华女士考虑到炳烈葬在赣州，而不肯离去，就这样默默地坚持在图书管理员的工作岗位上，直到退休。我和老伴都没有想到，这位被我们称为"虞伯母"的炳烈夫人原来有这么多感人的故事。

不难看出，炳烈先生的一生，明显地呈现出两个阶段：1933年之前，是他的求学阶段；1933年之后，是他的执业阶段。求学阶段的虞炳烈，可以说是生逢其时的。他的求学历程是极优越的、得天独厚的，是一位极幸运的、才华洋溢、出类拔萃的建筑学人。而他的执业之途，却是十分坎坷的。他只经历了短暂的任教，就转入大后方的抗战建筑设计。他是一次又一次地面临大轰炸、大搬迁、大撤退的颠沛，一再地迁徙、一再地逃难，最后在抗战胜利前夕病逝。炳烈先生、炳烈夫人印刻下的是一页沉沉的历史。

值得庆幸的是，我和老伴合写的这本《虞炳烈》能够赶在2012年初完稿，来得及纳入杨永生先生主编的《中国建筑名师丛书》第一辑中（图7-35），与《沈理源》《梁思成》《杨廷宝》《陈植》卷同时出版，这应该是可以告慰炳烈先生、炳烈夫人的。

八、一本『软软』的书

聚焦中国建筑美学

在 20 世纪的整个 80 年代，我的科研是零敲碎打的。一部分时间花在了上一章所说的结缘"中国近代建筑"，撰写大百科全书的中国近代建筑条目和参编教科书的中国近代建筑篇章。这都是外来的项目，不是我自选的课题。我没把它当作"主业"，只是像搞副业似的"客串"。我的兴趣是建筑理论课题，我的大部分时间和主要精力都投在理论性的"软"思索。这时候还谈不上明晰的研究方向，完全是随机性地在建筑基本理论的汪洋里碰撞。遇上了什么理论问题，看到了什么理论文章，受到了启发，有了一些灵感，就随性地做个专题，写一两篇理论文章。这样，我一会儿写建筑美的形态，一会儿讲系统建筑观；一会儿谈建筑的模糊性，一会儿又扯到建筑符号学。这么做倒是没什么约束，挺自在的。但是建筑学院的科研安排要求我们得申请国家自然科学基金。我发现我做的科研选题太散、太杂，过于泛泛，没有适合的课题可以作为申报项目。我这才意识到需要在学术上"聚焦"，明确科研定向。该往哪儿"聚焦"呢？我想起了京戏大师盖叫天。盖叫天有一位师父，演技高超，他的演出以无瑕疵、无破绽的完美精到著称。盖叫天曾经问师父，怎么能做到这个境地？师父回答说："不演自己不熟悉的剧目"。这话给了盖叫天很大的启迪，一直遵从师父的这个教导。这个故事也让我深受教益。的确，科研选题既要考虑"S 形曲线规律"，找到学科成长期的拐点；也要适合自身的条件，务必选择自己熟悉的、擅长的、有根底的、有储备的。我考虑中国古代建筑史学科正处于上升到理论研究的成长期，我自己熟悉的也正是中国古代建筑。我的理论思索不能再天马行空地、漫无边际地东一鳞、西一爪。

应该踏踏实实地聚焦于中国古代建筑领域的某个分支的理论研究。我想到了中国建筑软传统，想到了中国建筑的低阶软传统、中阶软传统、高阶软传统。既然学院一定要我们申报国家自然科学基金项目，那我就选择一个聚焦的课题作为申报的选题。我想这个选题应该有一个很合适的项目名称。这个名称应该能很好地涵括研究内涵，又很大气、响亮。我想起了李泽厚在"形象思维再续谈"一文中曾经说："美学本身包括美的哲学、审美心理学、艺术社会学三个方面"。以此类推，当然"建筑美学"就能涵括建筑美、建筑艺术的许多理论研究课题；"中国建筑美学"就能涵括中国建筑的一系列美学的、艺术的理论研究课题。我虽然对"建筑美学"饶有兴趣，但它涉及古今中外建筑，那个面实在太宽泛，远远超越了我熟悉的、有根底的、有储备的领域，还是踏实地搞"中国建筑美学"吧。这样，我就把申报国家自然科学基金的项目名称定为"中国建筑美学研究"。我对于这个新确定的、姗姗来迟的研究定向很是满意，我觉得它很像是一个小的"分支学科"。不是很大，也不是很小。对于我来说，在"中国建筑美学"这个不大不小的圈圈里玩还挺合适，这正适合我的兴趣和储备。我的这项国家自然科学基金申报，顺利地得到立项。基金申请的经费只有2万元。这在现在来看，也实在太少了。可是在当时，我觉得还是蛮好的。因为那时候出一次差的差旅费也就二三百元，用这钱买参考用书也能买不少。

这项国家自然科学基金的成果就是一部书稿和几篇论文。书名自然就是《中国建筑美学》，一个我觉得很大气、也很响亮的书名。这本书主要展开四个方面的论述：

一是综论中国古代建筑的主体——木构架体系；

二是阐释中国建筑的构成形态和审美意匠；

三是论述中国建筑所反映的理性精神；

四是专论中国建筑的一个独特的美学问题——建筑意境。

以这样的内涵冠上《中国建筑美学》的书名，似乎还说得过去，我就大胆地、美美地这么用了。那时候，要出这种理论性的、销售量可能成问题的书，出版社还是很犹豫的。正当我还落实不了出版社的时候，不知道从什么途径，

图 8-1 《中国建筑美学》，于 1997 年 9 月出版 图 8-2 《中国建筑美学》改版，于 2009 年 8 月出版

黑龙江科学技术出版社的曲家东社长得知我的书稿信息，主动地找到我，说可以由他来出。我不认识曲家东先生，但我知道"黑科"，因为黑龙江科技出版社出了很大一批很有分量的建筑书。我很感谢曲先生的信任，也很佩服他敢于拍板出版这种理论书的魄力。后来我和他成了很熟悉的朋友，他对我说，他对自己的这个决策很有些自我欣赏，能由"黑科"出版《中国建筑美学》这本书是他做的一件很得意的事。

《中国建筑美学》是 1997 年 9 月出版的（图 8-1）。我没有想到，在这本书出版 13 年之后，还能够在中国建筑工业出版社重新再版（图 8-2），并且由王莉慧当责任编辑。王莉慧是我的研究生，在《中国建筑美学》这本书中，也融有她的研究成果，现在又由她来当责任编辑。自己的书能够由自己的研究生当责任编辑，这是多么理想的事，这么理想的事还真的让我遇上了。

更让我没有想到的是，《中国建筑美学》出版后，跟着就有麻烦的事。原来出版的书还需要评奖。出版社很关心这一点，建筑学院也很关心这一点。因为对科研成果的评定，得看这本书能评到什么奖。为了这样的评奖，那就得有"书评"，那就得请人写"书评"。

这件事可苦了我。我实在抹不开面子请人写书评，怎么好意思请人家给自己的著作评功摆好。但是，我不得不应对，只好硬着头皮请一位专家给我写。请谁呢？想来想去，请了一位既是清华校友、也是同行老友的萧默。他这时候是中国艺术研究院建筑艺术研究所所长，他主编的大部头的《中国建筑艺术史》即将出版，由他写书评当然很有分量。还有一层，当他的大著《敦煌建筑研究》出版时，他也为了同样的原因，曾让我给他写书评。我曾经给他写了一篇"中国建筑史学的硕果——读萧默的《敦煌建筑研究》"一文，刊于《建筑学报》1991年第12期。因为有这一层铺垫，我想就有劳萧默老兄吧。

我是1997年12月给他寄书，请他写评语。萧默兄给我回了一封信，是用电脑打字的，密密麻麻地写了整整三大页。他对这本书很是赞扬了一番，很兴奋、也很高兴答应一定给我写读后记。只是这时候，他手边正忙着拍一部20集的《中国建筑艺术》电视片。导演、制片都等着他定稿。他说等忙过这事，就给我写。

到了1998年3月，我收到他写的一封短短的信，说他生病了，已经住院一个多月，"并查出了应加重视的疾病"，医生要他停下一切工作。他告诉我，住院期间，已全部细读了我的书，可惜现在不能写了。他说这读后记是一定要写的，病好些时一定写。在这封信的后尾，萧默兄的夫人特地又添上几句，说医生特别强调手头的工作一定要完全放下，再不能带病坚持了，所以书评的事怕是不能完成了。

我接到这信大吃一惊，我没想到萧默兄生了病，而且是大病。后来听说他做了肾移植手术。处在这种情况下的住院，病体状况和病人心情是可想而知的。他居然还细细地看我的书，想书评的事，直到医生坚决不让他工作时，才停了下来。我为这感到非常内疚，赶紧写信去请他专心治病，千万不要再考虑书评的事。哪知道，到了4月11日，萧默兄又给我来信了，他说"读后记"今日结束了，准备修改后尽快发出，还说这种病愈后不大好，以后要靠中医长期调治了。我不清楚他这时候的治疗是什么情况，难道他这时候已经换完肾了？如果这样，那他是什么时间写的书评呢。我对于萧默兄在重病期间还坚持为我写书评的事，非常非常的歉疚，也非常非常的铭感。不知是什么缘故，这篇凝结着深情厚谊的书评，一直到2000年10月才在《建筑史论文集》第13辑发表。读者不会知道背后有这样感人的故事，而我在读这篇书评时却忍不住满嘴泪水。如今，萧默先生和夫人都已过世了，我谨在这里致以深深的悼念。

《中国建筑美学》出版后得到了一些反响，好几位同行专家给我写了赞许的信，吴良镛先生也来信称许。吴先生后来在为萧默主编的《中国建筑艺术史》所写的"序"中，谈到中国建筑的研究在达到一定的广度之后，需要逐步地、更为自觉地进入一个新的阶段，即理论研究阶段。他说这个阶段迫切需要的就是努力把对中国建筑的研究进一步上升到较为系统的理论高度。他指出：

可庆幸的是，这方面的工作已不是没有人在做，例如，傅熹年对中国建筑和组群构图规律的研究，王世仁的《理性与浪漫的交织》、侯幼彬的《中国建筑美学》、汪德华的《中国古代城市规划文化思想》和现在放在读者面前的这本萧默主编的《中国建筑艺术史》，都是注重理论并采取史论结合写法的比较重要的成果。

我非常感谢吴良镛先生这样的认可。《中国建筑美学》也陆续评到一些奖项。1997年评得"第十三届北方十省市优秀图书一等奖"；1999年评得"全国优秀科技图书奖暨'科技进步奖'三等奖"；2003年评得"黑龙江科学技术奖二等奖"。这些奖都不高，即使是高奖，我也不当回事。倒是这本书被列入"研究生教学用书"，让我很是高兴。我不知道这是怎么评的。只知道是正式下达了通知，书名上可以统一冠上"教育部研究生工作办公室推荐研究生教学用书"的抬头（图8-3）。我知道刘先觉先生主编的《现代建筑理论》是冠着这个抬头的。有了这个抬头就算是名正言顺的研究生教学用书了。

《中国建筑美学》的出版，带给我最大惊喜的是陈志华先生为这写了一篇学术随笔。在建筑史学界，我很佩服几位文笔特好的同辈名家。这里面，最让我佩服的就是陈志华先生。我在清华大学上学时，给我们讲《外国建筑史》课的是胡允敬先生，而给我们做外建史助教的就是陈志华先生。因此他是我的师辈，比我大几岁的老师。而后来他却把我当作朋友，与我亦师亦友。我特别喜欢他的文笔，喜欢他的睿智，喜欢他的高视点，喜欢他的敏锐的觉察，犀利的针砭，洒脱的文风。他在《建筑师》上连载"北窗杂记"，每期一则。

图 8-3 从 2002 年开始,《中国建筑美学》被列为教育部研究生工作办公室推荐的"研究生教学用书"

图 8-4 陈志华先生在"北窗杂记"中撰写的关于《中国建筑美学》一书的随笔,刊于《建筑师》第 83 辑

我每次拿到新一期的《建筑师》,迫不及待地首先要读的一定是这一期里的"北窗杂记"新篇。1998 年 9 月的一天,当我手捧《建筑师》第 83 辑,照例迫不及待地先翻看这期刊登的"北窗杂记"。我喜出望外地发现,这一期刊发的"北窗杂记"第六十四则,写的竟然是关于我写《中国建筑美学》的事(图 8-4)。

陈先生从我们这一代人的学术晚成说起。他写道:

1997 年年底,侯幼彬老兄寄来了一本他写的《中国建筑美学》,掰着手指头算算,他早已过了 60 岁。一阵心酸,立即抄了一句马克思的话寄给他。这句话是:"我们的事业并不显赫一时,而将永远存在,高尚的人们将在我们的墓前洒下热泪"。不过我的热泪早已洒下,湿透了那张信笺。

是的,这封湿透泪水的信,现在还在我身旁。他在这句话的后面,还写有一句话:"老兄,我能了解你的艰难和无比的努力!还有你的老伴老李!"

这大概是我收到的最感人心脾的信。他是真正了解我们这样的人的。他在信里说我们是"悲剧性的人物"。的确,像这样一本书,姗姗来迟,一直熬到 1997 年才能成书,是很让人伤悲的。出这本书时,我已经 65 岁了。按说,这是 1967 年就可以做的事,而我却晃着晃着,把生命的 30 年都晃过去了。

陈先生接着说:

看了一眼书名，我有点儿犹豫。这十几年，被一些脱离实际、脱离生活、游谈无根的"理论著作"弄得落下了病根，见到"美学"之类的名词儿就怕。转念一想，他侯兄是最严谨、最实在的人，不致玩云山雾罩的把戏，于是把书打开。果然文如其人，这是一本严谨而实在的书。

我很高兴陈先生认同《中国建筑美学》是"实在的书"。我很热衷"软"思索，但我和陈先生一样，非常厌烦那种云山雾罩的、让人摸不着头脑的所谓的"理论"。我想，写"中国建筑美学"，要有哲理的深度、高度，但千万别成了故弄玄虚，也必须避免理论的晦涩，最好是把道理不显山露水地说得明明白白。我很担心这种理论性的东西会不会难以被读者接受。有了陈先生的这一点肯定，我就放心了。

接下来陈先生用很风趣的语言，说我写这本书是打"阵地战"。他说：

侯兄写这本《中国建筑美学》，是打阵地战，自从《中国古代建筑技术史》编写之后，二十年了，在中国建筑的历史理论领域里，好像还没有出版过这样一本打阵地战的大书。那本"技术史"是集合了一大帮精兵强将写的，而侯兄这本"美学"，足足65万字的篇幅，是他在老伴李婉贞的支持下写成的，借了些研究生的力。没有拼命三郎的精神，压根儿下不了这个大决心。学术工作，凭"三五个人，七八条枪"而要打阵地战，那是最吃力不过的了，何况只有两口子的夫妻档。他要付出多少辛苦、耐住多少煎熬哟！

我完全没有意识到，我这么写是打阵地战，压根儿就没这概念。什么是阵地战呢？陈先生作了一大段表述。这段表述有些长，但是写得生动极了，我忍不住还是把它抄录在这里：

写书打阵地战，先得拉开架势，甲乙丙丁，一二三四，章章节节要铺开，搭配要齐整，这就是一场有决定意义的前哨战。架势搭好了之后，就得一章一节打攻坚战，有资料、有观点、有思想，各章各节还得呼应照顾，均衡匀称。不论前后有多少课题，思想要贯穿，概念要肯定，观点要统一，不能有轻有重，有松有紧，不能自相矛盾，不能露出明显的漏洞或者弱点。一本书要形成一个框架体系，完备的逻辑的整体。那阵地战岂是容易打的！所以，这些年来，打运动战和游击战的人多，阵地战很少有人去打。这当然是迫于形势和条件，倒并非都是孬种。

侯兄有勇气打这一仗，他也有智慧把这一仗打赢。打赢，不只是著作的结构完美，论证严密，资料丰富；它更是在学术上有所创造、有所开拓、有所前进。创造、开拓、前进，首先要有自觉的追求，其次要有功力，然后是斗室孤灯，日日夜夜绞尽脑汁，呕干心血。翻开这本《中国建筑美学》，许多地方都有独到的见解，独到的史论结合的方法，独到的动态分析思路。但这本书更大的特点和价值是专门成立了几个独到的章节，系统地论述了几个重要的问题，既是历史的，也是理论的。

我非常感谢陈先生给我这样的褒奖。我抄录下这一大段，是想让读者完整地读陈先生的这段文字。陈先生论写书的阵地战、前哨战、运动战、游击战，是我们这些学人应该有的意识。我在此前就没这个概念。陈先生这段文字，写得这么生动，这么风趣，这么轻松，这么优美，这么到位。你见过这样的书评吗？要想知道陈先生的文笔好到什么程度，就请读读陈先生的这段文字吧。

在陈先生的随笔里，最妙不过的，是在文章的结尾，他居然写了这样的一段：

最后，说句笑话。不知为什么，这本书的"前言"末尾，侯兄的署名是写在一小块白纸上贴上去的。我用指甲抠，抠不掉，对着灯光照，照不透，那下面，侯兄玩了什么把戏呢？

以这个笑话结尾，实在是太有趣了。我后来去信向陈先生解密。原来是出版社的打字员小姐，在打书的"前言"时，我原本附上的签字体署名找不到了。这位打字员小姐灵机一动，就由她代劳替我签名补上了。这样的调换当然不易被"校对"察出。因此，当我看到书上的签名是伪造的时候，简直大吃一惊，不知怎么会出这情况，等到弄明白原委，只能哭笑不得。我就想了一招，凡是我寄出的赠书，就贴上一张我的签名字条，把小姐的假签名转换成我的真签名。我觉得，这也算得上《中国建筑美学》的一则小花絮吧。

陈先生的随笔以这样的花絮打住，真是妙不可言。它更添加了随笔的风趣。我觉得，在"北窗杂记"中，这篇第六十四则，从散文的优美生动来说，应该算得上是上乘中的上乘。

借用"绳圈"图解

　　我写《中国建筑美学》，想在第一章先宏观地对中国古代建筑体系作一个整体的审视。一开头首先点出的，是中国古代建筑具有双重含义的"多元一体"现象：一重指的是作为中国古代建筑主体的木构架体系与干阑、井干、窑洞、碉房等多种其他建筑体系之间的并存、共处和相互渗透；另一重指的是木构架体系自身，在基本构筑形态的共同性基础上，存在着地域性、民族性的诸多差异，显现出统一的构筑形态与不同地方特色的多彩面貌。在这种双重含义的"多元一体"中，木构架体系的主体地位显得分外突出，在很大程度上成为中国古代建筑的总代表，一直成为中国古代经久不衰的建筑正统。

　　为什么不是其他建筑体系，而是木构架体系成为中国古典建筑的主体？为什么木构架体系会持久地稳居建筑正统地位而成为延绵不断的古典建筑体系？我从三个方面作了论述：一是木构架建筑的历史渊源；二是木构架建筑的发展推力；三是木构架建筑体系的若干特性。

　　木构架建筑的历史渊源，大家的认识比较一致。中国原始建筑存在着穴居和巢居两种不同形态。如果说，黄河流域的文化具有"土"文化的特征，长江流域的文化具有"水"文化的特征。那么可以说，穴居、半穴居充分体现了"土"文化的建筑特色，巢居、干阑充分体现了"水"文化的建筑特色。虽然黄河流域也有巢居活动，长江流域也有穴居活动，但是穴居的确是黄土地带最典型的建筑方式，干阑的确是沼泽地带最典型的建筑方式，它们在各自的自然环境里，的确具有突出的环境适应性和文化典型性。这两种充分体现地区性自然特点和文化特征的构筑方式，理所当然地具有很强的生命力。它们构成了木构架建筑的两大技术渊源。"水"文化建筑与"土"文化建筑的双向渗透，为土木混合结构的木构架构筑方式准备了必要的技术条件。

　　木构架建筑体系的若干特性也不难梳理。我从自然适应性和社会适应性；正统性、持续性和高度成熟性；包容性和独特性这三个方面作了展述。我想通过这些特性的表述，对木构架体系的主要特性可以有一个宏观的认知。

　　倒是木构架建筑的发展推力，论述起来比较麻烦。因为中国古代建筑为什么突出地以木构架体系为主体？为什么迥异于西方古建筑以石结构为主体？历来有不同说法。李允鉌在《华夏意匠》里对这问题做了专门讨论。他列举了刘致平的多木少石的"就地取材说"，徐敬直的"中国经济水平低下说"，李约瑟的"早期缺乏大量奴隶劳动说"。他对这三说都不认同。他提出了自己的看法，认为：

中国建筑发展木结构体系主要的原因是在技术上突破了木结构不足以构成重大建筑物要求的局限，在设计思想上确认这种建筑结构形式是最合理和最完善的形式。

李允鉌的说法，也没有抓住真正的实质。在这方面，石宁、刘啸有一篇从地理环境影响的角度分析木构架体系成因的文章，我觉得最值得重视。这篇文章提到了三点：

（1）根据对半坡遗址埋藏层的孢粉分析，在半坡人生活时期，这一带以草原植被为主，但远谈不上茂密的森林。历史上的这些地区曾有一定的木材可用，但并不是很多。

（2）中原地区属于半干旱的黄土分布地区。在洛阳—郑州—开封一线，干燥度达 1.5 以上。正是由于气候的干燥，为采用土木作主要建筑材料提供了有利条件。

（3）中国人很早就掌握了夯土技术，利用黄土地区取之不尽的土材作夯土台基、夯土墙。夯土台基既避免了地下水经毛细作用蒸发到地表，又抬高了木构，免受雨水侵害，有效地保证了土和木的耐久性能，克服了土和木的重大缺陷。因而在很长时期里阻碍了石材和砖的大量应用。

我觉得石、刘两位先生的分析十分精彩，为我们找到了木构架体系采用土木相结合的构筑形态的地理环境依据。而这个地理环境依据恰恰是木构架体系成因的最主要依据。欧洲的早期建筑，如古希腊早期建筑，原本也是木结构的。但因属于地中海的湿润或半湿润地区，承重木柱的根部在雨水和潮湿空气的浸润下，很容易糟朽，而导致选用石柱取代木柱，最后发展到全面石构。中国的木构架则得益于夯土技术，在半干旱地区，由于土与木的合作，而成为持续发展的主体构筑方式。

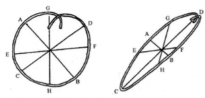

图8-5 亨德里克·房龙提出的"绳圈图解"

图8-6 制约建筑形态的"绳圈"合力图形
ＡＢ为实质力向度，包括"自然力""结构力"因子
ＣＤ为虚设力向度，包括"社会力""心理力"因子

　　有了这样的基本认知，我很想对它进行理论上的提升。这时候恰巧我读到以撰写通俗历史著作著称的美国作家亨德里克·房龙的名著《宽容》。他在书中提出了一个很新鲜、很有趣的"绳圈"图解（图8-5）。他自称这个"绳圈"是"解答许多历史问题的灵巧钥匙"。他把绳子绕成圆圈，圈内各条线段代表不同的制约历史因素。当绳圈为圆形时，各要素的作用力相等。当某些要素成为强因子时，绳圈就被拉成椭圆形，其他要素的作用力就会不同程度地缩减。我觉得这个图解分析很有道理，它实质上是一种多因子制约的"合力说"。它表明历史问题是许多制约要素、许多推力综合作用的结果。在不同的情况下，有不同的强因子，但都不是单因的孤立作用。我就借用了这个"绳圈"图解，对中国木构架建筑体系的成因和演进，提出了"综合推力说"。

　　我把绳圈图形划分为纵横两个向度，以纵向的ＡＢ线表示"实质力"的向度，它包括气候、土质、地形等自然环境因子和建材资源、技术经验、劳力条件等材料技术因子。以横向的ＣＤ线表示"虚设力"的向度，它包括社会意识、价值观念、哲学思想、伦理道德、生活习俗、文化心理等社会人文因子（图8-6）。根据这样的设定，展开了"综合推力说"的具体分析。我觉得绳圈图解给了我很大帮助。它让我认识到，木构架体系之所以成为中国古代建筑的主体，不是单因决定的，它是多因子合力作用的结果。这种合力作用对于木构架建筑发生期和木构架体系形成期、发展期，其制约的强因子是不相同的。对于官工建筑突出发展木构架体系和民间建筑广泛运用木构架体系，其制约的强因子也是不相同的。一部中国古代建筑史，是在复杂的、不断变化着的绳圈合力推动下演变发展的。

从单体建筑形态切入

我从 1978 年开始招收硕士研究生，最初招收的研究生人数很少。我的研究生的学位论文选题，除了几位做的是哈尔滨近代建筑外，大多数做的都是中国古代建筑的课题。当时我有一个朦朦胧胧的想法，想对中国木构架建筑的构成形态做一下系统的审视。因此，在前期所招的硕士生中，有赵光辉、刘大平、邹广天、许东亮、吴岩松、王莉慧、于亚峰、马兵、田健、刘晓光、莫畏等 11 位，撰写了这个研究方向的 11 本硕士学位论文。这些论文涉及中国建筑的单体形态、庭院形态、组群形态、台基形态、屋顶形态、装修形态、单体门形态、北方汉族宅第、寺庙园林环境、环境景观类型、中国建筑象征等。这些研究生的工作，为《中国建筑美学》作了重要的铺垫。

当我撰写《中国建筑美学》时，很自然地首先就从"形态构成"切入。我觉得审视中国建筑的软传统，"形态构成"应该是它的起点。我想通过形态构成、组合规律、构成机制、调节机制、审美意向、审美意匠的梳理，透过建筑遗产的表层去追索建筑传统的深层。这样的梳理有点像是建构"中国建筑形态学"，我对于这样的课题还是很来劲的，觉得很有意义，也很有兴趣。

我把木构架建筑区分为两个层面，单体建筑层面和庭院组群层面，各用一章篇幅来展开论述。

在单体建筑层面，主要作了三方面的审视：

一是探讨单体建筑的原型，从历史上的两种"一堂二内"的平面比较，推断出富有生命力的"一明两暗"基本型。

二是剖析"正式建筑"与"杂式建筑"，从正式建筑显现的规范性、通用性、弹性、组合性与杂式建筑显现的变通性、专用性、硬性、独立性的不同特点，分析官式建筑以"正式"为主导、以"杂式"为补充的宏观程式构成及其互补机制、调节机制。

三是展述单体建筑的"三分"构成，对"下分"台基、"中分"屋身、"上分"屋顶，从部件、构件、分件到细部，进行形态分析、机制分析和意匠分析。

我从梳理单体建筑的构成因子着手，这纯粹是一种硬件梳理，列出了台

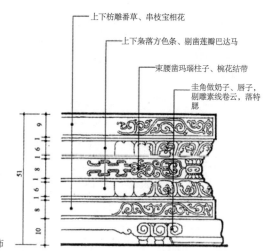

上下枋雕番草、串枝宝相花

上下枭落方色条、剔凿莲瓣巴达马

束腰凿玛瑙柱子、椀花结带

圭角做奶子、唇子，剔雕素线卷云，落特腮

图 8-7 清式须弥座，全盘定型的装饰

基构成简表、屋身构成简表、内里空间构成简表等等。这些构成简表很容易列出，因为这都是大家早已熟知的。在这个梳理中，给了我一个突出的印象，就是各部分构成因子的细目都很多。从部件到构件，从构件到分件，再从分件到细部、到线脚、到饰纹，一层层的构成都十分明确，十分详细，而且全都有各自的专有名词。其专有名词之多、之细，实在令人惊讶。由此我冒出了一个关键词，称之为"可命名性"。

　　这个可命名现象，很有点意思，它并非故弄玄虚，有意搞繁琐哲学，而是不得不如此。这是因为它是程式化体系。它的构成，它的因子，它的做法，完全是规格化的定制、定式。它所有的组成元素都是重复使用的。一个个因子，哪怕再小，都是"模件"。只要是模件，就得命名。在这里，命名与定型是同步的。定型到哪里，就得命名到哪里。一个标准的清式须弥座，自上而下，一定由上枋、上枭、束腰、下枭、下枋和圭角六层组成。一个满布饰纹的标准清式须弥座，它的雕饰规制，上下枋可表述为"雕番草、串枝宝相花"；上下枭可表述为"落方色条、剔凿莲瓣巴达马"；束腰可表述为"凿玛瑙柱子、椀花结带"；圭角可以表述为"做奶子、唇子，剔雕素线卷云，落特腮"。这里的每一层做法，每一道线脚，每一个纹饰，都有它的专有名词（图 8-7）。

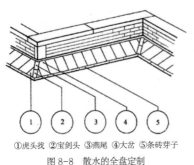

①虎头找 ②宝剑头 ③燕尾 ④大岔 ⑤条砖牙子

图 8-8　散水的全盘定制

不仅如此，就连台基周围最不起眼的"散水"，在转角做法中所用的几块特殊形状的砖块，也有"虎头找""宝剑头""燕尾""大岔""条砖牙子"等命名（图 8-8）。可以说，命名的层次越细，意味着定型的程度越高。中国木构架建筑的这个极繁杂、极细腻的命名，表明中国木构架体系的程式化、模件化达到了最彻底、最精密的程度。这样严密、精致的程式化，必然经历了从"初始形式"到"范式"，再由"范式"到"定式"的过程。因此，作为定式的程式化形态，必定有它的优化缘由。这个优化缘由是很值得我们关注的。这是越过"什么"，去追索"为什么"，是认知上的重要深化，是透过硬件的表层，去认知蕴涵在它背后的软件的深层。

这样的深化很有些难度，不是轻易就能把握的。但是，一旦准确把握了它的构成形态和构成机制，那就会迎刃而解，获得意想不到的、深化的认识。这方面最让我难忘的就是对"大屋顶"构成形态的追索。

中国建筑大屋顶，是木构架建筑"三分"构成中的"上分"，是中国建筑最具特色的组成部分。在官工建筑中，大屋顶定型为庑殿顶、歇山顶、悬山顶、硬山顶和攒尖顶五种基本制式。其中前四种是"正式"建筑屋顶，后一种属"杂式"建筑屋顶。为什么大屋顶呈现出这样的基本制式？我们需要透过它表层的外在形式，探知蕴藏在它背后的构成法则和构成机制。

我的研究生许东亮做的学位论文正是这个课题。他一下子就抓住了大屋顶的两大构成要素："庇"与"脊"。"庇"就是屋面，庇有三种结束形式：

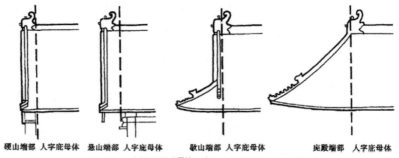

硬山墙部 人字庇母体　悬山端部 人字庇母体　　歇山端部 人字庇母体　　　庑殿端部 人字庇母体

图 8-9 四种基本型屋顶的"人字庇母体"与"端部"做法

一是庇的中断,其边沿做成"檐口"中断或是像悬山那样,在端部以"排山垂脊"镶边中断;二是庇与庇阳角相交,构成"脊",如正脊、垂脊、戗脊,这些脊构成了屋顶的基本轮廓;三是庇与墙相交,如歇山中的博脊、重檐中的围脊、硬山中的排山脊,形成随墙而设的贴墙脊。

对大屋顶进行这样的构成要素分析是很有意思的。按照这样的构成元件,庑殿顶就是由四庇、五脊构成;歇山顶就是由四庇、九脊构成,加上两根博脊,实际上是十一脊;悬山顶、硬山顶就是由二庇、五脊构成;攒尖顶则没有正脊,依据它平面的四角、六角、八角,分别由四庇、六庇、八庇和四脊、六脊、八脊构成。而圆攒尖顶则由统一的圆锥庇和宝顶构成。它没有庇与庇相交的线状的脊,而聚集成了一个点状的宝顶。这个宝顶很贴切地被称为"绝脊"。围绕着"庇"与"脊",可以进一步探讨庇面的材质,庇面的凹凸和单庇、不等庇、缀庇、围合庇等种种的"庇变";也可以探讨"脊"的材质、"脊"的构成、"脊"的变化和多样丰富的"脊饰"。

让我没有想到的是,许东亮没有停留于屋顶构成要素的这些分析,他又进一步点出了屋顶的"构成方式"。他把大屋顶的构成,概括为"人字庇——结束形式"(图 8-9)。他梳理出庑殿、歇山、悬山、硬山四种正式屋顶都有一个共同的构成母题,那就是"人字庇母体"。不同类型屋顶的区别,只在于两个端部"结束形式"的差异。当我第一次见到许东亮的这个概括时,我真是眼前一亮,大喜过望。因为这个大屋顶的构成方式,一直是我很想寻觅而久久没有寻觅到的。许东亮的"人字庇母体"与"端部结束形式"的概括一出来，我马上意识到这个问题解决了，一道难题突破了。我想起了王国维说的"治学三境界"，那个第三境界，也就是最高境界，许东亮的这个概括正在这个最高境界的"灯火阑珊处"闪烁。

有了这样的突破，我们就可以对大屋顶展开深度诠释了。显然，大屋顶的这个"人字庇—结束形式"是一种绝妙的构成。人字庇是绝妙的，四种端部形式也是绝妙的。人字庇母体的绝妙在于它自身具有灵活的调节机制：在进深方向，人字庇是可深可浅的，可以灵活地增减檩子的架数，三架、五架的进深可以用它，七架、九架、十一架的进深也可以用它；在面阔方向，人字庇是可长可短的，可以灵活地增减开间的数量，满足不同面阔的需要（图8-10）。三开间可以用它，五开间可以用它，七开间、九开间也可以用它。甚至超长的廊、庑也能用它。这样，人字庇母体就保证了它的最大限度的通用性、灵活性。大屋顶的端部形成四种结束形式。这四种端部形式明显标示出两大档次：一类是庑殿、歇山，其端部的共同点是带有两侧的撒头和四角的角翘，属于高档次屋顶；另一类是悬山、硬山，其端部的共同点是没有两侧的撒头，也没有四角的角翘，属于低档次屋顶。这两大档次的端部自身又各分出上下两等：高档次端部分出带大撒头的、颇具宏伟感的庑殿端和"厦两头"的、由小撒头、小红山组构的颇具华美感的歇山端；低档次端部分出山面"出梢"的、较为舒展的悬山端和止于封山的、显现拘谨的硬山端。正是基于这样的构成方式，由庑殿端部、歇山端部、悬山端部、硬山端部与人字庇母体结合，就形成屋顶系列的"同体变化"，它们构成了单檐庑殿、单檐歇山、单檐悬山、单檐硬山四种基本屋顶制式。然后加上"卷棚"的处理和"重檐"的设置，整个官工建筑的大屋顶就形成了由高至低的重檐庑殿、重檐歇山、单檐庑殿、单檐尖山式歇山、单檐卷棚式歇山、尖山式悬山、卷棚式悬山、尖山式硬山、卷棚式硬山九个等次。由此建立了严格的、明晰的正式建筑大屋顶等级，适应了官工建筑严格标示不同等级、不同规制的需要。有趣的是，大屋顶的"人字庇——结束形式"构成，当人字庇母体缩短为零时，两个端部就会直接粘连。这样，当庑殿顶的两端直接粘连时，就成了四角攒尖顶（图8-11）。因此，我们可以把攒尖顶视为缺失"人

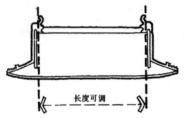

图 8-10　人字庑母体的长度可随宜调节

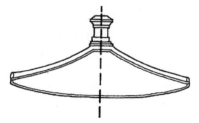

图 8-11　庑殿的人字庑母体缩短为零时，即
　　　　　成为四角攒尖顶

字庑"的大屋顶特例。它们依据平面的形式，形成了四角攒尖、六角攒尖、八角攒尖、圆攒尖等攒尖系列。这个攒尖顶系列都属于"杂式"屋顶，它们成了"正式"屋顶的重要补充。这使得大屋顶的系列，从庑殿、歇山、悬山、硬山四个基本型，扩展成为加入攒尖的五个基本型。

可以说，具备五个基本型的大屋顶，在组群空间组织上是很圆满、很灵活的。它们各具特色，各尽所能，各适所用。硬山顶的侧面收藏不露，仅以山墙面显现；悬山顶的侧面略加悬挑，屋顶在山面略有照应；歇山顶提供了华丽、丰富的屋顶正面、侧面；庑殿顶展现了宏大、庄重的屋顶正面、侧面；攒尖顶则把侧面提到与正背面同等重要的地步，形成正、侧、背各面等同的全方位屋顶。这样，硬山、悬山恰当地适用于处在偏旁部位的配殿、配房和低等级、小尺度庭院的正房的屋顶；歇山、庑殿恰当地适用于处在中心部位的高等级主体殿堂和重要的、大尺度庭院的偏旁配殿的屋顶；攒尖顶恰当地适用于承受来自四面八方的、全方位视线的亭、塔的屋顶。大屋顶的类型虽然不多，而在组群空间的构成上，却能满足各种面向的需要，表现出在庭院式组群布局中良好的调节机制。

从建筑性格来看，五种基本型屋顶也形成了屋顶审美的性格序列。硬山显得素朴、拘谨，悬山显得舒放、大方，歇山显得丰美、华丽，庑殿显得严肃、庄重，攒尖显得高崇、向上、活泼、丰富。在这五种类型性格的基础上，还可以用"卷棚"来调节硬山、悬山和歇山的轻快感，用"重檐"来增强歇山、庑殿、攒尖的雄伟感、高崇感。这样，就形成了从朴素到豪华、从轻快到肃穆、从灵巧到宏伟、从平阔到高崇的屋顶性格序列，取得屋顶品种有限而性格品类齐全的灵活适应机制。只不过这样的性格都是建筑的形制性格、等级性格，而不是建筑的功能性格、创作性格，显现出以形制性格、等级性格的类型性吞噬功能个性、创作个性的现象。

我从屋顶形态构成的诠释，尝到了透过形态分析、机制分析深度认知屋顶的甜头。在书中，对石作的台基形态，小木作的装修形态，也做了这样的分析。

组群范式：庭院式布局

审视木构架建筑的组群形态，我主要讨论了三个问题：

第一个问题：庭院组群是离散型建筑的最佳布局方式。

以木构架为主体结构的中国建筑体系，单座建筑体量不宜做得过于高大，一般建筑组群都由若干栋单体建筑组成。这种建筑构成形态与西方古典砖石结构体系的大体量集中型建筑截然不同，属于多栋离散型建筑。

离散型建筑可以有多种组合方式，有像民居村落、景观建筑那样的散点式布局，单体建筑自由错落地散布；有像陵墓神道、寺庙神道那样的贯联式布局，单体建筑和建筑小品沿着纵深轴线前后贯联；也有像沿街、沿河或沿等高线布置的街道店铺和街巷民居那样的联排式布局，单体建筑横向毗邻，呈鳞次栉比的线型联排。但是这些都不是木构架建筑组群的主要构成方式。中国木构架建筑组群的主体构成形式是庭院式布局。它以"院"为构成单元。一个独立的院落，就是一个独立的小型建筑组群，院落与院落的组合，就组成中型的或大型的建筑组群。官工建筑、民间建筑的组群，多以庭院式布局为常态。

为什么离散型的木构架建筑体系要以庭院式作为主体布局形式呢？王国维有一段生动的描述，他写道：

我国家族之制古矣，一家之中有父子，有兄弟，而父子兄弟又各有匹隅焉。即就一男子而言，而其贵者有一妻焉，有若干妾焉。一家之人，断非一室所能容，而堂与房又非可居之地也…… 其既为宫室也，必使一家之人、所居之室相距至近，而后情足以相亲焉，功足以相助焉。然欲诸室相接，非四阿之屋不可。四阿者，四栋也。为四栋之屋，使其堂各各向东南西北，于外则四堂，后之四室，亦自向东西南北而凑于中庭矣。此置室最近之法，最利于用，亦足以为观美。明堂、辟雍、宗庙、大小寝之制，皆不外由此而扩大之、缘饰之者也。

王国维的这段表述虽有不准确之处，但他的基本见解值得重视。庭院式布局的确是木构架建筑体系适应宗法制家庭形态的最合适、最自然的组合方式。这种布局方式先在居住建筑中发育成型，具有庭院的"原型"意义，宫殿、宗庙、陵寝、衙署、寺观等其他建筑类型的庭院式布局，实质上是居住型庭院"扩大之，缘饰之"的同构衍生。庭院在各类型建筑中都起到把离散的建筑单体从使用功能上和空间构成上联结成聚合的有机整体的纽带、结点作用。

这的确是形成庭院式布局的重要原因，庭院布局在这里发挥了重要的空间聚合功能，但是它只是形成庭院式的原因之一。它还有另一个重要的原因——防护戒卫功能。这是因为，以土木为主要构筑材料的木构架建筑，殿屋自身的坚实程度远不如砖石结构的西方古典建筑，采用庭院式布局，各栋建筑得以深藏院内或面向内院，整组建筑有一道由院墙与殿屋后檐墙环绕组成的坚实防线，大大增强了建筑组群的整体防护性能，不仅有利于防盗御敌，也有利于组群之间的防火安全。可以说，适应宗法制家庭形态的空间聚合功能和满足土木构筑形态所需的防护戒卫功能是促成庭院式布局的两项强因子。不仅如此，庭院式布局还具有气候调节功能、场所适应功能、伦理礼仪功能、审美怡乐功能等多方面的作用，正是由于庭院式布局具有诸多方面的优势和潜能，使得它成为中国木构架建筑长期持续的基本布局方式。

第二个问题：庭院组群的单元构成和组合规律。

阐释庭院单元的形态构成，主要看它的构成要素和构成方式。庭院的构成要素很简单。一是单体建筑要素；二是围墙要素；三是建筑小品要素；四是自然要素。单体建筑要素包括殿、堂、楼、阁、轩、馆、房、榭、门、廊等单体建筑。这些建筑在庭院中，按其所处位置，有居于主体地位的正座，有居于附属地位的配座，也有处于进出口位置的门座。庭院建筑就是由主体正座与若干配座、门座组成。围墙要素包括院墙、隔墙、照壁、屏壁等墙体，

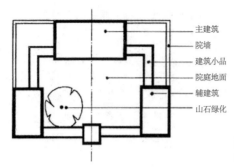

主建筑
院墙
建筑小品
院庭地面
辅建筑
山石绿化

图 8-12　庭院由若干要素构
成，是主建筑的放大器

都是二维形态的墙面，通常用的是实体墙，形成庭院的实界面封闭；也可以在墙面上开设漏窗、空窗，或粘贴游廊、植被形成不同程度的界面虚化。建筑小品要素包括亭、廊、坊、碑、经幢、旗杆、石灯、香炉、石桌、石凳等，体量不大却有鲜明的功能属性和象征意义，起到刻画庭院功能个性的作用，有很强的标志性。自然要素包括庭院中的树木、花卉、山石、水体。半勺清水，几块湖石，一丛花池，数竿乔木，都能改善庭院空间的局部小气候，增添庭院空间的自然情趣，为人工的庭院环境带来或浓或淡的自然气息和清幽境界。值得注意的是，这四种构成要素主要起两方面的构成作用：一是庭院的围合构成；二是庭院的内含构成。尤其值得关注的是，处于庭院主体位置的主建筑，是整个院落的核心。主建筑的功能、规模、性质决定了整个庭院的功能、规模、性质，制约着庭院空间的形态、景象、气韵。主体建筑在庭院构成中起着主控作用，庭院则是主建筑的放大、强化和补充，实质上是主建筑的放大器（图 8-12）。

　　庭院的构成方式、构成机制是一个很值得深入思索的课题。我当时只是从两个角度作了分析。一是从形态上区分为中庭式构成和中殿式构成；二是从形式上区分为对称构成和非对称构成。中庭式构成有两个分型，院庭式的分离型和天井式的毗连型（图 8-13）。它们分别适应不同的庭院性质、不同的庭院规模、不同的气候条件、不同的日照要求和不同的地段条件。中殿式构成也有两种分型：主殿居中，配屋沿边布置和主殿居中，配屋内移布置（图8-14）。历史上的庭院组群还出现了不少处理得很适当的中庭与中殿交叉的中

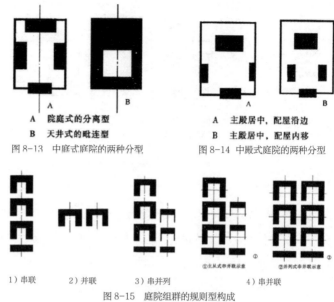

A 院庭式的分离型

B 天井式的毗连型

图 8-13 中庭式庭院的两种分型

A 主殿居中，配屋沿边

B 主殿居中，配屋内移

图 8-14 中殿式庭院的两种分型

1）串联　　　2）并联　　　3）串并列　　　4）串并联

①主从式串并联示意　②并列式串并联示意

图 8-15 庭院组群的规则型构成

介型构成。中国建筑很擅长调度对称式的庭院，也很擅长调度非对称式的庭院，特别是将对称的主体庭院融入非对称的组群之中。

庭院式布局的组合规律是个大题目。我的梳理是把它分成规则型构成和活变型构成来分别展述。规则型构成的基本方式是"串联"（图 8-15-1），在"择中"和"辨方正位"意识支配下，沿着纵深轴线，串联成多进院的格局。民间有"一落九进"式的极度追求，承德避暑山庄和曲阜孔府也都达到九重院落的极致。"并联"的布局，在单进院的组合中很罕见，只偶见于个别民居（图 8-15-2）。而在大型的多路多进组群中，主次轴之间的"并联"是常态，我把它归纳为两种分型：一种是次轴线上的建筑与主轴线上的建筑不存在横向对位关系的"串并列"型（图 8-15-3）；另一种是主次轴上的建筑在纵横双向都存在对位关系的"串并联"型（图 8-15-4）。这两种分型中，以串并列占多数。北京紫禁城总体组群也属于串并列布局，它的主轴线、次轴线在纵深空间组织上可以说是悉心推敲得极为严谨周密，而主轴与左辅右弼的其他各组次轴线之间的横向空间组织，则是相当松弛的。这种放松虽不利于整体的有机完整，

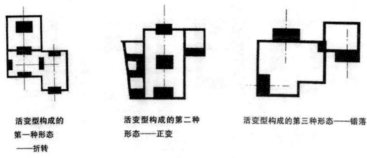

活变型构成的
第一种形态
——折转

活变型构成的第二种
形态——正变

活变型构成的第三种形态——错落

图 8-16　庭院组群的活变型构成

却有利于次轴线的后期续建和随宜布置，也有它的积极作用。

　　活变型构成是千变万化的，很难加以归纳，我勉为其难地把它区分为三种分型：一是折转；二是正变；三是错落（图 8-16）。"折转"是庭院式布局中呈现的轴线移位或转折，是在规则型基础上适度活变的一种常见方式。许多依山傍水地段的寺庙组群，常常顺应地形、地势而形成轴线的偏移和转折，形成曲折逶迤的转折空间序列和起承转合的空间变化。这样的转折并非消极的不得已的迁就地形，而是积极的因势利导的造就独特境界。"正变"是规则端庄的"正"与自由活泼的"变"的结合，是既有对称因子，又有不对称因子的半对称构成方式。这种正变交融的活变型，在皇家园林建筑中运用得十分普遍，充分展现出端庄而不板滞、灵活而不散乱的正变交融品格。"错落"则是在依山傍水地区、顺应地形起伏或随机扩建而形成的自由生长、高低错落格局。江浙民居中有这种自由错落平面布局的大量佳作，而在江南园林景点建筑中更是发挥得淋漓尽致，塑造出许多高度灵活、异彩纷呈的独特空间。

　　应该说，从折转、正变、到错落，存在着对称因子与不对称因子的不同隶属度组合，规则型布局加上不同隶属度的活变，塑造了千变万化的庭院组合方式（图 8-17），为中国木构架建筑组群绽放出千姿百态的光彩。

　　第三个问题：庭院组群的空间特色和审美意匠。

　　庭院式布局在空间组合和审美观赏上究竟有哪些特色，我想来想去，把它归纳为四个方面的"突出"。

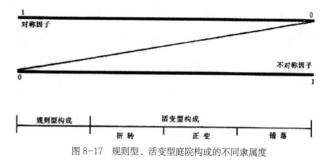

图 8-17　规则型、活变型庭院构成的不同隶属度

　　第一个是突出建筑的空间美。

　　不同体系的建筑，在空间美和实体美的表现上有不同的侧重。西方的集中型建筑，以大尺度的、外向的"塑像体"展现，建筑外观的体量美、形体美成为视觉中心。中国的离散型建筑，以小体量单体建筑聚合的庭院展现，内向院庭的整体空间景象成为建筑表现的主体。殿屋在这里主要的不是以"三维"的"塑像体"的形式出现，而是以"二维"的"围合面"的形式出现。这就导致中国木构架建筑体系明显地侧重空间美的表现。李允鉌在《华夏意匠》中对这一点作过很精彩的表述。这种空间美的表现，在中庭式构成中，不论是天井式的毗连型，还是院庭式的分离型，都体现得很充分。而在主殿坐中的中殿式构成中，则兼顾了空间与实体的双重表现力，是在整体的空间美中添加了实体美的表现。

　　第二个是突出建筑的时空构成。

　　建筑不同于绘画的二维平面，不同于雕塑的三维体量，也不局限于单一空间的三维空间负体量。建筑是多空间的聚合，人们在建筑中活动，要经历一个时间的流程。因此，建筑审美感受的是四维的时空构成。如果说，西方集中型的大型建筑，时空构成主要反映在建筑物的庞大的、复杂的内部空间，那么中国的离散型庭院组群，则把这样时空构成转移到多进院的组群。如果我们把停步观赏视为静观，那么穿行游览，就属于动观。静观所接触的场面、景象是共时性的；动观所接触的场面、景象是历时性的。我们可以说庭院式的布局强化的正是组群层面的时空构成。在多进院的格局中，建筑美的观赏

281

是动观与静观的结合，历时性与共时性的统一。中国庭院式建筑特别适合也特别擅长做这种时空构成的文章。善于组织院与院之间的组合关系，善于体现组群功能序列与观赏序列的统一，善于取得使用过程、仪礼过程的行为动线与观赏过程、休闲过程的行为动线的合拍。这种行为动线，根据建筑性质的不同，存在着两种组织方式：一种是以纵深轴线作为行为动线的主线，主要见于宅第、宫殿、陵寝、寺观、衙署等组群；另一种是以导引线作为行为动线的主线，主要出现在园林建筑组群。这里的导引线实际上就是最佳的观赏路线，充分发挥景象导引对园景的剪辑作用。可以说，庭院组合对这两种行为动线的调度都做得非常出色。

第三个是突出多层次的复合空间。

建筑的复合空间，指的是内部空间与外部空间的复合，也就是"亦内亦外"的中介空间。什么是建筑的外部空间，这个看似极简单的问题，有时候却是不易弄清楚的。日本建筑家芦原义信为此作了一个概念上的约定，把有无"顶界面"视为区分内外空间的主要标志，将外部空间定义为"没有屋顶的建筑空间"。我赞同他的定义。这样，我们就可以明晰地把凡是带有顶盖的建筑空间，都视为室内空间；凡是露天的建筑空间，都视为室外空间。在这里，我用"室内空间""室外空间"替换了芦原义信说的"内部空间""外部空间"。这是因为，对于庭院式建筑组群来说，建筑的"内部空间"实际上有两类，一是"室内空间"，二是"户内空间"。带屋顶的建筑空间是室内空间。而像院庭、天井这样的"户内"空间，虽然不带屋顶，却也是一种"内部空间"。

值得注意的是，侧界面也是围合建筑空间的重要要素。完整的室内空间有四向侧界面围合，如果失去一向、二向、三向以至四向侧界面，室内空间就失去不同程度的"围合度"，就不同程度地削弱室内特征的隶属度，而掺入室外特征的隶属度，就具有不同程度的"外化"，实质上就成了不同隶属度的"亦内亦外"的复合空间。同样的道理，露天的室外空间，如果被一向、二向、三向以至四向的围合面包围，那就不同程度地削弱了室外空间特征的隶属度，而掺入室内空间特征的隶属度，具有不同程度的"内化"，实质上也成了不同隶属度的"亦内亦外"的复合空间。

应该说，这两类"室内外化"与"室外内化"的复合空间，在中国木构架建筑体系的庭院式布局中是十分发达的，运用得很普遍的。多层面的、多样形态的复合空间成了中国建筑的一大特色。

第四个问题：突出"单体门"的铺垫作用。

在中国建筑中，"门"是很复杂的。我朦朦胧胧地觉得中国的"门"有二种形态：一种是以木装修形态呈现的，如板门、隔扇门；一种是以单体建筑形态呈现的，如宫门、山门；还有一种是以建筑小品形态呈现的，如墙门、牌坊门。究竟应该怎样梳理门的形态，很让我困扰。忘了在什么场合，我看到了《玉篇》的一条对门的诠释文字："在堂房曰户，在区域曰门"。这条释文一语中的，实在让我太高兴了。我这才明白，木构架体系建筑的确是区分两种不同性质的门。一种是作为殿屋堂房出入口的门，如板门、格扇门，是单体建筑中的一种构件，属于外檐装修、内檐装修之列。另一种是用作组群和庭院出入口的门，如宅门、院门、宫门、山门等。它们自身是单体建筑，是与殿、堂、楼、房并列的一种建筑类型。为区别于装修的"门"，我就把这类以单体建筑和建筑小品出现的门，称之为"单体门"。

单体门是中国建筑组群的重要构成要素。一处处建筑组群需要大门、边门、后门，一进进庭院需要院门、旁门、角门。内向的、多进组合的庭院式布局，自然带来各式各样的门。"千门万户"成了中国式大型组群的一个瞩目景象。

单体门的发育，形成了一个庞大的系列。从构成形态上，可以把它粗分为四大类：墙门、屋宇门、牌楼门、台门。每一类中再细分为若干分型。墙门再分为高墙门、低墙门、洞门；屋宇门再分为塾门型、戟门型、山门型。千姿百态的单体门，实际上远非墙门、屋宇门、牌楼门和台门四大门类所能完全概括的。还存在着一些处于四种门类中介状态的门。如陵墓建筑中常见的棂星门，带有墙门和牌楼门的中介特点；北京四合院住宅中的垂花门，带有屋宇门与墙门的中介特点；陵墓建筑用作陵门的券洞式屋宇门，则带有台门与屋宇门的中介特点。

单体门在庭院式布局中起着多方面的铺垫作用，我把它归纳为五个方面：

一是构成门面形象。为标志"门第",大门可以调度不同的门制、门式,可以簇拥掖门、影壁,可以摆设石狮、铜兽,可以配饰门簪、门钉,可以悬挂门匾、门联,以至于以照壁、牌坊、朝房、石孔桥等,营造门前广庭,渲染门面氛围。

二是组构入口前导。陵墓组群的神道,寺庙建筑的香道,都是以长长的入口前导作为指路导引,起到铺垫场面、酝酿情绪、净化心灵、激发游兴的作用。在入口前导的构成中,单体门充当了重要的角色。陵墓神道少不了石牌坊、大红门、棂星门,寺庙香道也少不了一山门、二山门,一天门、二天门,它们出色地组建了建筑组群的景观序幕。

三是衬托主体殿堂。为区分尊卑内外的礼的需要,中国建筑很早就奠定下"门堂之制"。主要殿堂的前方必定设立对应的门。太和殿前有太和门,祈年殿前有祈年门,孔庙大成殿前有大成门。北京四合院正房前也设有垂花门。这种门,是进入主殿堂的前奏,为主殿堂增添了一层过渡。它自身构成一进以门殿、门屋为正座的门庭,充当主庭院的前院,起着强化门禁和对比、衬托主庭院的重要作用。

四是增加纵深进落。单体门也是增加组群纵深进落,强化主轴线建筑分量的重要手段。周朝已有天子"五门三朝"的制度。明朝北京紫禁城的主轴线上,就重叠着天安门、端门、午门、太和门、乾清门、坤宁门、顺贞门和神武门。曲阜孔庙在正门圣时门、主殿大成殿之间,主轴线上安排了弘道门、大中门、同文门和大成门。如果加上圣时门前方的金声玉振坊、太和元气坊、至圣庙坊和棂星门的三坊一门,主轴线上实际重叠着九座单体门。它们组成了从南至北的六组门庭。这些重重的门庭和重重的门殿,在庭院式组群总体布局中所起的铺垫作用是极显著的。

五是标志庭院层次。单体门也成了标志庭院层次的一种符号。当组群在实用上没有必要划分多重院,而在形制构成上需要形成多重院的空间层次时,常常以单体的屏门、牌坊门作为庭院层次的表征。陵墓组群中设于琉璃花门之内的"二柱门"、曲阜孔府大堂院中的重光门,都属于这种门。它的存在标志了庭院的多重规格,增添了庭院的空间层次感。

六是完成组群结尾。在带有后大门的建筑组群中，作为后大门的单体门还起到结束组群、收停轴线的作用。北京紫禁城的神武门，承德避暑山庄的岫云门，都以自己的存在，各得其所地结束了组群的尾声。可以说，中国庭院式布局，对单体门的调度，的确达到匠心独运的纯熟境地。单体门成了组群布局中，极重要、极活跃的要素。成功地运用单体门，成了中国建筑组群布局的一大特色、一大贡献。

伦理理性：突出一个"礼"字

建筑软传统是一个多层次的结构，在前两章梳理了中国建筑的形态构成、组合规律、构成机制这些低阶软传统之后，我想应该把视角转移到中国建筑的创作思想、创作方法、创作精神等中阶、高阶软传统的探析。中国传统建筑究竟贯穿着怎样的中阶、高阶软传统呢？我很自然地想到李泽厚所说的"实用理性"。他对中国的实用理性有一段很精彩的表述：

中国实用理性的传统既阻止了思辨理性的发展，也排除了反理性主义的泛滥。它以儒家思想为基础，构成了一种性格—思想模式，使中国民族获得和承续着一种清醒冷静而又温情脉脉的中庸心理。不狂暴，不玄想，贵领悟，轻逻辑，重经验，好历史，以服务于现实生活，保持现有的有机系统的和谐稳定为目标，珍视人际，讲求关系，反对冒险，轻视创造……所有这些，给这个民族的科学、文化、观念形态、行为模式带来了许多优点和缺点。

显然，中国传统建筑的创作思想、创作方法贯穿的正是这种"实用理性"精神。这种"实用理性"，不同于科学理性，而是一种经验理性；不同于抽象玄虚的思辨理性，而是立足于现实生活的实践理性。我们要做的工作就是审视中国传统建筑如何贯穿这样的实用理性精神。

由于我对"理性"的认识很浅，就泛读有关"理"的文章。幸运的是，读到一篇蒙培元写的"简述'理'的演变"。这篇文章强调指出"理"有两方面的涵义：一指"伦理""义理""文理""性理"，涉及的是人性本质、人际关系、社会秩序，侧重于对社会规律的认识；二指"物理""天理""实理""事理"，涉及的是事物关系、自然法则，侧重于对自然规律的认识。这个区分给了我很大的启迪。由此意识到"实用理性"实际上存在着两种不同的精神：一种是侧重于社会关系的"伦理理性"精神；另一种是侧重于自然法则的"物理理性"精神。应该说，中国建筑的理性精神，既有"伦理理性"，也有"物理理性"。探讨中国建筑创作思想、创作方法，可以、也应该从这两种理性精神切入。为此，我用了两章篇幅，分别对这两种理性展开论析。

中国建筑的"伦理理性"精神是明摆着的，很容易把握，我觉得只要抓住一个"礼"字，就可以迎刃而解。这是因为，中国古代社会是一个以血缘为纽带，以等级分配为中心，以伦理道德为本位的社会。在这样的社会中，礼涉及一整套典章、制度、规矩、仪式，既是规定天人关系、人伦关系、统治秩序的法规，也是制约生活方式、生活行为、伦理道德、思想情操的规范。它渗透到中国古代社会生活的各个领域，当然也深深地制约了中国古代建筑活动的诸多方面。礼对中国古代建筑的制约、影响是极宽泛、极纷繁、极深刻的。我经过反复的推敲、梳理，最后概括出三句话：

(1) 宗庙为先：礼制性建筑占主导地位；

(2) 尊卑有序：建筑等级制被突出强调；

(3) 述而不作：建筑创新意识受严重束缚。

我觉得这是伦理理性制约中国古代建筑的三大表现。

我们先看"礼"对中国古代建筑类型发展的制约。中国古代建筑形成了一支独特的礼制建筑，它包括吉礼中对天神、地抵、人鬼三大祭的祭祀性、纪念性建筑；宾礼中满足典仪、礼节需要的礼制殿堂和礼仪空间；凶礼中庞大规模的帝王陵寝和数量繁多的权贵墓葬建筑。这里面，有独立的、规模浩大的天坛、地坛、太庙、孔庙等大型建筑组群；有特定组群中，居于核心地位的礼制性主体殿座、厅堂；它们形成坛、庙、宗祠、明堂、陵寝等建筑组群和朝、堂等主体空间、核心空间，以及一系列礼制性的门阙、华表、牌坊等建筑小品，构成了庞大的、完整的礼制建筑系列。值得注意的是，礼制建筑在等级的序列上占据着最尊崇的地位。像天坛、太庙这样的坛庙组群，都属于最高规制的建筑。我们从清工部《工程做法》卷首的"卷疏"中就能看到，"坛庙"赫然排在"宫殿"之前。可以说，礼制性建筑起源之早、延续之久、形制之尊、规模之大、成就之高，在中国古代建筑中都是令人瞩目的。如果说，西方古典建筑体系突出地以宗教建筑为主导，那么中国古典建筑体系，则是突出地以礼制建筑为主导。这是中国伦理理性精神给中国建筑带来的最触目景象。

我们接着看"礼"对中国古代建筑等级制的制约。维护以"君君、臣臣、父父、子子"为中心内容的等级制度，是维系"家国同构"的宗法伦理社会结构的主要依托，也是礼治、礼教的主要职能。这种被极度拔高的尊卑意识、名分概念和等级划分，不仅贯穿于人际的政治待遇、社会特权、家族地位，而且渗透到社会生活、家庭生活、衣食住行的各个领域，从服饰、房舍到车舆、器用都纳入礼的等级制约。它的实质就是由权力的分配来决定物质消费和精神消费的分配，通过消费的等级分配来控制社会风尚、强化循礼踏规的稳定秩序。因此，等级制在建筑中的渗透是全方位的、极深刻的。这方面有两点特别值得注意：第一点是形成严密的建筑等级系列，它全面地反映在城制等级、组群规制等级、单体规制等级、间架做法等级和装修装饰等级等各个层面。这种等级的限制，在官工建筑中是特别执着，非常严格的，达到极其细微繁缛的程度。这样的等级限定，不仅成为行为规范，而且形成律例，纳入国家法典，用法律手段强制实施。第二点是呈现理性的列等方式。很有意思的是，中国古代建筑对于等级制的要求虽然极端严格，但是用于体现等级的"列等方式"却是十分理性、颇为灵活的。列等方式主要有四种：一是"数"的限定，以数量上的"多少""大小""高低"来标示；二是"质"的限定，以材质优劣、工艺精粗的程度来标示；三是"文"的限定，以符号语义、装饰母题、纹饰色彩来标示；四是"位"的限定，以殿屋坐落的"辨方正位"来标示。值得注意的是，这样的列等方式，有一个重要的特点，就是都在建筑构件、建筑空间上做文章，都是利用建筑自身的语言，附加上等级的语义，以"符号化"的象征来体现。这意味着尽可能从物质功能和工程技术所制约的建筑形态上显示等级差别，不需要为标示等级而另加其他载体。这应该说是颇为理性的一种列等方式，体现出等级性要求与物质性功能要求的统一，与技术性工艺要求的统一。只是这样的列等方式，也给中国古代建筑的艺术表现带来了凸显建筑等级品格的景象。不同类型的建筑，突出的不是它的功能特色，而是它的等级规制。凡是同一等级的建筑，就用同一的形制。这样一来，等级的制式就吞噬了建筑功能的特性和建筑性格的个性。

我们再来看"礼"对中国古代建筑创新的严重束缚。

长期封建社会的超稳定结构，自然产生安于当下、乐于守常的意识，反映在"礼"上，就是"祖述尧舜，宪章文武"，"述而不作，信而好古"，"法先王之道"，"遵祖先之制"。这给中国古代建筑烙下了深深的恪守古制、祖制，阻碍创新、变革的印记。怎样来展开这部分的表述呢？我想了一个偷懒的办法，以列举若干"现象"来展述。我从大量的、纷繁的束缚建筑创新的事例中，梳理出了三个典型"现象"：一是明堂现象；二是斗栱现象；三是仿木现象。针对这三个具体现象来剖析，就很容易表述了。

对于"明堂现象"，我主要从明堂设计史上，阐述它围绕着"承袭古制"和"自我作古"所展开的难产设计和激烈纷争。透过汉武帝建泰山明堂，汉平帝建长安明堂，汉光武帝建洛阳明堂，北魏孝文帝建代京明堂，女皇武则天建洛阳明堂和唐高宗拟建的"总章"明堂，表述了明堂设计中，古制失传而引发的考究经史、伪托古制、反本修古所导致的一场场无休止的纷争和"自我作古"、自创新制所遭遇的责难、抨击，揭示古人在明堂设计上，对于遵循古制所显现的何等认真、何等执着、何等迂腐的景象。

对于斗栱现象，主要审视作为木构架演变敏感环节的斗栱，从初始期到衰老期的演进过程。在木构架体系的成型期，它是发挥承托作用、悬挑作用、削减弯矩、削减剪力的重要功能构件；在木构架体系的成熟期，它由孤立的节点托架联结成整体的有机框架，发挥充分的力学性能，显现明晰的结构逻辑；而在木构架体系发展烂熟的后期，它却走向了装饰化，走向了虚假化，走向了繁缛化。正是拘泥于传统的惰性力，使得后期斗栱成了木构架体系晚期衰老化的突出症候。

对于仿木现象，我表述了三方面的仿木：一是石牌坊仿木；二是砖塔仿木；

三是无梁殿仿木。

石牌坊仿木使得牌坊用材的更新而得不到形象的、工艺的更新。旧制式的束缚，导致许多石牌坊拘泥于仿木形象而跳不出木牌坊的旧貌，陷于造型与石权衡的不合拍，构筑工艺与石材质的龃龉，严重阻塞了通向真正体现石牌坊特色的创新之途。

砖塔仿木也陷入困境。前期唐塔以叠涩挑檐，仿木还较为节制，具有淡淡的传神意味。而后期的宋、辽、金塔反而以繁杂的砖构件拼装，追求仿木细节的真实，导致砖塔立面构件过于脆弱，檐部、平座极易破损，以致达到无塔不残的地步。砖塔的出现不仅未能展露中国高层砖构的新姿，反而在拘泥旧制式的仿木观念枷锁下，陷于虽能高寿却难免致残的不幸格局。

无梁殿仿木更是遗憾。无梁殿突破了中国殿屋惯用的木构架结构，出现了新的结构形式，按理说它应该为中国建筑朝砖石结构体系迈出崭新的步伐。但是在旧规制的枷锁下，无梁殿的平面始终没有跳出木构架殿堂间架平面的框框。新的拱券结构完全被束缚在仿木形式之中。特别是明中叶之后，仿木程度更加浓厚、逼真，紧箍在仿木外表下的无梁殿，结构面积与使用面积几乎相等，甚至超过。很有生命力的拱券结构终于被仿木结构窒息了生命力，无梁殿仅延续了很短时间就消失了。

物理理性：抓住一个"因"字

分析中国古代建筑的伦理理性，只要抓住一个"礼"字，就可以迎刃而解。那么，相对应地，分析中国古代建筑的物理理性，应该抓住哪个字呢？我本来觉得这个字不怎么好抓，有什么字能够像"礼"字那样，有那么大的概括力，我心中是没底的。没想到的是，这个字没费什么劲，很快就让我抓住了——是一个"因"字。这得益于我对两条古文献的解读。一条是《说文解字》对"理"的释义。《说文解字》曰："理，治玉也，从玉里声。"为什么把"治玉"和"理"联系在一起呢？因为玉有天然纹理，治玉要因其纹理而治。这说明"理"的原始含义有依形就势、因势利导的意思。另一条是《管子》对"因"字的阐释。《管子》说："因也者，舍己而以物为法者也。"这的确是对"因"的最佳注解。"舍己"就是不存主观成见，"以物为法"就是以客观事物为法则。所以强调"因"，就是强调从客观实际出发，按照事物的客观规律办事。显然，这正是"物理"理性的精神实质。当我没费什么劲就找到这个"因"字时，我是特别特别得高兴。物理理性的这个"因"字，如同伦理理性的那个"礼"字一样，我觉得有很强的、很精准的概括力。抓住了这个字，审视物理理性的通道就畅通了。

我首先想到的当然就是《管子》的"因势论"。《管子》有一大串大家耳熟能详的关于都城选址、都城布局、都城分区的精彩言论，诸如"城郭不必中规矩，道路不必中准绳"等名句，都反映出切合实际、讲求实效的城市建设主张。这个"因势论"的传统，不同于《礼记》《考工记》等儒家经典的"伦理"理性，迥异于拘泥礼制、等级、名分的"择中论"规划思想。这种"因势论"的理性精神，在中国传统建筑、特别是民居建筑和园林建筑中地体现是很广泛、很深刻的。它贯穿于建筑活动的各个领域，渗透到建筑创作的各个层面。我经过筛选，从三个角度来进行考察，概括出三个关键词：

第一个关键词是环境意识上的"因地制宜"；

第二个关键祠是构筑方式上的"因材致用"；

第三个关键词是设计意匠上的"因势利导"。

我想从这三个"因"去审视，可以认知中国古代建筑的物理理性的梗概。

先说物理理性的第一个关键词——环境意识中蕴涵的"因地制宜"思想。这部分的论述我得涉及两个问题：一个是我最不想触碰、又不得不碰的"风水"问题；另一个是我最有兴致的文士环境意识问题。

中华古文明是农耕文明，它给我们的祖先带来了早熟的环境意识，在选择环境、利用环境、改善环境、与环境有机交融等方面都达到了很高的境界，构成了中国建筑理性精神的重要体现。但是这种环境意识的理论概括却是很不充分的。最糟糕的是，有关环境意识的论述大部分都混杂在浩瀚的风水术书中，掺杂着大量荒谬的迷信内容，蒙上扑朔迷离的神秘色彩，成为扭曲的理论形态。这样，我不得不先写一段"风水：环境意识的扭曲表现"。

我自己对风水毫无研究，完全没有触碰过，对于风水术中包含的浓厚迷信内容，充斥的荒诞不经的秘术、口诀和故弄玄虚、晦涩诡谲的表述，非常反感。我只能从那些年有关学者、专家所发表的风水研究文章，按照我的领会，把渗透在风水观念中的环境意识，梳理出值得注意的四点：

一是天人合一的环境整合观念；

二是避凶趋吉的环境心理追求；

三是藏风聚气的环境理想模式；

四是山水如画的环境景观效果。

我从相关的风水研究文献中感受到，透过荒诞诡谲的风水外衣，风水术中确是积淀了一些建筑与环境间"贵因顺势"的历史经验。因此叙述了风水对环境意识的扭曲表现之后，也写了一段文字，围绕"贵因顺势"这个关键词，展述风水环境的调适意识。我把这种调适意识分解为五点：① 因就天时，切合地利；② 靠山吃山，靠水吃水；③依形就势，扬长避短；④ 人工调节，点石为金；⑤ 留有余地，灵活变通。我从相关文献中转引可以印证的实例作了分析。我觉得风水术里的这些沙里藏金的东西，有的还很精彩。比如在陵寝建筑中的培补龙背、堆裁砂山、拓修近案、疏理流水、种植仪树之类。对于陵区周围峰峦形势的远近、大小，如有失称，也能通过人工巧加调节。明十三陵的陵区入口处，有龙山、虎山夹峙，天然形势很好，可惜龙山体量超过虎山过甚，左右失称，风水师在确定长陵神道时，巧妙地把神道选线适当靠近虎山，从而使两砂在人的视觉中大体上取得匀称的感觉。这不能不说是一个大有智慧的高招。

应对"风水"问题之后，我转过来阐述我特感兴趣、情有独钟的课题，我用了一个很响亮的标题："体宜因借——文人哲匠的环境意向"。

明末清初，较为集中地出现了文人、造园家撰写的一批有关论述园林、家居的著作和笔记，其中最为著称的有计成的《园冶》、李渔的《闲情偶寄》、文震亨的《长物志》等，还有数量颇多的"园记"之类的文章。这些书籍和文章，生动地反映了当时文人哲匠在造园营宅中所体现的环境意向，从一个重要的侧面，展现了古代中国因地制宜的理性传统。

我把文人哲匠的环境意向概括为"体宜因借"四字。我认为中国文人哲匠在环境意识上的"体宜因借"，实在是太精彩了。一部《园冶》，一再反复地阐述"体宜因借"的造园意匠，强调"体宜因借"的创作精神，对"体宜因借"发挥得淋漓尽致。我就围绕着"体宜因借"，作了三个方面的阐释：

一是环境优化的目标——崇尚自然；

二是环境优化的标志——得体合宜；

三是环境优化的方法——巧于因借。

对于崇尚自然的环境优化目标，我从"向往自然，寄情山水"和"顺乎自然，追求天趣"两个方面来展述；对于得体合宜的环境优化标志，我从"相地合宜，构园得体"和"随宜合用，随曲合方"两个方面来论析；对于巧于因借的环境优化方法，我从"善于用因"和"取景在借"两个方面来阐释。

借景理论无疑是文士环境意识的一大亮点。计成在《园冶》里把借景问题做了很充分的阐发。他指出，借景的第一步是"目寄心期，意在笔先"。"目寄心期"就是要到园址进行实地考察，边用眼睛观察，边在心里琢磨、构思；另外，一定要胸有丘壑，强调首先在立意上下功夫。他指出借景方式是"因借无由，触情皆是"。他对借景放得很开，主张借景不拘一格，"景到随机"，凡是能触动人的景观、景物、景色、景致，都可以借。我称他的借景是空间上的全方位借景，时间上的全时令借景，景观上的全息性借景。他把借景的手法说得非常直白，就是"俗则屏之，嘉则收之"。怎样收纳嘉景呢？从计成的表述看，有三个要点：一是精心设置良好的借景观赏点；二是认真组织合宜的取景框；三是妥帖安排适当的借景铺垫。不难看出，计成的这一整套借景理论是非常精彩的。

我在这里想插进来对"善于用因"多说几句。因为我把"物理理性"精神概括为一个"因"字，我就对与"因"字有关的表述特别关注、特别敏感。在这种情况下，突然在我眼前冒出了"善于用因"四个字，我当然如获至宝，高兴至极。这四个字是计成的至交郑元勋说的。他说："善于用因，莫无否若也。"计成，字无否，这句话说的是：在善于"用因"方面，没有人能做得像计成这么出色。我牢牢地记住了"善于用因"这句话，觉得郑元勋真的说到了点上。计成造园确是特别强调"用因"。他在论述"借景"时，提出"构园无格，借景有因"；在论述"屋宇"时，提出"家居必论，野筑惟因"。前一句，说园林布局不存在固定的格式，园林借景应该因地、因时，结合环境实际；后一句，说家宅住房不得不讲求一定的规范格局，园林屋宇则应该完全因地制宜、因势利导。郑元勋用"善于用因"来概括计成的造园特色，确实是一语中的，非常准确。郑元勋对"用因"还有很精到的表述，他说"园有异宜，无成法"，认为造园涉及两方面的"异宜"，有园主方面的人之异宜，有园林用地方面的地之异宜。他极力反对不顾地之异宜的"强为造作"，认为这样势必导致"水不得潆带之情，山不领回接之势，草与木不适掩映之容，安能日涉成趣"？郑元勋有一个筑于扬州的"影园"，是计成为他规划的。这个影园很值得注意，它是我们已知计成所造三处名园中的最后一处。《园冶》的造园思想和造园方法在这个影园中，都有鲜明的体现，可以说是计成"善于用因"的造园实践的代表作。可惜的是，郑元勋这位进士，只活到42岁就被人误杀，影园早毁，遗迹无存。幸亏还有郑元勋的《影园自记》和茅元仪的《影园记》等文字资料留存，我们从这些字里行间还能领略到计成"善于用因"的出色处理。

物理理性的第二个关键词——构筑方式上反映的"因材致用"意识，也是一个大题目。它的涉及面很广，我一下子都不知道该怎样去概括。我想还是宏观地从大处着眼为好。这样就梳理出三条：

第一条是"土木共济：发挥构架独特机制"；

第二条是"就地取材：形成多元构筑形态"；

第三条是"因物施巧：创造有机建筑形象"。

我觉得，从中国古代建筑的因材致用来说，最突出的、至关重要的莫过于"土木共济"了。中国古代建筑的主导体系是木构架建筑。用木是木构架建筑体系构筑形态的根基。但是，木构架体系的用木有一个极其重要的特点，就是它不是孤立地用木，而是"土"与"木"的并用，就是"土木共济"。这是木构架建筑体系的基本构筑特色，以至于古人把建筑工程就直白地称为"土木工程"。因此我们首先应该审视的，就是木构架建筑体系，在"因材致用"

上是如何用木、如何用土的。在这方面，我们看到木构架的构筑方式有一个非常值得注意的机制——承重构件与围护构件的分离机制。这就是俗话所说的"墙倒屋不塌"。木构架建筑的整个承重体系全由木构架来承担，墙体只起围护作用，不起结构作用。这是一种既能充分发挥大木构架的结构作用，又能充分发挥土材的围护作用的最佳构筑方式，可以说是对土和木的最合理、最明智的因材致用。

中华大地的"土"资源极其丰富。用"土"无疑是最廉价的、取之不尽、用之不竭的就地取材方式。土材有防寒、隔热、隔音、防火等性能，但是怕水、不耐压，并非好用的建筑材料。我们的祖先早在文明初始期，就已经会用"夯土"技术，通过夯筑，在提高土的抗压强度的同时，也使土材具备了防潮性能。这样，夯土台基出现了，版筑墙诞生了，高台建筑问世了，土坯和土墼也登台了。夯土台基的防护，使木构架免受雨水、地下水的浸害，它和版筑墙、土坯墙一起增强了木构架的稳定性、耐久性。有了木构架担当承重主干，就可以广泛地搭配各地区就地取材的土资源来筑构土墙、土地面、土屋面；也可以就地取材地运用竹材、石材等其他地方性材料。这样的"土木共济"使得木构架体系在当时历史条件下获得优越的技术性能和广泛的适应性能，能够持续地、延绵不断地走完古代历史的全过程，能够遍及自然气候、地形环境迥异的中华大地，能够成为超长期的官工建筑统一采用的构筑方式，并在明中叶之后演进到升级版的"砖木共济"。也正是这样的"土木共济"，使得它在民间建筑中取得广泛的普及，地方性材料的就地取材和因材致用，带来各地区建筑的浓郁地域色彩。木构架体系由此呈现出双重"多元一体"现象：一重是木构架建筑体系内部的"多元一体"，即木构架官工建筑主体与遍布各地的木构架民间建筑的"多元一体"；另一重是木构架体系与非木构架体系的"多元一体"，即作为主体的木构架建筑体系与干阑、井干、窑洞、碉房等多种非木构架体系的"多元一体"。正是这双重的"多元一体"，组构了中华建筑的多元构筑和多彩风貌。

围绕着"因材致用"，我很想对"致用"的方式做一些归纳分析。但是我迟迟没找到能概括这个含义的关键词。忘了是在哪篇文章中，我不经意地见到了"因物施巧"的提法，这让我大喜过望，我就以这四个字作为关键词来概括中国建筑创造有机形象的方式、途径和机制。我列出了四个方面：一是清晰表现结构逻辑；二是巧妙结合构造处理；三是充分调度材料色质；四是合理选择装饰载体。我觉得这里面蕴涵着很多很有意思的手法、规律和机制。例如对于合理地选择装饰载体，我们可以梳理出主要施加装饰的五个部位：（1）关节点；（2）自由端；（3）边际线；（4）棋格网；（5）表面层。这是创造有机建筑形象需要遵循的一种规律性现象。懂得这样的规律，我们就能明白古人为什么认真地处理石栏杆的柱头，木构件中为什么冒出名目繁多的"头"——六分头、蚂蚱头、麻叶头、菊花头、桃尖梁头……原来它们都发挥着"自由端"的装饰优势。《庄子》里有一句很风趣的、富有哲理的话："忘足，履之适也；忘要（腰），带之适也。"这的确是一句至理名言。联想到建筑的装饰，我觉得可以套用这个说法，推出一句："忘饰，屋之适也。"建筑是需要装饰的，但是不能过量，不能堆砌，不能牵强，不能做作，最好是既有装饰，又不觉得有装饰。因此，"忘饰"是建筑装饰的最高境界。懂得选择合理的装饰载体，就是"忘饰"的一个关键，就是创造有机建筑形象的一个途径。在这方面，中国建筑有这样的理性传统，也有无节制地"滥饰"的非理性传统。

物理理性的第三个关键词——设计意匠上的"因势利导"，也是大有文章可做的。这部分的论析，我采取了以典型实例进行专题分析的方式来展述。对总体规划的例析，选择了颐和园；对空间布局的例析，选择了北京紫禁城；对香道景观的例析，选择了乐山凌云寺。

选择颐和园作总体规划例析，不仅因为颐和园的总体规划堪称因势利导的典范，也因为颐和园的总体规划已经有高人作了精彩的、深度的论析。周维权先生发表过颐和园前山、前湖和排云殿、佛香阁的文章。当时崭露头角的张锦秋撰写了颐和园龙王庙岛和后山后湖的论文。她分析颐和园后山后湖的"两山夹水"，指出其水面的收放与两岸山势的凹凸相配合：山势平缓的地方，水面必开阔；山势高耸的位置，水面也相应收紧。这样的分析给我留下极深的印象。在我看来，这都是非常精彩的"软分析"。我自然以艺海拾贝、博采众"软"的劲头，综合各位高人的分析，从"因势利导"的视角进行归纳、提升，把颐和园的总体规划，梳理出四大手笔：

一是整治地形，调度全局山水形势；

二是浓墨重彩，突出前山主体景象；

三是堤岛结合，浓化前湖浩渺气势；

四是两山夹水，造就后山清幽境界。

我觉得颐和园的总体规划的确是非常精彩的、名副其实的因势利导典范。

选择北京紫禁城做空间布局例析，不仅因为它涉及庞大的建筑规模、最高的建筑等级、繁多的使用要求、森严的门禁戒卫，而且需要遵循繁缛的礼制规格，需要吻合阴阳五行、风水八卦的吉祥表征，需要表现帝王至尊、江山永固的主题思想，需要创造巍峨宏壮、富丽堂皇的组群空间和建筑形象。这里存在着一整套"礼"的制约，建筑创作渗透着浓厚的伦理理性，在设计意匠上特别需要发挥因势利导的匠心和巧智，把"礼"的要求、阴阳五行的要求、显赫皇权的要求，同使用的要求、防卫的要求、审美的要求有机地融合在一起。明清时期，官工建筑已高度程式化，组群布局也已高度成熟，紫禁城的规划设计正是以定型的建筑单体、定制的宫城格式米塑造的建筑组群。可以说北京紫禁城把中国大型庭院式组群的空间布局推到了登峰造极的高度，用它来审视中国建筑的空间布局，自然是最理想的选择。在这方面，单士元先生已经做了很多研究，傅熹年先生也做了很深入的尺度分析。他们的研究分析，都是很精彩的。我从因势利导的视角，把北京紫禁城的空间布局，归纳为四个方面：（1）突出的主轴空间序列；（2）周密的伦理五行象征；（3）严谨的平面模数关系；（4）娴熟的空间处理手法。特别是对于伦理理性精神与物理理性精神在紫禁城空间布局上的协调做了重点的考察。

选择乐山凌云寺作寺院香道景观例析，是因为这条香道实在是太精彩了。我的第一位研究生赵光辉在他撰写的学位论文中，对这条香道做了深入的调研、评析。看了他的评析，我更觉得这条香道称得上是中国建筑组群前导的"神品"。因此特地把它作为因势利导的第三个例析。

凌云寺是一组拥有极佳山水和大佛之最的寺院。它深藏山中，当然需要一条香道从山口把人群导引到寺院门前。这条香道可以从后山开辟，很方便地以平缓道路引入；也可以从前山开辟，沿峭壁凿岩引入。当年的规划者，当是考虑到前山崖壁居高临江、视野开阔、景象万千，而且能临岩穿行、出奇制胜，因而特地舍易求难，采用了前山香道方案。

这条香道长达数百米，自下而上高差约 70 米。由于是沿崖辟道，没有多少迴旋余地。古人在如此苛刻的窄道上，居然因势利导地布置了凌云山楼、观音洞、龙湫岩、龙潭、雨花台、弥勒殿、载酒亭等诸多景物、景点，利用崖壁雕凿了"回头是岸""阿弥陀佛""耳声目色""凌云直上"等摩崖石刻。整条山路时而坡道，时而磴道，时而飞下水帘溅入龙潭，时而滴水落入雨花台池。这些景物的命名都蕴涵深意，不仅点染出浓郁的佛国氛围，也积淀着富有情趣的历史文脉，使得这条香道成为一条浓缩自然景观与人文景观的景象之路，起到了引导游人、酝酿情绪、组织游兴的铺垫作用。特别可贵的是，在这个长长的行进过程中，精心组织了富于变化的空间序列，演出了一曲匠心独运的建筑时空协奏曲。赵光辉慧眼识珠，把这个景观空间序列作了细腻的缕析：对于香道如何抓住崖壁地形特征和自然山水特色，加以人工剪裁；如何调度林木、崖壁、建筑、山洞、磴道、水潭、滴水、崖刻、佛雕，组成完整的景观序列和明暗、收放相间的空间节奏，作了精彩的诠释。他绘制了长长香道的展示图，切了 12 个断面，我们从这些断面的多样变化中，不难领略古代匠师因势利导地组织景观空间的缜密匠心。我在书里特地把凌云寺香道作这样的转述，是很想引发更多的人对这条"奇葩"香道的关注。

写到这里，我想回过头来再说一下前面提到的"因物施巧"。我在写《中国建筑美学》一书时，是把"因物施巧"作为"因材致用"的一个子项来写的，从结构上、构造上、材料色质上和装饰载体上作了四方面的展述。现在看来，这样地展述"因物施巧"，这里的"物"指的就不仅仅是"因材致用"的"材"，而是涉及整个建筑的"实体"。因此，把"因物施巧"仅仅列为"因材致用"的子项，在逻辑上是不妥的。"因物施巧"应该提升到与"因地制宜""因材致用""因势利导"并列的高度才合适。"因地制宜""因材致用""因势利导"这三个"因"，是大家都广泛认知的，已经成了"常用语"，我在这里很想补充一点，把"因物施巧"也提到这个高度，希望它也能被广泛认知而成为"常用语"。郑元勋说的那句"善于用因"的名言，是针对计成造园的善用"人之异宜"和"地之异宜"说的。我现在觉得，"善于用因"这四字，也可以把它提升来表述中国建筑"因地""因材""因势""因物"的四大理性用"因"。对于现代建筑来说，由于对"个性"的重视，"人之异宜"也很重要，因此还可以加上"因人而异"这一条。这样的话，我们就可以把"因地""因材""因势""因物"和"因人"，视为测定建筑理性精神的五大标尺了。

追索"建筑意"

1932 年，梁思成先生和林徽因先生合写了一篇"平郊建筑杂录"。在这篇文章里，两位先生提出了"建筑意"的命题。他俩先诉说了一番北京郊区建筑的美，接着写道：

这些美的存在，在建筑审美者的眼里，都能引起特异的感觉，在"诗意"和"画意"之外，还使他感到一种"建筑意"的愉快。这也许是个狂妄的说法。但是，什么叫作"建筑意"？我们很可以找出一个比较近理的含义或解释来。

……

无论哪一个巍峨的古城楼，或一角倾颓的殿基的灵魂里，无形中都在诉说，乃至于歌唱，时间上漫不可信的变迁；由温雅的儿女佳话，到流血成渠的杀戮。他们所给的"意"的确是"诗"与"画"的。但是建筑师要郑重地声明，那里面还有超出这"诗""画"以外的"意"存在。眼睛在接触人的智力和生活所产生的一个结构，在光彩可人中，和谐的轮廓，披着风露所赐予的层层生动的色彩；潜意识里更有"眼看他起高楼，眼看他楼塌了"凭吊与兴恋的感慨；偶然更发现一片，只要一片，极精致的雕纹，一位不知名的匠师的手笔，请问那时锐感，即不叫他作"建筑意"，我们也得要临时给他制造个同样狂妄的名词，是不？

梁、林两位先生的这段文字写得像诗一般的优美，我猜想这段文字应该是林先生执笔的，字里行间充满着诗人的激情。两位先生在这里推出的"建筑意"这个"狂妄"的命题，实质上就是我们今天所说的"建筑意象"和"建筑意境"的统称。他俩的生动表述已经触及建筑意象和建筑意境的客体存在和主体感受，历史积淀和文化意蕴，生成机制和"对话"性能，可以说是八十多年前对建筑意象和建筑意境认识上的一次重要的推进。历史正如梁、林两位先生所预见的那样，"建筑意"这个名词虽然没有广泛流传开来，却果真冒出了"同样狂妄"的名词——"建筑意象"和"建筑意境"。

这篇文章深深地吸引了我，我的脑海里念念不忘地老是回旋着"建筑意"这个关键词。但是对建筑意、建筑意象、建筑意境的认知，我很长时间是模糊的，不甚了了，虽然神往却不敢问津，觉得它很有点"玄"。临到写《中国建筑美学》这本书时，感到讲中国建筑美学而绕开"建筑意境"，似乎有些说不过去。幸好在 20 世纪八九十年代的方法论热潮中，我接触到接受美学和信息论美学。文艺界展开的意境探讨，让我对意境理论有了一些入门的知识。我自己也围绕梁、林两位先生的"建筑意"命题做了专题思索，在 1992 年发表了"建筑意象与建筑意境"一文。有了这些底气，我就大胆地把"建筑意境"作为中国建筑的一个独特的美学问题，纳入到《中国建筑美学》书中来探讨。

我的第一个工作是诠释建筑意象和建筑意境的概念。我从文艺界的讨论，知道意象是"意"与"象"的统一。一切蕴含着"意"的物象或表象，都可以称为"意象"。而具有审美品格的意象，就是"审美意象"。审美意象依照"象"的不同状态，分为两种：一种是物态化的凝结在艺术作品中的审美意象；一种是观念性的存在于创作者或接受者脑海中的审美意象。前者就是我们通常所说的"艺术形象"；后者就是所谓的"内心图像"，在创作者那里，是创作构思过程中所形成的审美意象；在接受者那里，则是艺术鉴赏过程中所生成的审美意象。这是最基本的概念。夏之放在"论审美意象"中把审美意象视为文艺学体系的"第一块基石"，把它看作文学艺术的"细胞"，以它作为文艺学学科的逻辑起点，可见"审美意象"对于认知建筑意境有多么重要。

我从文艺界对"意象"和"意境"的讨论中，才明白意境是怎么一回事。意境是意象的整合和升华；意境是以审美意象为载体，由审美意象元件有机组合而成的。这种组合类似于电影镜头的"蒙太奇"组接，通过意象与意象的整合、剪辑，产生连贯、呼应、悬念、对比、暗示、联想等作用，经由"以实生虚"，形成"象外之象"。我就循着这个思路，对建筑意象和建筑意境以及两者的相关性，做了简略的梳理。

　　我的第二个工作是区分建筑意境的构景方式。为什么要扯到建筑意境的构景方式？那是因为我想知道古人是怎样感受、表述建筑意境，就去查看古人写的"园记""亭记""楼记"之类的文章。这一看，让我大惑不解。原来古人写的"园记""亭记""楼记"，并没有像我们所想象的那样表述他从建筑中感受到的建筑境界，而只是抒发他透过建筑向外观赏到的自然山水意象。欧阳修写的《醉翁亭记》，先写了一段醉翁亭所处环境，"山行六七里，渐闻水声潺潺，而泻出于两峰之间者，酿泉也。峰回路转，有亭翼然，临于泉上者，醉翁亭也"；然后就叙述他在亭中外望所见的自然景观，"若夫日出而林霏开，云归而岩穴暝，晦明变化者，山间之朝暮也。野芳发而幽香，佳木秀而繁阴，风霜高洁，水落而石出者，山间之四时也"。对于醉翁亭这座主体建筑自身，他总共只说了"有亭翼然"四个字，连这座亭是什么样子都没说。在欧阳修心目中，似乎是"目中无亭"，建筑景象根本就没有进入他的视野，他关注的、感受到的都是自然景物的景象。王羲之写的《兰亭集序》、范仲淹写的《岳阳楼记》，也都是如此。这让我不得不遗憾地感觉到，中国古代文人雅士到建筑景点去观光赏景，对建筑美的关注，对建筑意象的关注，实在是太微弱。他主要关注的是从建筑中向外眺望的自然景象、山水意象，而不是建筑自身。

　　这样，我才意识到建筑意境有不同的构景方式。

　　第一种是"组景式构成"（图8-18-1）。那就是我们通常所熟悉的建筑意境构成方式。在这种建筑意境结构中，建筑起着景观空间环境的组织作用。景观意象主要产生于建筑的组群内部。观赏主体处于建筑空间与其他构成要素所组构的意象环境之中。在这里，建筑成了意境空间的基本框架，其他构

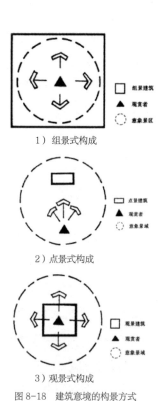

1）组景式构成

□ 组景建筑
▲ 观赏者
⭕ 意象景区

2）点景式构成

□ 点景建筑
▲ 观赏者
⭕ 意象景域

3）观景式构成

□ 观景建筑
▲ 观赏者
⭕ 意象景域

图 8-18　建筑意境的构景方式

成要素也以建筑空间为依托，充当建筑空间的内涵。建筑外部景观则通过"借景"方式渗透到建筑内部，起到意境的烘托作用。

　　第二种是"点景式构成"（图 8-18-2）。景物整体以自然景观为主，建筑主要起"点景"作用，观赏主体处在点景建筑之外，建筑意象融入自然山水意象之中，点景建筑与自然景物之间形成"图"与"底"的关系，起着勾勒景物眉目、改善景物构图、组构景区网络、突出景观主题等作用。

　　第三种是"观景式构成"（图 8-18-3）。在这种意境构成中，观赏主体处于景观建筑空间之内，透过观景建筑的敞开面或门窗口，观览建筑外部的环境景观。景观意象主要由周围环境的自然景观、建筑景观和其他人文景观构成。观景建筑在这里起着"观赏点"的作用。不要小看了这种意境构成方式，这恰恰是古人最常见的赏景、构景方式。历史上许多著名的诗文所表述的建筑意境，多属于这种。《醉翁亭记》《兰亭集序》《岳阳楼记》《滕王阁序》表述的都是这种观景式的意境。这种构景方式并非与建筑无关，建筑同样起着重要作用：一是提供良好的观赏场所；二是提供适宜的观赏视点；三是提供丰美的观赏景框。当然，这种构景方式的景观主体是自然山水意象，而非建筑意象。

值得注意的是，许多精彩的建筑景点，常常能够做到组景式构成、点景式构成和观景式构成三者俱备。那当然是很理想的、很完美的构景。

为什么欧阳修们"目中无亭"，全身心沉浸的都是自然山水的观赏呢？这让我意识到建筑意境的多因子构成中，有它的强因子。对于中国式建筑意境来说，有必要提出一个命题——建筑意境的强因子：山水意象。

我们知道，构成建筑意境的建筑意象，有人文景观意象，有自然景观意象。人文景观当然以建筑自身为主体，包括殿阁楼台、厅堂亭榭、洞门漏窗等等，也包括曲径小桥、古碑断碣、几案屏风、器玩古董等室内外环境的其他人文景物；自然景观则包括青山绿水、茂林修竹、云雾烟霞、月色风声、鸟语花香等一系列自然景象。建筑意境的景观构成通常都是人文景观与自然景观的融合体。在不同的建筑类型和景观场合中，人文景观与自然景观的配合比是不同的。宫殿型组群的核心部位，几乎完全排除了山水植被的自然景观要素，全然依赖端庄、凝重的建筑和陈设品来组构森严的宫殿境界；而绝大多数建筑总是不同程度地融入自然山水花木等自然景象。值得注意的是，在古人写的建筑游记里，对于透过建筑所获得的意境感受中，山水自然景象总是占据着最突出的地位。这里的原因就是因为山水意象正是中国式意境的强因子。我从三个方面展述了山水意象成为建筑意境强因子的原因：一是山水意象的儒道基因；二是山水意象的多元意蕴；三是隐逸生活与山水意象的高雅化。弄明白这一点，我们不难知道古代的文人雅士，到了建筑景点，为什么那么不在意建筑意象，而是一股劲地陶醉于自然山水意象。这种情况并不意味着中国建筑意象生成建筑意境的潜能远低于山水意象生成建筑意境的潜能。这是因为山水意象实在是中国式意境构成的强因子。不仅如此，在中国古代，建筑在士大夫文人心目中，多数还把它视为匠作之技，没有进入像绘画、书法那样的高层次文化行列。这自然限制了人们对建筑艺术的感受。在当时人的审美观照中，建筑美的魅力与山水美的魅力相比，自然相形见绌。山水意象频频充当中国式意境的主角，这个看似奇特的现象，其实是中国古代特定文化背景下的正常现象。

我把这几点作了铺垫之后，就着手探索建筑意境的生成机制和鉴赏规律。

意境探析 I：召唤结构

建筑意境的生成，涉及建筑意境的客体，也涉及建筑鉴赏的主体；涉及建筑创作的环节，也涉及建筑接受的环节。

意境是怎样生成的？古今中外的诠释是不同的。中国古典美学把意境的生成视为"虚实相生"的过程，所谓"生变之诀，虚虚实实，实实虚虚，八字尽矣"。现代接受美学则把意境视为"召唤结构"。朱立元对文学作品的"召唤结构"有一段很明晰、很准确的表述。他说：

按照伊瑟尔的观点，文学作品中存在着意义空白和不确定性，各语义单位之间存在着连接的"空缺"，以及对读者习惯视界的否定，会引起心理上的"空白"。所有这些组成文学作品的否定性结构，成为激发、诱导读者进行创造性填补和想象性连接的基本驱动力，这就是文学作品的召唤性的意义。

我特别喜欢朱立元的这一席话，也非常喜欢"召唤结构"这个关键词。

我很高兴地意识到，古今中外审视"意境"的角度虽然不同，一个以"虚实"为关键词，一个以"召唤"为关键词，两者的理论和方法不同，而实际上原理是相通的。因为召唤结构所说的"意义空白""不确定性""连接空缺""心理空白"，都属于"虚"。在"否定性结构"这一点上是一致的。这样我们就明白，意境的生成，正是作品的这种召唤性，也就是景物客体召唤结构的"虚实相生"所发生的积极作用。

我注意到，在中国古典美学中，"虚实"有多种含义。常用的有两种性质不同的"虚实"概念。一个概念，"实"指作品中直接可感的形象，即"象内之象"，"虚"指作品中所表现的情趣、气氛和由形象所引发的艺术想象、艺术联想，即"象外之象"。另一个概念，"实"指作品形象中的"实有"部分，即"象内之实"；"虚"指作品形象中的"空缺"部分，即"象内之虚"。在意境的召唤结构中，这两种概念的"虚实"都存在。它们涉及两种不同性质的"虚实相生"。这两种"虚实相生"，在意境结构中交织成错综复杂的虚实关系，很容易引起混淆。为此我做了一件事，把这两种"虚实"作了明确的区分，把前一种"虚实"称为"实境"与"虚境"；把后一种"虚实”称为"实景"与"虚景"。

宗白华说：

艺术家创造的形象是"实"，引起我们的想象是"虚"，由形象产生的意象境界就是虚实的结合。

宗白华这里说的就是前一种"虚实"。我们通常说的"意"与"象"，"情"与"景"，"神"与"形"，也都是这种"虚境"与"实境"。在这里，"实境"是"它本身的样子"，"虚境"是"它使人想起的那种东西"。以实生虚就是从确定的一面，想象出不确定的一面。这也就是接受美学所说的，从"一级阅读"进入到"二级阅读"。在这里，所谓的"虚"，所谓的"意义空白"和"不确定性"，就是召唤结构所提供的广阔的想象空间。它对艺术鉴赏的再创造想象具有诱发力，"是潜藏在作品可说性下面的不可说性的'黑洞'"，是"一个永远需要解答的谜，一个永远也解答不完的谜，一个众彩纷呈的谜"。接受主体则通过一级阅读、二级阅读，完成对虚境想象空间的"创造性填补"和"想象性连接"，从中获得最高的审美感受和深层感悟。这里可以追问一个问题，这种"意义空白"和"不确定性"是如何起到诱发想象作用的？这方面，从有关学者的诠释来看，大体上可以说是基于四方面的功能：一是"比兴"功能；二是"畅神"功能；三是"放大"功能；四是"联觉"功能。我围绕着这四方面功能做了进一步的展述。"实景"与"虚景"是完全不同于"实境"与"虚境"的另一个层面的"虚实"。实景是作品形象中的"实有"部分，虚景是作品形象中的"空缺"部分。这里的"实有"和"空缺"概念是相对的、宽泛的、多义的。浮光、掠影、薄雾、清香，尽管它们有光、有影、有雾、有香，但也同样带有"虚"的品格。对于建筑景物来说，除了"实体为实，空间为虚"，"有形为实，空缺为虚"；还有"显者为实，隐者为虚"，"露者为实，藏者为虚"，"近者为实，远者为虚"，"连续为实，中断为虚"，"清晰为实，缥缈为虚"，"辐重为实，轻柔为虚"等多种多样的景物虚实。作为虚景的"空缺""隐蔽""缥缈""中断""幽邃"，与作为虚境的"情趣""气氛""联想""情意""神韵"，在性质上是截然不同的。虚境是召唤结构的"象外之虚"，是无载体的、非物化的心理时空结构，是一种"功能性空白"；而虚景是召唤结构的

"象内之虚"，它是有载体的、物化的物理时空结构，是一种"结构性空白"。在建筑景物和风景景观中，这种"结构性空白"的虚景是千姿百态的。它既呈现在景物要素自身，也呈现在景物要素之间的组构方式上，形成要素层的"虚实"和布局层的"虚实"两大层次。日光、月光、晨雾、晚霞、烟云、树影、花影、风声、雨声、水声、鸟语、虫鸣、花香等，它们属于光、影、声、味，是轻柔的、缥缈的、动晃的、变幻的虚景要素。而"计白当黑""此地无声胜有声"之类，则属于布局层的虚实。值得注意的是，疏与密、远与近、隐与显、藏与露、断与续、透与隔、凹与凸、明与暗、动与静等都能构成布局层的虚实。应该说构成建筑意境客体的"虚虚实实"是大有潜力的。

意境探析 II：鉴赏指引

发生认识论创始人——瑞士心理学家皮亚杰，对认识的发生过程提出了"S—AT—R"的著名公式。式中：S 是客体的刺激，T 是主体的认识结构，A 是同化作用，R 是主体的反应。这个公式很重要，它表明认识活动不是单向的主体对客体刺激的消极接受或被动反应，而是主体已有的认识结构与客体刺激的交互作用。这对于我们理解意境的鉴赏是很重要的。这表明，意境接受并非单纯取决于客体景物，不是对景物的消极、被动的反应；也不是单纯取决于观赏者，并非观赏主体自我意识的外射。意境的生成是来自景物客体与观赏主体之间的相互作用。不同的观赏者，具有不同的"认识结构"（T）。这个认识结构，接受美学称之为"前结构"，它受观赏者的世界观、文化视野、艺术修养和专门能力的制约。由于观赏者的"前结构"（T）不同，AT 的同化效果自然不同，同样的景物（即客体刺激，S）所生成的意境感受（即主体反映，R）自然是很不相同的。

忘了是在哪一篇与接受美学有关的文章中，我见到了下面这个框图：

这个框图表明，作为信息源的创作者，创作了景物（作品）a、b、c、d，这个景物的直接信息，经过与观赏者的"前结构"的同化作用，转为间接信

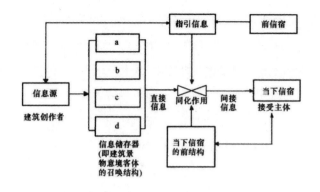

息，为观赏者所感受。这就是皮亚杰的认识发生过程。有意思的是，这里添加了一个环节：有一种"指引信息"也参与了"同化作用"。这个"指引信息"可以来自"前信宿"，也可以来自原创者。就是这个"指引信息"让我大感兴趣。我这才知道，在接受景物信息时，不仅观赏者的"前结构"参与同化作用，外来的附加"指引信息"也能参与同化作用。这就成了影响意境生成的又一个因素。在建筑意境的生成中，这是什么东西呢？我自然想到了导游的讲解，想到了古人写的"园记""亭记""楼记"对景物的描述、感怀，也想到了景观建筑的匾额和对联，它们都发挥着这个作用。这下子我兴奋起来，好像触动了灵感，冒出了"鉴赏指引"这个关键词。我知道在意境探析中，"鉴赏指引"这个环节大有文章可做。当然，这里说的"鉴赏指引"是凝结在景物中的"指引信息"，而不是游离于景物之外的"指引信息"。所以，导游的讲解不算，观赏者读过的"园记""亭记""楼记"也不算。我们要考虑的是，已经粘贴到景物中、与建筑结合在一起、能起到"指引信息"的东西。显然，这样的意境鉴赏指引，在建筑景物和风景景观中，集中地表现在"文学"手段的运用上。它的表现形态很多，有以镂刻诗文的形式，记述建筑和名胜的沿革典故、景观特色、游赏感觉；有以立匾题名的形式，为建筑和山水景物命名点题、画龙点睛；有以题写对联的形式，状物、写景、抒情、喻志，指引联想，升华意蕴。它们都呈现出建筑与文学的联结、协同。建筑居然可以与文学联结，这实在是一件太有意思的事。黑格尔认为建筑艺

术是物质性最强的艺术，诗（文学）是精神性最强的艺术。因此，我们可以说，建筑与文学的结合，实质上意味着在物质性最强的建筑艺术中，掺和了精神性最强的艺术要素。光就这一点来说，就是值得大书特书的创意。在黑格尔看来，建筑材料本身是"完全没有精神性，而是有重量的。只能按照重量规律来造型的物质"。的确，建筑首先要满足物质功能的需要，又要依赖建筑材料来构筑，因此它的空间和体型，它的符号和形象，基本上是几何形态的，是抽象的、表现性的。这就使得建筑意境内涵的多义性、朦胧性和不确定性显得更为突出，使得建筑意境在表现某种特定意义、特定意蕴时，往往难以确切表述，也使得建筑意境的接受需要具备较高的文化素养和建筑理解力，才有可能领悟较深的蕴涵。这些给建筑意境的创造和接受都带来很大的局限。而诗文是语言艺术，确如黑格尔所说，它不像建筑、雕塑那样不能摆脱空间性的物质材料，也不像音乐那样不能摆脱时间性的物质材料（声音），它可以"更完满地展开一个事件的全貌，一系列事件的先后承续、心情活动、情绪和思想的转变以及一种动作的完整过程"。建筑语言所遇到的表述困难，恰恰是文学语言所擅长的。中国建筑正是在这个节骨眼上，调度了文学语言来弥补建筑语言的欠缺，应该说是睿智的、独特的、令人赞叹的。在世界几大建筑体系中，无疑只有中国建筑体系，在这方面演绎得最为突出、最为充分。

我把中国建筑意境的鉴赏指引区分为三个方面：一是诗文指引；二是题名指引；三是题对指引。"诗文指引"是很自然的。因为中国文学宝库中，有数量庞大的山水诗、山水赋、山水散文、山水游记，也有为数可观的描述建筑、园林的诗、赋，以及园记、楼记、堂记、亭记之类的散文、铭文。这些文学作品有不少是描写名山胜水的千姿百态，名园胜景的五光十色，记述建筑景物的沿革典故，记录聚友畅游的逸情盛况，抒发游观的审美体味和触想感怀。它们实质上构成了特定建筑意境客体的文化环境，成为烘托建筑景物的文学性氛围。而难得的是，中国传统文化极善于把这样的文学性资源，通过镌刻，把它粘贴到建筑景物和风景景观中。一种是以屏刻的形式，把诗文铭记镶入殿堂室内；一种是以立碑的形式，把诗碑、文碑融入建筑组群或碑亭之内；还有一种则在名山胜地展开摩崖题刻，琳琅满目的题诗、题文、题句、题字，为冈峦起伏的秀美山岩抹上了文化神采。

这样的屏刻、碑刻、崖刻，就把文学有机地凝结到各层面的建筑景观之中，生动地起到传递景物的背景信息、点示景物的意境内涵、诱发景物的感怀思绪、扩大景物的知名程度和增添景物的人文景观价值等作用。这样的"鉴赏指引"作用是很显著的。"题名指引"是常规的、最普遍的方式。建筑的题名有两种情况：一是给建筑或景点"命名"；另一种是给建筑或景点"点题"。这种命名，如宫殿建筑命名为太和殿、乾清宫；皇家园林建筑命名为佛香阁、听鹂馆；私家园林建筑命名为远香堂、见山楼；景区景点命名为平湖秋月、柳浪闻莺。这样的命名主要以匾额的方式悬挂于建筑物的外檐。主要的景区命名还可能隆重地以立碑建亭或树立牌楼、牌坊的方式来展示。这里的"点题"主要用于室内空间和建筑组群的门面空间。殿屋室内空间，除书斋常取名外，通常不再命名，而以内檐匾额点题。如圆明园各殿堂内悬挂的"刚健中正""万象涵春""纳远秀""得自在"等匾。一些大型组群则把门面空间的点题文字以牌楼、牌坊的楼匾、坊匾来显现，如曲阜孔庙的"金声玉振""太和元气"坊，以这样的牌匾、坊匾强化门面的空间意蕴，可算是十分隆重的点题方式。这样的"命名""点题"有什么作用呢？我觉得它很像是"有标题的音乐"一样，可以称为"有标题的建筑"。重要的礼制建筑，富有特色的景观建筑，有了这样的命名、点题，就成了"有标题"的作品，这个"标题"可以赋予它文化的、哲理的内涵，自然对接受者起到定向的指引作用。因此，"题名指引"是一种很重要的、很有效的鉴赏指引。

"题对指引"也是用得极广泛的。对联的历史十分久远，经过宋、明两代的蓬勃发展，到清代已达到鼎盛阶段。吉庆对联、名胜对联几乎成了宫殿、苑囿、园林、宅第、故居、寺庙、祠堂、会馆、书院、戏楼等建筑的必备品。对联是中国文学的一种独特形式，它利用汉字一字一音一义的特点，组成上下联对称的形式。联的篇幅可长可短，可以是精彩的诗词格调，是诗的高浓度凝聚；可以是通俗的散文格调，在流畅的语言中寄寓深邃的理趣。它主要通过三种方式镶嵌到建筑中：一是当门，作为门联；二是抱柱，作为楹联；三是补壁，作为壁联。说起来真是神妙，就凭这三招，对联这个独特的文学形式，就有机地融入建筑中。这样的融入很像中国的国画在画面上融入的"题跋"，我们可以把它视为"建筑的题跋"。题跋是干什么的呢？画论说，"画者之意，题者发之"，"画之不足，题以发之"。对联对于建筑，发挥的正是这个作用。我自己从初中开始，就非常喜欢对联。我住在杭州，曾经有一次在杭州登山，当我爬了很多石级，来到山头，迎面是一座小小的寺庙。这小庙的门上，映入眼帘的是一对醒目的门联——"虽非天上；不是人间"。短短的八个字，当时给我留下了极深的印象。我真觉得这是个奇特的境界，这里虽然不是"天上"，却也不是"人间"。这小庙其实很平常，被这样一副对联在此时此地这么一点拨，真的渲染出浓浓的超尘脱世的境界。我把这个对联牢牢地记住了。不过在写《中国建筑美学》时，我并没有引用这个对联，因为我已忘记这个小庙是杭州哪个山头的，我也没时间去查寻。我在书中引用的对联中，还有两对是我印象特别深刻的。一对是苏州沧浪亭的著名亭联："清风明月本无价；近水远山皆有情"。这副亭联非常优美，非常贴切，对仗也非常工整。它是集句的，上联集自欧阳修"沧浪亭"诗句："清风明月本无价，可惜只卖四万钱"；下联集自苏舜钦《过苏州》诗句："绿杨白鹭俱自得，近水远山皆有情"。这样的亭联，自然一下子就把游人带进了它所提示的境界。另一对是四川乐山凌云寺的山门门联。这个山门上方悬着"凌云禅院"巨大金匾，两旁挂着"大江东去；佛法西来"门联。这个寺门前方就是我上面提到的那条景象万个、极具导引魅力的凌云寺神道。门联的短短八个字，上联概括了庙门临江的雄浑景象，下联凸出了佛法流传的庄严历史。言简意赅，气势磅礴，大大升华了凌云寺门面的环境意蕴和独特的时空境界。大量的景观对联既是文人墨客抒发景观境界的诗化语言，又为后来的观赏者提供了意境感受的鉴赏指引。它本身构成了极具文学价值、观赏价值的文化积淀。

还应该提到的是，所有这些诗文指引、题名指引、题对指引，都是通过文字粘贴到建筑景物上。因此，它本身就成了一种书法艺术作品。当这种书法落实到屏壁、碑石、匾额、对联之上时，就涉及匾联、碑石、屏壁的工艺美。因此在文学融入建筑的同时，也呈现着书法美、工艺美与建筑美的融合，从形式美的角度也生动地推进了建筑和景观的美化。

建筑意境问题，一直被我视为建筑美学的一道很有点"玄"的理论难题。我觉得从意境客体做了"召唤结构"的分析，从意境主体做了"鉴赏指引"的分析，似乎能弄明白一些。我念念不忘梁思成、林徽因两位先生对"建筑意"命题的关注，很希望能够围绕"建筑意"的命题，尽力做出我们的解读。

九、『软』的升级：读解三『道』

退休后写"之道"

　　按照规定，博士生导师是 70 岁退休，到 2002 年我可以退休了。我一直盼望着这一天，期盼着退休后的三个梦想。第一个梦想是回迁北京。我和老伴一直有一个回京情结，因为经历过 10 年的京哈分居，我调不进北京，老伴不得不放弃理想的工作、放弃对口的专业、放弃母女俩的北京户口，把家从北京迁到哈尔滨。因此总想着有朝一日能够迁回北京去。第二个梦想是撰写专著。我一直想围绕着中国建筑解读，再写一部类似《中国建筑美学》那样的书，把思索过的一些问题都写进去。这得有一大段安宁的时间。退休前又是讲课、又是带研究生，事情有些杂，我就寄望于退休后能静下心来写。写书需要的是图书馆，北京有国家图书馆的绝好条件，从这个角度说，退休后也是以回迁北京为上策。第三个梦想是想玩玩旅游。那么多该去的地方都没去，退休后想和老伴一起，国内走走，国外也看看。从旅游的角度，当然也是迁回北京，从北京出发最为便捷。

　　要想迁回北京，最关键的一步就是得有个北京的住房。我和老伴就着手进行这方面的准备。那时候北京正盖着大量商品房，外地人也可以购买。因此这件事是可行的。当时北京的房价我们也觉得挺贵。像回龙观之类地段偏远的房子每平方米也得 3000 元左右。要买地段稍好些的，至少每平方米得 6000～7000 元。我们实际上没攒下多少钱，充其量只能买回龙观那样的。女儿、女婿认为我们已是一大把年纪，自己不会开车，住在偏远地方很不方便，必须把家安在生活方便、就医方便的地段。钱不够，他们凑，房款的问题由他们来解决。这当然很好，我和老伴就敢于在北京的较好地段来物色房子了。

图9-1 在北京阳光丽景小区

2001年春天，北京举办当年的春季房展会。我和老伴闻讯就专程赶到北京，刚从北京站下车，就拉着行李箱直奔房展会场。这个房展会印有"北京居民购房指南图"。这张指南图的封面，印有"阳光丽景"小区的售楼广告。我们一下子就被这个"阳光丽景"小区吸引了。这个小区位处北三环和北二环之间，紧挨北京中轴路西侧，面临不大不小的黄寺大街，地段算是够好的。住宅楼是十一二层的小高层，五六座板楼自南向北一溜排成宽敞的一进进院庭。户型也很好，可以南北穿堂。从售楼广告的渲染图上看，住宅楼的立面也很好看，格调清新，很让人喜欢。每平方米均价6800元，在同样档次的商品房中，还是较为实惠的。这样，我们没做过多的比较，就果断地选定了一套100平方米多一点的两室两厅两卫的房子。等到房子装修完毕，刚刚退休的我，就在2003年把家迁到了北京（图9-1）。我们对北京的这所新宅很满意。向阳的客厅凸出一个方方的太阳间，只要是晴天，总是洒满阳光。我真的在沐浴阳光的北京书斋里启动第二个梦想，着手退休后的写作。第一步当然是酝酿全书框架。我的基本思路是从多个视角来解读中国建筑。因为我记住了陈志华先生在"北窗杂记"中说过，打阵地战是最吃力不过的。我写《中国建筑美学》，已经尝够打阵地战的苦。我学乖了，就想再也不这么整了。别再弄阵地战，应该搞游击战，可以东一榔头西一锤地，搞多视角审视，不去触碰完整的体系。这样我就筛选审视中国建筑的不同视角。我筛出来的第一个视角就是"有无"的视角。

这就是老子说的"当其无，有室之用"。这个被建筑界公推为首选"座右铭"的至理名言，一直萦绕在我的心田脑际。这时退休了，我的第一个念想就是对它作一番诠释阐发。我筛出来的第二个视角是"程式化"的视角。这是中国木构架建筑体系的一个重要特点。我觉得应该梳理出它的各个层面的模件、程式。很想借鉴京剧的行当研究来展开一些深入的论析。我筛出的第三个视角是"模糊性"的视角。我对建筑模糊性与建筑学科的特殊性很有兴趣，总觉得这里面有不少问题值得思索，很想对中国建筑中反映的模糊理念，中国建筑中呈现的模糊空间，中国建筑中的种种模糊设计手法，作一下专题考察。我筛选出的第四个视角是"建筑符号"的视角。我觉得中国建筑符号学大有文章可做，中国建筑的指示性符号、图像性符号、象征性符号都有它的特色，诸如文学语言与建筑语言的焊接等等，都有很多可写的。我筛出的第五个视角是"文士建筑"的视角。中国文士心目中的建筑学是一个很吸引人的命题。我觉得中国文士在建筑学上的成就，我们研究得很不够。戏剧界早已把李渔的《闲情偶寄》词曲部、演习部誉为"中国戏剧史上第一部真正的导演学著作，而且也是世界戏剧史上第一部真正的导演学著作"。而在同一部书中，李渔还写了居室部、器玩部、种植部，他对房舍、山石、家具、陈设、竹木、花卉的论述，也是非常精彩的，却还没得到应有的评价。我很想把《闲情偶寄》的居室部、器玩部、种植部称为中国的第一部"家庭生活指南"，我很想把《闲情偶寄》的居室部、器玩部、种植部称为中国的第一部"家庭生活指南"，很想把"贫贱一生，播迁流离""债而食，赁而居"的李渔所崇尚的紧贴生活、简约俭朴、力求实效的建筑言论，称为"17世纪的贫士建筑学"，很想把中国的文士建筑学做一番概括的梳理。诸如这样的视角还可以筛出两三个。我想以七八个视角，写成七八个专题，估计每个专题都能有一些新解读。这样的话，这本书是能写得很充实的，我就按着这个思路启动了。

我首先入手的是"有无"的视角，首先查找的是《老子》的资料。我去了北京王府井的中华书局，一眼就看到了一部"四部要籍注疏丛刊"的《老子》，这部厚厚的上下两册的大部头，收入了从河上公《老子道德经章句》到马叙伦《老子校诂》的18部有关老子道德经的集解、注疏、校诂，几乎涵括了现代之前《老子》要籍的重要版本，并附有"马王堆帛本老子释文"，我如获至宝地买到手了。我又到国家图书馆，那里的开架阅览室里有满满好几书架研究《老子》的专著。从民国到近年的研究老学的著作，在这里都能开架方便阅读。这样，需要查找的《老子》资料大体上都有了，我就一头扎进到《老子》的文献中。《老子》第十一章总共只有4句话，49个字，我逐一地查看了这些版本对十一章的注疏和阐释，越看越有兴趣，越有兴趣就没完没了地继续查看。我发现光这49个字就涉及不少问题，为这49个字就得做一大番解读。对老子的"有无"哲理的解读，本身也是很有意义的，绕过它不去触碰是很可惜的。不绕过它而直面地去阐释，那光是这一点就够写一章的篇幅。这可怎么办？我突然发现，我的多视角审视中国建筑的设想成问题了。如果一个"有无"视角就得写好多篇幅的话，我就不能按"多视角"的路子进行了。我经过反复的思索，最后还是决定抓住"有无"的主干来写。因为我已经意识到透过"有无"的哲理，可以触及建筑的许多重要理论问题，可以展开对中国建筑的一系列阐发。它本身构成了一个大课题，一个带有重大理论意义的大课题。不能把它仅仅当作多视角中的一个视角，而且分散地进行多视角审视难免会有蜻蜓点水似的浅尝即止。还是聚焦于"有无"，冲击重大课题吧。这样，我就抓住"有无"不放了。只是这么一来，我又不得不打一场全面应对"有无"的"阵地战"了。

我的这一仗实际上打的是持久战。因为退休了，用不着申报科研计划，用不着申请基金，也不受限期完成的约束，倒是很自由自在的。我想出了一个细水长流的做法，把读书、写书与旅游观光交叉地进行。在泛泛查书、读书，泛泛构思、写作的间歇，穿插着四处走走。我和老伴一起去了三峡、漓江，去了同里、楠溪江，去了九寨沟、武夷山；也和女儿、女婿、外孙去了西欧、北欧、美国（图9-2、图9-3）。这样的日子过得很快，不经意地一晃就四五年过去了。等到我把书稿写完，差不多已是第八个年头了。老伴说我，写书有慢的，但没有像你这么慢的。我自己知道，岁月不饶人，毕竟是70多岁奔80岁的人（图9-4），写作效率实在太低。我想起苏东坡总结"东坡肉"烧法的打油诗——"慢著火，少著水，火候足时它自美"。我自嘲自己是无奈地、"慢著火"地、以极低的效率慢吞吞地蜗牛爬格。

图 9-2　和老伴、女儿、女婿、外孙游北欧

图 9-3　在夏威夷游轮上

图 9-4　耄耋之年。摄影
记者陈跃拍的照片

书稿终于磨磨蹭蹭地弄出来了。篇幅还不小，加上配图有 75 万字。一共写了 7 章：

第一章的标题是："《老子》论有、无"，是从建筑学人的角度，对老子的"有无"哲理，作了自己的诠释和解读；

第二章的标题是："建筑之道：'有'与'无'的辩证法"，是从"有无"哲理对"建筑本体论"的审视；

第三章的标题是："建筑之美：植根'有无'的艺术"，是从"有无"哲理，对"建筑艺术论"的审视；

第四章的标题是："木构架建筑：单体层面'有、无'"，是对中国建筑基本层面的"有无"论析；

第五章的标题是："木构架建筑：其他层面'有、无'"，是对中国建筑组群、建筑界面和建筑节点三个层面的'有无'论析；

第六章的标题是："高台建筑：'有'的极致"；第七章的标题是："北京天坛：用'无'范例"。这六、七两章分别用典型案析，分析中国建筑用"有"、用"无"的机制和手法。

我自己觉得，我的确是一头扎进"有无"哲理了，津津有味地做足了力所能及的"有无"文章。这样的书应该叫什么书名呢？我想就叫《中国建筑："有"与"无"》。我觉得这是一个低调的、不张扬的书名，是一个直接端出了关键词的、颇为别致的书名。

我把书稿还是交给了中国建筑工业出版社的王莉慧。她是我的研究生，她的爱人许东亮也是我的研究生。我们老两口迁回北京后，经常得到他俩这样那样的照应。他俩一直关注着这本书的写作。那时候，王莉慧是中国建筑工业出版社一室的副主任，还是由她担当这本书的责任编辑。她郑重地把这部书稿呈请资深编审王伯扬先生审稿。我得知是伯扬老总审稿，就知道这是能请到的最顶尖级的审稿了。据说伯扬老总很重视这部书稿，认真地、一字不落地审看。他的审稿评语全文是：

本书是建筑历史与理论领域著名学者侯幼彬先生的又一力作。作者以古代哲人老子的《道德经》中关于"有"与"无"（即实体与空间）的辩证观念为手段，在广阔的范围内对中国古代建筑的技术与成就作了深入地探索。这种探索就科学分析的层面而言可谓已趋于极致，把中国古建筑辉煌成就的理论归纳推上了一个新的高峰。书稿具有很高的学术价值，是近年来建筑学领域内非常突出的一部佳作。书稿结构严谨，体例规范，文字顺畅，用词准确，鲜有失误。这样的文字水准，在梁、刘先哲之后，在建筑界似不多见，作者当是其中的佼佼者之一。

唯书名《中国建筑："有"与"无"》似觉欠妥。此名未能准确表达出书稿深邃的学术内涵，也难以使读者了然于胸。建议另起书名，如《中国古建筑新解——从"有"与"无"入门》之类。建议未知妥否，仅供参考。

当我看到伯扬先生的这份审稿评语时，真是喜出望外。我写这部书，自己明白这是值得写的，但这毕竟是一种理论阐发。这样的论析，这样的阐发，这样的表述，能不能得到学界和读者的认可、接受，我还是不放心的，心中没底。想不到伯扬先生给了这么明确的肯定。在我心目中这是最权威、最有分量的肯定。有了这样的肯定，我对自己这本书的理论表达就可以放心了。这是我特别高兴、也特别感谢的。

书名确是个问题。评语说："此名未能准确表达出书稿深邃的学术内涵"，这句话深深触动了我。我只想着要低调，不要张扬，却弄得书名未能表达书稿内涵，确是很大的失误。我有一种功亏一篑的警觉。那么书名该怎么改呢？我反复地想，想不出最合适的书名。

其实在我的心目中，有一个神圣的命题，那就是6个字：中国建筑之道。它不是书名，是中国建筑史学的一个研究目标。我觉我们进行中国建筑史学的理论研究，有一个诱人的目标，就是揭示和认知"中国建筑之道"。"道"是软思索的顶峰，我们进行的软思索，就是向着这个目标一步步地推进。我突然闪过一个念头，在找不着更好的书名的情况下，能不能就把它当作书名呢。这本来是一个不敢想象的事，把书名称为《中国建筑之道》，是不是太高调了。我的书架上就放着一本名叫《装饰之道》的书，说明并非不可以这样命名。我想我这本书实际上触碰了三个"道"：第一个"道"是"有无之道"，我对老子的"有无"哲理作了认真的、有深度的诠释；第二个"道"是"建筑之道"，

图 9-5 《中国建筑之道》封面　　图 9-6 《中国建筑之道》首发式上的合影
左起：许东亮、侯幼彬、邢凯、王莉慧

我从"有无"哲理的视角，对"建筑本体论"和"建筑艺术论"作了专题审视；第三个"道"是"中国建筑之道"，我对中国木构架建筑体系的各个层面的"有无"和用"有"、用"无"的机制展开了全面的诠释、阐发。对于"中国建筑之道"的研究，是本书的主体；对于"建筑之道"的研究，是对"中国建筑之道"研究的铺垫；而对于"有无之道"的研究，是研究"中国建筑之道"的基点。可以说这是一本名正言顺的研究"中国建筑之道"的书。由于有了王伯扬先生的审稿评语，我自己也有信心地认为这本书在研究"中国建筑之道"上是到位的。基于这样的分析，我终于鼓足勇气，毅然把这本书定名为《中国建筑之道》（图 9-5、图 9-6）。

我越琢磨越觉得这个书名实在太好了，这是多么大气、多么响亮的书名呀。只有提到这样的高度，才足以凸显老子的"有无"哲理是中国建筑之道的理论根基。我从建筑之道和中国建筑之道的阐发，更加意识到老子"有无"哲理的伟大。

释“有无之道”

老子是中国哲学的鼻祖，《老子》一书的问世，被视为中国思想史上的一次灿烂的日出。它不仅是中国的文化经典，也是世界的哲学宝典。黑格尔把老子的哲学和古希腊的哲学一起看作世界哲学的源头。非常庆幸的是，就在这部世界哲学源头的书中，就有一段涉及建筑哲理的表述。这段表述在《老子》的十一章。全章文字总共只有四句话，49个字：

三十辐共一毂，当其无，有车之用；埏埴以为器，当其无，有器之用；凿户牖以为室，当其无，有室之用。故有之以为利，无之以为用。

20世纪50年代初，我刚刚进入清华建筑系，就听到一个故事，说梁思成先生有一次在美国去拜访赖特大师，向他请教建筑空间理论。赖特对他说："你回去，最好的空间理论在中国。"赖特在这里说的"最好的空间理论"就是指老子讲的"有无"这段话。由此可见赖特对老子的"有无"理论是非常尊崇的。这个故事给我留下了很深印象。后来我又有了另一个印象：忘了是在什么场合，梁思成先生曾经说，美国有一位学建筑的博士生，以《老子》的"当其无，有室之用"写了一篇博士学位论文，获得了哲学博士学位。这两件事让我对老子这段名言肃然起敬，分外关注。我朦朦胧胧地意识到，"有无"哲理应该是建筑"软"思索的一个理论源头。但是，我除了参照"有无"理念写了一篇《建筑——空间与实体的对立统一》的论文外，很长时间都没有触碰它。这是因为《老子》十一章的这段文字，我并没有真正读懂。

我读《老子》十一章，看的是任继愈的《老子今译》，觉得他译得很准确、很周到、很明白。他的译文是：

> 三十条辐集中到一个毂，
> 有了毂中间的空间，
> 才有车的作用。
> 搏击陶泥作器皿，
> 有了器皿中的空虚，

才有器皿的作用。

开凿门窗造房屋，

有了门窗四壁中间的空隙，

才有房屋的作用。

所以

"有"所给人的便利，［只有］

当它跟"无"配合时才发挥

出它应起的作用。

　　我从任继愈的译文，基本上弄懂了这段文字的意思，但是有一点不明白，就是"凿户牖以为室"的"凿"字。"户"是门，"牖"是窗，为什么造房子要"凿"门窗呢？门窗应该是安装到墙上的，为什么用"凿"这个字眼呢？任继愈把"凿户牖"译为"开凿门窗"，这个译文是对的，但没有解释为什么门窗需要"开凿"。我查过几本注释《老子》的书，针对"凿户牖以为室"这句话，有的注解说："谓作屋室"；有的注解说："木有宫室，陶其土而覆之，陶其壤而穴之"；有的注解说："当凿窟之时……凿户以出入，开牖以通明"。前者的注解过于笼统，没有解释"凿户牖"。后两者则把"凿"字理解为开挖穴居的凿土，或是把"凿户""开牖"混为挖掘窑洞。这些注解都不得要领。这个字弄不懂就成了我解读《老子》这段文字的拦路虎，使得我迟迟不敢去触碰它。

　　大约是1977年，我去陕西出差，当长途汽车在咸阳附近停车休息时，我突然看见公路旁边在盖"干打垒"的厕所，几位老乡正在已夯筑好的土墙上凿门洞、窗洞。这让我一下子醒悟了，我见到了活生生的"凿户牖"情景了。我这才知道，原来在老子的时代，夯土筑屋是在整体夯筑完墙体之后，再在土墙上凿出门洞、窗洞。因为预留门洞、窗洞的夯筑，难以保证版筑墙的整体性。因此"凿户牖"是当时的一种常规的施工程序。"凿户牖以为室"这句话，在我这里算是完全弄懂了。这件事让我特别特别高兴，解决了"凿"字的拦路虎，我觉得我可以写解读老子"有无"哲理的文章了。但是这个解读还是拖延了下来，一拖就拖了20多年，一直到退休之后才真正启动。

这次我查看了颇为充足的《老子》文献，津津有味地展开期盼已久的对老子"有无之道"的诠释。没有想到的是，刚进行不久，我又遇上了第二个拦路虎。这次是在"有"和"无"的概念上，把我弄懵了。

原来《老子》书中有四章都谈到"有、无"。除第十一章这段文字外，在第一章中，《老了》说：

无名天地之始，有名万物之母，故常无，欲以观其妙；常有，欲以观其徼。此两者，同出而异名，同谓之"玄"，玄之又玄，众妙之门。

在第二章中，《老子》说：

有无相生，难易相成，长短相形，高下相盈，音声相和，前后相随，恒也。

在第四十章中，《老子》说：

天下万物生于"有"，"有"生于"无"。

我从《老子》第十一章的表述，知道"有"指的是器物的"实有""实体"，"无"指的是器物的"空虚""空处"。这个概念挺明白的。第二章说的"有无相生"，用这个"有、无"概念去理解，也很明白。但是，第四十章却说"天下万物生于有，有生于无"。这里的"有、无"是什么意思？为什么"有"是生于"无"呢？第一章说的"常有""常无"，又是什么意思？真是"玄之又玄"。这就把我对"有"和"无"的概念弄糊涂了，一度陷入迷茫。幸好后来看到了陈鼓应写的《老子注释及评价》，他对《老子》的"有、无"作了"现象界"和"超现象界"的区分，指出十一章所说的"有、无"，是就"现象界"而言的；第一章所说的"有、无"，是就"超现象界""本体界"而言，这是两个不同的层次。它们的符号形式虽然相同，而意义内容都不一样。研究《老子》的学者冯达甫、刘康德、严敏等几位，也有类似的见解。这一下子解除了我的第二个拦路虎。我可以从"现象界"的"有、无"来认知"有无"哲理，而不必去纠缠那"玄而又玄"的"超现象界"的"有、无"。

这样，我就顺当地展开对"有无"哲理的阐释。我主要做了四点阐释：

第一点是对"凿户牖"做了进一步的考释。我综述了历代《老子》注家对"凿"字的漏释和误释。我很想从先秦文献中查到"凿户牖"的相关信息。果然在秦简《日书》中查到了"穿户忌"的条文。《日书》是一种用作吉凶择日、择方位的书。书里列有土木营造有关的"土忌""室忌""盖忌""门忌"等条文。这条"穿户忌"引起了我的注意。它说："毋以丑日穿门户"。我理解这不是说人在"丑日"不能穿行门户，而是说"丑日"不宜进行版筑墙的穿门凿户。这表明当时的确存在着开凿门窗的事，而且对此很重视，要选择吉日穿凿。这可以视为"凿户牖"的一条很有力的旁证。我还进一步查看了客家土楼的书，知道土楼的施工也是在楼体版筑完成之后，再逐个地开凿窗洞。这表明，一直到近代，版筑墙上的门窗都是"凿"出来的。

第二点是甄别十一章的断句。《老子》十一章的多数注本，都是像上面引文那样，以"当其无"断句。但也有若干注本采用"当其无有"断句，把全文断为：

三十辐共一毂，当其无有，车之用。埏埴以为器，当其无有，器之用。凿户牖以为室，当其无有，室之用。故有之以为利，无之以为用。

这个"当其无有"断句的始作俑者是清代学者、训诂学家毕沅，这种断句得到了一些注家的认同。陶绍学的《校老子》、马叙伦的《老子校诂》、高亨的《老子正诂》、朱谦之的《老子校释》、张松如的《老子说解》、沙少海、徐子宏的《老子全译》、罗尚贤的《老子通解》等等，都沿用"当其无有"的断句。

究竟应该采用哪种断句呢？我欠缺这方面的判断功力。我注意到罗尚贤对这个断句，有一种解释。他说："当其无有"的"当"字，应该读"dàng"，是"恰当""适当"的意思。按他的这个解释，我觉得还是"当（dāng）其无"的断句比"当（dàng）其无有"的断句更好。因为在十一章这个场合，按理说，应该是意在强调"有"与"无"的理念，而并非在已具备"有无"理念的前提下，进一步去强调两者应处理得"恰当""适当"。也就是说，老子是首先提出器物的"有无"概念的人，而不是在既有的"有无"概念下，强调"有"与"无"的协调、得当的人。从这一点来说，我当然认同了"当其无"的断句。

第三点是阐发"有无"的层次。《老子》十一章表述了三个"当其无"：先说的是车毂的"当其无"，次说的是器皿的"当其无"，最后说的是门窗的

"当其无"。我注意到，这三个"当其无"在器物中所处部位的层次是不同的。器皿的"当其无"，可以视为整体器物的实与空；门窗的"当其无"，可以视为器物部件的实与空；车毂的"当其无"，可以视为器物细部的实与空。当我们看到《老子》列举毂、器、牖的"当其无"时，我们得到的概念是不同的器物都普遍存在着"有"与"无"的现象。这是器物存在"有无"的普遍性。而实际上这三种"当其无"分布在器物的不同层面，因此，它意味着器物存在"有无"还有它的层次性，即器物的不同层面，都可能有它自己的"有无"。关于这一点，我相信老子自己并没有意识到，我们看他所列的车、器、室三例，先说的是"细部"，继说的是"整体"，最后说的是"部件"，就知道他对于"有无"的层次性是不经意的。但是，我们知道器物在不同层次都有可能存在各自的"有无"，却是大有意义的。我自己就是基于这样的认知，才懂得从多层面的"有无"去审视中国建筑。

第四点是端出了"河上公联想"的命题。这是我从历代老学注家对"凿户牖以为室，当其无，有室之用"这句话的注释中发现的一个重要现象。为什么称为"河上公联想"？这得从河上公的注释说起。"河上公"是西汉时的道家，姓名不详。现在所传的《老子道德经章句》注本，应该是西汉后期或东汉前期的某位隐者，托名河上公所撰。这个注本长期流传于民间，通俗易懂，成为老子注本中最具影响的版本。在这个注本中，对"凿户牖"这句话是这样注释的：前半句"凿户牖以为室"，只注了4个字，"谓作屋室"；后半句"当其无有室之用"，却注了两句话，"言户牖空虚，人得以出入观视；室中空虚，人得以居处，是其用"。不难看出，前半句等于没注释。这并不奇怪，因为在汉代，"凿户牖"是人所共知的，没必要为它作注解。而后半句的注释则很有趣，"言户牖空虚，人得以出入观视"，这是对"户牖"的"无"的非常准确的解释。可是，河上公又添加了一句，说"室中空虚，人得以居处"。《老子》本文明明只说"户牖"的空虚，并没有说"室中"的空虚，这全然是河上公添加上去的。这样地添加，严格说是不准确、不严密的。但是，所添加的这一句"室中空虚，人得以居处"，却是世界建筑史上，关于"建筑空间"概念的破天荒的、第一次表述。应该说，这句话不是对老子本文的注解，而是对老子本文的阐发。它是河上公从车毂的"无"、器皿的"无"、户牖的"无",加上老子总结说的"无之以为用"推衍出来的。他一下子就联想到"室中"的空虚。这是一种聪慧的联想,精彩的联想,伟大的联想。我觉得有必要给它命名为"河上公联想"。

这个"河上公联想"一出现,就带动了一连串老学注家的追随。初唐注家成玄英说:"凿户牖以为室,屋室中空无,故得居处。"唐代注家杜光庭说:"巢穴之中取其空而可居,今官室所制亦配其中空而居之,故云'当其无,有室之用'。"宋代注家范应之说:"器中虚通,则能容受;室中虚通,则能居处;是当其无处,乃有器与室之用也。"

这一位又一位注家的阐发,都是"河上公联想"的继续。我们在这里看到,《老子》的"有无"哲理的理论威力是何等的巨大,它一下子就启迪了河上公认识到建筑空间,并且带动了一代又一代的老学注家对建筑空间的认知。要知道,在西方直到18世纪以前,还没有在建筑论文中用过"空间"这个词。这是《老子》的"有无"哲理加上"河上公联想",对建筑中的"无"的认识的重要推进。

到了近现代,《老子》注家对"户牖"的"无"的注释,演变为"有了门窗四壁中间的空虚,才有房屋的作用"。这种注释都是既说"门窗"的"无",也说"四壁"(即室中)的"无"。任继愈是这么译的,林语堂、陈鼓应、刘康德等等也是这么译的。它们都是"河上公联想"的现代版。

还应该说一下"河上公联想"海外版的事。2003年的一天,我很偶然地去了西单图书中心逛书市。在那里,很偶然地买到一本冈仓天心写的《茶的本》的中译本《说茶》。得到这本书真是让我分外的高兴。因为我当时正苦恼着见不到冈仓天心的这本书,没想到它的中译本赶巧就在这时候出版了。冈仓天心是日本明治时代最早研究东方艺术的学者,是日本近代国粹主义的代表人物之一。他的广阔的文化视野和国粹主义意识,逆西学东输的浪潮,向西方传播东方文化,被誉为"向世界诉说东方"的人。1906年,他在美国出版了英文版的《说茶》。在这本书中,他用了一小段文字介绍老子的哲学。而他所介绍的老子哲学,恰恰就是讲老子的"有无"哲理这段话。他没有引用老子的原文,而是直白地讲解。他说:

老子用他的"虚"这一得意的隐喻说明了这个道理。他认为真正的实在存在于虚之中，例如，房子的实在即在由屋顶和墙壁围成的空间之中，它既不存在于屋顶之中，也不存在于墙壁之中。

正是《说茶》中的这段表述，被赖特读到了，大为赞赏，把它视为建筑上的最重要的真理。因此，在赖特的西部塔里埃森墙上就出现了这样的老子名言：

房子的实体不是它的屋顶、它的墙，而是它内部为住而设的空间。

我们现在一看就明白，原来赖特最初接触到的老子建筑名言，是经由冈仓天心中转的。而冈仓天心中转的和赖特接受的老子名言，正是地道的海外版"河上公联想"。

不仅如此，我们还可以看看梁思成先生的表述：

盖房子是为了满足生产和生活的要求，为此，人们要求一些有掩蔽的适用的空间。二千五百年前老子就懂得这个道理："当其无，有室之用"。这种内部空间是满足生产和生活要求的一种手段。建筑学就是把各种材料凑拢起来，以取得这空间并适当地安排这空间的技术科学。

显然，梁思成先生的这个表述也有着"河上公联想"的影子。我们从这里看到了老子"有无"哲理的深邃，也看到了"河上公联想"真正抓住了"有无"哲理的真髓。难怪有一位获普利茨克建筑奖的法国建筑师鲍赞巴克，在2004年出席北京举办的"中国建筑艺术双年展"的时候，特别对记者强调的一句话是："讲空间关系是从中国老子首先开始的"。

建筑之道 I：本体论的审视

研究建筑之道，我首先关注的当然是建筑本体论。对于建筑的认知，着眼的视角不同，就会形成不同的"本体论"。有把建筑视为艺术的"艺术本体论"；有把建筑视为机器的"机器本体论"；有把建筑视为语言的"语言本体论"；有把建筑视为栖居的"场所本体论"；还有把建筑视为人工产品的"理性本体论"。我在这本书中想做的是，从《老子》的"有无"哲理，试图探讨建筑基于"有无"构成的"形态本体论"。

从建筑构成形态来看，显然建筑实体就是"有"，建筑空间就是"无"，建筑正是"空间与实体的对立统一"，正是"有之以为利，无之以为用"。关于这一点，我在1979年曾经发表"建筑——空间与实体的对立统一"一文，对这个问题作了理论探讨。不过那时候我对《老子》十一章只有皮毛的接触，这个问题还没有从《老子》的"有无"哲理来阐发，而是基于毛泽东的《矛盾论》，把"空间"与"实体"作为建筑的内在矛盾来论析。

这回要写关于建筑"有无"的专著，我才真正从"有无"的视角来审视建筑本体。为此，我先做了两项理论铺垫。

第一项理论铺垫是论析建筑的两种空间：内部空间与外部空间。这个问题似乎是人所共知的，还用得着论述吗？其实不然。我们且看布鲁诺·赛维的《建筑空间论》，这是一本很有影响的建筑空间理论名著。他鲜明地列出"空间——建筑的主角"的标题。对建筑空间的表现方法，对各个时代建筑的空间形式和由于时间延续的移位所导致的"四度空间"等等，都做了精彩的论述。但是，赛维心目中的建筑空间，只是局限于建筑的"内部空间"，而不承认建筑的"外部空间"。他说：

> 由于每一个建筑体积，一块墙体，都构成一种边界，构成空间延续中的一种间歇，这就很明显，每一个建筑物都会构成两种类型的空间：内部空间，全部由建筑物本身所形成；外部空间，即城市空间，由建筑物和它周围的东西所构成。

原来他把建筑的"外部空间"不算是建筑空间，而称之"城市空间"。按照这个逻辑，他把仅有外部空间而没有内部空间的建筑，都不算是建筑；甚至于把古希腊内部空间不发达的"帕提农神庙"，也视为"非建筑"的作品。

显然，建筑外部空间是存在的。中国庭院式建筑组群的院庭空间，就是典型的建筑外部空间。我们总不能把北京四合院的庭院和北京故宫太和殿的殿庭都说成是"城市空间"吧。

建筑既有内部空间，也有外部空间，这一点是肯定的。只是什么算建筑

图9-7 建筑的三种基本形态　　　　　　有内有外型　　　　　有内无外型　　　　　有外无内型

内部空间，什么算建筑外部空间，有时候是难以区分的。为了这一点，日本的芦原义信在他所著的《外部空间的设计》一书中，为建筑"外部空间"下了一个定义，把它称为"没有屋顶的建筑"空间。我觉得这个定义很好。这样，我们就可以把有无"屋顶"作为区分内部空间和外部空间的标志：即使四面都有围合，只要上面没有屋顶，就是外部空间；即使四面都没有围合，只要上面带有屋顶，就可以算是内部空间。明确这一点是一个很有必要的前提。因为只有认同建筑外部空间，才能进一步明确建筑的三种形态。

我的第二项理论铺垫就是论析"建筑三型"。

千姿百态的不同建筑，根据其功能、构筑、时代、地区、民族、风格等等参照系的不同，有种种不同的分类。在思索建筑"有无"的时候，我才意识到建筑还欠缺一种重要的分类，即按照建筑空间与建筑实体的构成形态所进行的分类。按照这个参照系，建筑可区分为三种基本形态（图9-7）：

第一种形态是在形成内部空间的同时，也形成外部空间的建筑，可称为"有内有外"型；

第二种形态是只形成内部空间，而没有形成外部空间的建筑，可称为"有内无外"型；

第三种形态是只形成外部空间，而没有形成内部空间的建筑，可称为"有外无内"型。

"有内有外"型是建筑的常态。古往今来绝大多数建筑都是通过建筑实体的构筑，在取得建筑内部空间的同时，也显现建筑外部体形，并组构建筑的外部空间。"有内无外"型建筑，实质上是一种地下建筑。它从地下挖掘出建筑的内部空间，自然没有相应的建筑外部空间。"有外无内"型则是所谓的实心建筑。它通过实体的构筑，不是为了取得内部空间，而是为了取得外显体量和外观形象，形成外部空间，实心的纪念碑、纪念柱和牌坊、华表都属于这一类。这是单体建筑在"有"与"无"的构成上的三种形态。千姿百态的建筑，在"有"与"无"的形态构成上，不外乎就是这三种基本形态及其变体和组合体。我在书中对中外历史建筑从这三种基本形态作了系列的梳理，分析了这三种基本形态的交叉现象、中介状况和组合规律。

这个理论铺垫也是必要的。因为只有在认同"有外无内"型也是建筑的前提下，建筑是"空间与实体的对立统一"的命题才能成立，才能论定"建筑空间"和"建筑实体"是一对相互依存、相互制约的孪生子。

我们说，建筑空间是由建筑实体生成的，而建筑实体是由建筑构件组构的。在建筑构件组构建筑实体的同时，就伴随着生成相应的建筑空间。因此，建筑空间与建筑实体是一起诞生、同时诞生的。在没有构成建筑实体之前，建筑构件只是建筑的原构件，这种堆置的建筑构件自身还没有生成建筑空间，它必须组构成建筑实体，才生成建筑空间。或者换句话说，它必须生成建筑空间，构件的组合才升华为建筑实体。因此，不存在没有建筑实体的建筑空间，也不存在没有建筑空间的建筑实体；即使没有内部空间，也会有外部空间。这就是两者的相互依存，相互制约，也就是两者的对立统一。这一点是其重要的，因为这正是建筑的内在矛盾，正是它确定了建筑这一事物的本质，它是我们认识建筑的一个理论基点。

从建筑本体论来看，单体建筑就是这一层面的"有"与"无"的矛盾统一体。我们可以把它严密地表述为：建筑是满足一定的物质功能、精神功能所要求的建筑内部、外部空间和构成这种空间的、由建筑构件所组成的建筑实体的矛盾统一体。建筑的建造过程，就是运用建筑构件组成建筑实体并取得建筑空间的过程；建筑的使用过程，就是建筑空间、建筑实体发挥使用效能和建筑构件、建筑实体逐渐折旧破损的过程。建筑空间与建筑实体的这个内在矛盾，贯穿于建筑发展的始终；存在于不同类型、不同标准的一切建筑之中。这就是建筑的本质。

图 9-8　建筑实体与
建筑空间的内在制
约——围合与被围合

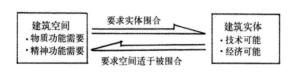

　　建筑空间与建筑实体之间究竟存在着什么样的制约关系呢？我把它概括
为"围合"与"被围合"的关系。建筑空间根据物质的、精神的功能需要，要
求建筑实体予以相应的围合；而建筑实体则根据自身技术的、经济的可能，满
足建筑空间的围合要求，同时也要求建筑空间适于被围合（图9-8）。在这里，"围
合"是一种内涵很丰富的概念。千差万别的建筑有千差万别的物质功能和精神
功能，因而对于实体的"围合"要求也是千差万别的。我在1979年写的文章里，
曾把实体的这种"围合"归纳为三大作用。在这次写的书中，把它扩充为四大
作用：

　　一是组构空间、联系空间的围隔作用；

　　二是围护空间、优化空间的防护作用；

　　三是支承空间、稳定空间的结构作用；

　　四是展示空间、美化空间的造型作用。

　　正是这样的"围合"与"被围合"，构成了建筑空间与建筑实体的相互依存、
相互制约的辩证法。

　　有了这个基于"有无"哲理的"形态本体论"，我觉得可以对建筑的一
系列问题展开理论的阐发。

　　我阐发的第一个问题是"有无相生：空间与实体的矛盾运动"。

　　《老子》在十一章集中表述"有无"哲理之前，在第二章就已点出"有
无相生"的理念。这个"有无相生"是一个很重要的概念。一部建筑发展史，
就是一部建筑空间与建筑实体"有无相生"的矛盾运动史。显然，我们这些从
事建筑史学研究的人，对这一点是分外关注的。建筑空间与建筑实体的这种"有

无相生”的矛盾运动，越是在建筑历史发展的初期，由于制约因素相对单纯而展现得越为明晰。因此我就挑选了中国原始建筑从穴居到地面建筑的这段发展进程，考察它所呈现的"有无相生"的矛盾运动轨迹，分析了中国建筑初始构筑的用"土"、用"木"；分析了在土木相结合中的第一代"土木"构筑、第二代"土木"构筑和以"茅茨土阶"为标志的第三代"土木"构筑；分析了与构筑形态相对应的建筑空间形态，如何从全盘用土的"减法空间"，经历"加法空间萌芽"、"加减法空间并重"，向"墙内主体空间确立"的演进。我觉得从"有无相生"的矛盾运动的高度审视建筑发展更有利于我们认知建筑的发展规律。

我阐发的第二个问题是"建筑系统结构：'有'+'无'"。

在深入思索建筑"有无"的时候，我闪过一个念头：如果从系统理论的角度来审视，该怎样理解建筑的"有"和"无"呢？我觉得这个问题有必要弄明白。起初，我朦朦胧胧地感觉，"有"是否就是系统理论所说的"结构"，"无"是否就是系统理论所说的"功能"，"有"与"无"的关系，是否就是系统结构决定系统功能的关系。

带着这样的思索，我不经意地上网浏览，没想到，居然看到了一篇很对口径的网文。题目是"'鱼网'的科学原理——系统结构决定系统功能"，作者是Tcimen。这位作者在谈到渔网是由许许多多的网孔（单洞）编织而成的时候说：

> 这张网也是一个系统，它的元素就是那许许多多的"单洞"，只有许许多多的"单洞"有机地连接成一张网时，由单洞构成的系统才有了捕鱼的能力。

的确，渔网也有它的"有"和"无"，是网线的"有"和网洞的"无"组成渔网的元素——"单洞"，再由许许多多的"单洞"连缀成大片的网。在这里，渔网的结构，是既包含"有"，也包含"无"的。网洞的"无"既为了漏水，也为了放走未达到捕捞尺寸的小鱼，它的大小直接关系到捕捞多大的鱼，它是渔网结构的重要构成。用渔网这个例子来说明系统结构与"有、无"的关系，是很直观、很浅显易懂的，建筑的实体与空间正如渔网的网线和网洞一样。因此，建筑的系统结构，既包含"有"的构成，也包含"无"的构成，也就是

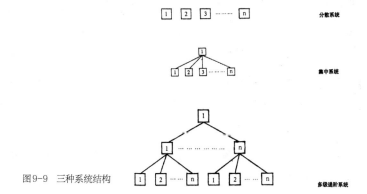

图9-9　三种系统结构

说：建筑的"系统结构"是"有"+"无"。

　　弄明白这一点，让我觉得是一个很大的理论收获。这样就可以打通"有无"与系统的关联。可以从系统理论来进一步认知建筑的"有无"。围绕这一点，我做了两个专题分析：一个专题是，中西建筑：两种系统结构；另一个专题是，建筑形式："追随功能"和"唤起功能"。

　　我们知道，构成系统的基本结构形式有三类：第一类是分散系统；第二类是集中系统；第三类是多级递阶系统（图9-9）。

　　分散系统的各个子系统是分散工作的，系统自身是松散的集合，整个系统的运行比较简单。子系统之间没有密切联系，如同"独立作战"。这种系统的好处是，当一个或几个子系统出现问题时，整个系统还能运行。它的缺点是，系统自身欠缺严密有机的组织，很难取得复杂有序的、整体理想的运行。

　　集中系统的各个子系统都集中到上层系统。这时系统成了协调器，使整个系统可以有机协调地运行。它可以聚集很多子系统而形成超大的规模。但是，一旦协调器出故障或某个子系统出问题，整个系统就会瓦解。

　　多级递阶系统则是从系统结构上分级，分出若干递阶层次。它集中了上两类系统的优点，克服了上两类系统的缺点，既有利于系统整体最优，又提高了系统整体的可靠性。

　　原来有这三类不同的系统结构，这一点让我非常感兴趣，也非常关注。显而易见，不论是中国建筑体系还是西方建筑体系，小型建筑的集聚，基本上都属于分散系统，如由"散屋"组构的中国村庄。而对于大中型的、复杂的建筑，古代西方砖石、天然混凝土建筑体系，侧重发展的是集中系统；古代中国木构架建筑体系，侧重发展的是多级递阶系统。中西建筑体系在系统结构上的这种差别，是一个非常值得注意的重要差别。我在书中分别以君士坦丁堡的圣索菲亚教堂和北京的碧云寺作为例析，从"有"和"无"的构成，观察了中西建筑中这两种不同系统结构的特点。

关于建筑形式与建筑功能的问题，很长时期都是建筑理论的热门问题。这个问题很需要一些哲理的思索。我们知道，"形式"是与"内容"相对应的，属于哲学范畴的概念；而"功能"是与"结构"相对应的，属于系统科学范畴的概念。我们要探讨"形式"与"功能"问题，就是把"内容与形式"和"结构与功能"这两对不同范畴的概念，交叉在一起了。值得注意的是，英国建筑理论家卡彭，在他所著的《建筑理论》一书中，把建筑学列出六个范畴：形式、功能、意义、结构、文脉、意志。这六个范畴中，他称前三者为基本范畴，后三者为派生范畴。从这里可以看到，"形式"和"功能"居然被列为基本范畴的头两项，确是很重要的理论问题。

许多年前，在平时参加的政治学习的时候，我曾经读过艾思奇的《辩证唯物主义讲课提纲》。艾思奇对"形式与内容"有一句话给我留下很深的印象。他说：

形式是事物的矛盾运动自己本身所需要和产生的形式，而事物的矛盾运动，就是它的内容。

我看上海市高校编写组编写的《马克思主义哲学基本原理》，对"形式与内容"的表述是：

内容就是构成事物的一切内在要素的总和，它是事物存在的基础。形式就是构成内容诸要素的内部结构或内容的外部表现方式。

这个表述和艾思奇的表述是一致的。我们再从系统结构和系统功能的角度来审视，"形式"与"结构"的确是息息相关的，可以说"形式"就是"结构"的内部组织方式和外部表现形式。在单体建筑这个基本层面，如果说建筑的系统是"有"＋"无"结构，是建筑的实体构成与空间构成的总和，那么，建筑

图9-10　建筑设计方案评价模型

的形式就是实体构成和空间构成所需要和产生的形式。也就是它们内在的、相互制约的组织方式及其显现于建筑内部、外部空间和显现于建筑实体的外在表现形式。

围绕着这个问题，我探讨了建筑系统结构与系统功能的相关性，探讨了建筑设计的特点。因为建筑设计实质上就是为达到特定的"功能"（含物质功能、精神功能）目标而设计特定的"结构"。为此，我提出了建筑设计方案的"评价模型"。它是一个靶心涂黑的几圈同心圆，自内向外，依次分布"一等方案""二等方案""三等方案"和"等外方案"（图9-10）。为什么靶心要涂黑呢？那是因为建筑是复杂系统，有庞杂的要素和错综复杂的制约关系，它所涉及的多是模糊指标。而模糊数学有一条"测不准原理"，模糊事物是没有精确解的。因此，建筑设计方案也是没有精确解的，就是说不可能取得百分之百的、在一切层面都达到最理想状态的绝对最优设计。要击中设计评价模型的靶心是不可能的，所以把它涂黑。这也意味着建筑设计没有"最好"，只有"更好"，它可以分出一、二、三等，也可以并列同一等级。设计方案的优选，就是在诸优等方案中，针对所需，根据其权重，择取一个中选方案。这个过程就是运用"异构同功"原理，筛选建筑优化设计的过程。

关于"形式"与"功能"的关系，我们都熟知，沙利文有一句"形式追随功能"的名言；路易斯　康也有一句"形式唤起功能"的名言。这两句名言是相悖的。

我们应该怎样看待这两者的关系呢？从"形式与内容""结构与功能"的分析，应该说，"形式追随功能"和"形式唤起功能"这两个命题都是可以成立的。它们构成了一对"二律背反"的正反题，也构成了因果关系双向联系的"因果链"。我结合历史建筑实例，对这方面作了论析，并进一步推衍，指出建筑设计的过程，既存在着基于物质功能的需要，生成相应的形式，满足精神功能；也存在着基于精神功能的需要，生成相应的形式，唤起物质功能。建筑创作的构思过程，实际上都存在着一圈圈从功能到形式和从形式到功能的微循环。它们在构思中是不断反复、不断反馈的。应该说"形式追随功能"与"形式唤起功能"的辩证统一，是普遍适用的、完整的真理性命题。

建筑之道 II：艺术论的审视

思索建筑之道，在审视建筑本体论之后，自然就想审视建筑艺术论。《老子》讲"有无"哲理，重在器物的"用"，并没有涉及器物的"美"。而实际上，这个"有无"与器物的"美"的关系也是息息相关的。从"有无"视角审视建筑艺术，是一件很有意思的事。

这方面，我展开了三方面的论析：一是建筑艺术载体与建筑表现手段；二是建筑"物质堆"与建筑"精神堆"；三是建筑语言与建筑外来语。

建筑究竟是一种什么样的艺术？从艺术作品存在方式的不同，感知方式的不同，反映方式的不同，物化形式的不同，它是分属于不同的艺术集合。但是有一点是明确的，就是这些不同都是基于艺术作品赖以存在的物质载体的不同而派生出来的。任何艺术都是物质的存在，都离不开物质载体。艺术的本质性差异，就在于艺术载体的差异。艺术载体是艺术作品寄身其上的物质手段，是艺术传达审美意象的媒介系统。正是艺术载体决定了艺术构成的形式要素，制约着艺术作品的存在方式、感知方式、反映方式和物化形式。文学的载体是语言和文字；雕塑的载体是雕塑用料；音乐的载体是声音；舞蹈的载体是人体动作。那么建筑艺术的载体是什么呢？通常很容易得出答案，以为"建筑的艺

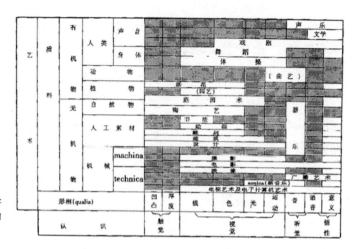

图9-11　日本美学家今道友信所列的艺术分类表

术载体是建筑材料"。因为建筑的实体和空间，都是由建筑材料构筑的，把它视为建筑艺术载体似乎是理所当然的。美学界确实有人是这么主张的。日本美学家今道友信在他所列的艺术分类表中，就是把建筑的"质料"（即载体）与书法、绘画、雕刻的质料一样定为"人工素材"（图9-11）。这个"人工素材"指的就是书法、绘画、雕刻、建筑各自的"用材"。这实际上是一个很大的误解。

我们知道，艺术实际上有两个大类。一类是纯艺术；另一类是实用艺术，现代称为工业艺术、现代艺术。这两大门类艺术有一个重大的本质性的差异。纯艺术的绘画、雕塑、舞蹈、音乐、戏剧、文学，都是单一的精神功能，不具实用的物质功能；而包括建筑、家具、服装、陶瓷艺术等在内的实用艺术，都是既具物质功能，也具精神功能的。因此，纯艺术的载体是单一职能的载体，而实用艺术的载体是双重职能的载体。它既是满足物质功能所需的"实用结构"的载体，也是满足精神功能所需的"艺术结构"的载体。建筑正是如此。在通常情况下，建筑是基于实用的需要而建造的，满足实用的物质功能需要是建造的前提，由此派生出相应的建筑精神功能需求。这意味着建筑的"实用结构"载体和"艺术结构"载体，是同一套"载体"，是一套双重职能的、双向适应的"一仆二主"的物质载体。因此，建筑的艺术载体并非"建筑材料"而是"建筑构件"。如果说建筑的艺术载体是"建筑用材"，那么就和雕塑的载体是"雕塑用材"一样，这就混淆了实用艺术与纯艺术的本质差别，建筑和雕塑实质上就没多大区别了。在这里，我们可以提出一个响亮的命题：建筑是植根于"有无"的艺术。作为建筑"实用结构"和"艺术结构"的统一体，是由建筑的"有"和"无"组构的，它们都是由"建筑构件"生成的。建筑艺术结构只能和建筑实用结构合成一体，同时由"建筑构件"构成，绝不能摆脱"建筑构件"而直接由建筑材料来另搞一套。我们说建筑的艺术载体是"建筑构件"而不是"建筑材料"，就好比我们说舞蹈的艺术载体是人体的手舞足蹈，而不是人的"肉体"，其道理是很浅显的。

艺术载体的特点，很大程度上决定了艺术表现手段的特点。因此，建筑艺术的表现手段就是建筑实体的体量、尺度、面块、组合、线条、色彩、质地、纹饰和建筑空间的大小、高低、虚实、隔透、明暗、穿插、流通、舒朗、幽闭等等。这些既是建筑艺术的表现手段，也是建筑艺术的形式要素。这是建筑艺术的本质特点，建筑艺术、建筑形象、建筑语言和建筑表现手法的一系列特点，都是由这个本质特点派生的。这是建筑艺术论的一块基石。

大家都知道建筑"物质堆"的说法，这个概念是黑格尔提出的。黑格尔有一句名言：建筑的"素材就是直接外在的物质，即受机械规律制约的笨重的物质堆"。黑格尔这里所说的"素材"就是我们所说的"艺术载体"。也就是说，黑格尔明确地点出，建筑艺术载体有一个重要的特点，即"笨重的物质堆"。

黑格尔（1770-1831年）是德国古典哲学的集大成者，也是古典美学的集大成者。黑格尔的《美学》，宛如一部艺术史大纲，对艺术发展类型和各门艺术体系展开了系统的梳理，对建筑的艺术定位、艺术载体、艺术表现作了富有哲理深度的论析。

黑格尔把艺术发展分为三个时期。第一阶段是象征型艺术，其特点是物质因素超过了精神因素；第二阶段是古典型时期，其特点是精神因素和物质因素的统一；第三阶段是浪漫型艺术，其特点是精神因素超过了物质因素。相对应地，黑格尔把艺术类型也分为"象征性艺术""古典型艺术""浪漫型艺术"三大类。他把建筑列为象征型艺术，雕塑列为古典型艺术，绘画、音乐和诗列为浪漫型艺术。

为什么黑格尔把建筑列为象征型艺术？就是因为建筑的素材（艺术载体）是"笨重的物质堆"。在黑格尔看来，建筑是一门最早的艺术，是初级的艺术，是跨入艺术门槛的第一级台阶。建筑的理念本身不确定，形象也不确定，理念找不到合适的感性形象，物质多于精神，两者的关系只是象征型的关系，因而是象征型艺术的代表。

基于这样认识，黑格尔认为，笨重的物质堆给建筑艺术带来"双重的缺陷"。一个是建筑内在意蕴的缺陷。在黑格尔心目中，人是艺术的中心对象，性格是艺术表现的真正中心。艺术的理念是"心灵性的东西"，艺术就是要把心灵性的东西显现于感性形象以供观照，而建筑"本身并没有心灵性的目的和内容"，不具有"精神性和主体性的意义"，他认为这是建筑的一大缺陷。黑格尔说的另一个缺陷是建筑艺术表现方式的缺陷。黑格尔把艺术载体的物质堆束缚与艺术形象表现的自由度相联系。他认为，艺术愈不受物质的束缚，愈现出心灵的活动，也就愈自由。黑格尔深感建筑形象深深束缚于笨重的感性材料，"与其说有真正的表现力，还不如说只是图解的尝试"。所以，黑格尔断言："建筑是不能形象化的"，不可以达到理念与形象的完全符合。这是因为，在黑格尔的概念里，抽象地表现是够不上"形象化"的，艺术表现力是很低的，是不确定的；只有具象地再现才称得上完满的艺术。由于建筑只能抽象地表现而不便于具象地表现，因此在黑格尔看来这是建筑表现方式上的重大缺陷。

黑格尔指出的"笨重的物质堆"，确是一语中的地抓住了建筑的特点。这个特点对建筑创作形成了多方面的制约。我从"形态的制约""技术的制约""经济的制约""环境的制约""表现形式的制约"五个方面做了展述。"笨重的物质堆"这个提法，应该说是黑格尔的精辟见解，但是他由此导出建筑艺术存在的"双重缺陷"却是一种严重的偏见。关于这一点，只要和柯布西耶的建筑理论相比较，就能一目了然。

勒·柯布西耶（1887-1965年）是现代建筑的先驱。他的名著《走向新建筑》是现代建筑最重要的纲领性文件。他激烈地抨击"垂死的建筑艺术"，他提出"住宅是住人的机器"的口号；他极力鼓吹用工业化的方法大规模地建造房屋。他开宗明义地端出"工程师美学"的命题，他宣称"钢筋混凝土给建筑带来了一场革命"。他极力追求现代建筑充分体现机器时代的精神，充分肯定建筑的抽象表现力。他自己的绘画是"纯净主义"的，是几何化、体积化和抽象化的。他深深意识到建筑在抽象化上的潜能，赞叹建筑独特而辉煌的抽象表现能力。

把柯布西耶的言论和黑格尔的言论相比较，我们立即明白两者的美学是截然不同的。显而易见，柯布西耶高扬的"工程师美学"，就是"技术美学"。如果说黑格尔把建筑与雕塑、绘画、音乐、诗排列在一起，那么柯布西耶则鲜明地把建筑与机器、轮船、飞机、汽车排列在一起。如果说黑格尔视界中的艺术，是纯艺术，他的美学是"艺术美学"；那么柯布西耶则把建筑从"纯艺术"的参照系，转移到"工业艺术"的参照系；从"艺术美学"的范畴，转移到"技术美学"的范畴；把建筑从"艺术创作"转移到"现代设计"。由此，我们可以说，黑格尔的建筑艺术论，是艺术本位的建筑艺术论，反映的是古典美学、古典建筑的建筑观；而柯布西耶在这里所奠定的，则是建筑本位的建筑艺术论，反映的是现代美学、现代建筑的建筑观。

作为现代建筑的创导者，柯布西耶是怎样表述建筑艺术呢？他在《走向新建筑》中高呼建筑是"最高的艺术"（见陈志华译本）。这句话在吴景祥译本中译为"建筑是超越一切艺术之上的艺术"。柯布西耶还反复地提到建筑是"精神的纯创造"。（在吴景祥译本中译为"纯粹的精神创作"）。这样一位勇猛的现代建筑先驱怎么有这么高扬建筑艺术呢？初读到这些话时，曾使我大惑不解，细细琢磨后才明白，柯布西耶的表达是很精彩、很有深意的。

原来柯布西耶所说的"精神的纯创作"，指的是建筑"造型"。这是建筑从"实用结构"升华为"审美结构"的过程，这是一个"点石成金"的过程。正是这个过程，使建筑产生"诗意"，上升为"有意味的形式"，从而成为"造型的东西"。所以他极力强调"造型"是建筑师的试金石，把这种素养、才华视为区分"工程师"与"艺术家"的标志。借用黑格尔强调建筑"物质堆"的概念，我杜撰出一个"精神堆"的词语。显而易见，柯布西耶特别强调建筑的"精神堆"。为什么恰恰是黑格尔强调建筑的"物质堆"，而柯布西耶却高扬建筑的"精神堆"？这两人怎么会形成这样的反差？原来黑格尔的整个美学是"艺术美学"，在"艺术美学"的坐标中，建筑只是初级的艺术，只是物质超越精神的象征性艺术，只是抽象表现而不能具象表现的艺术。跟各门纯艺术相比，"笨重的物质堆"自然成了建筑最突出的特色。而柯布西耶已经把建筑定位在技术美学的范畴，把建筑归入"工业设计"的领域。他看到建筑和各类工业品在审美性质上的共性，也意识到在庞大的工业品的大系统中，它们在物质性的束缚和审美表现的自由度上有很大的差别。与机器、汽车等其他工业品相比，柯布西耶当然要高扬建筑的"精神堆"。我觉得在工业品系列中，建筑的确具备着相对浓厚的"精神堆"。它有几方面的优势：一是生活关联的丰富性；二是实用结构的相对自由度；三是具备特定的环境价值；四是鲜明反映时代面貌和历史印记；五是表现手段的相对自由和多元综合。明白了建筑在工业设计中，相对于其他工业品，有这么多优势和特色，自然会理解为什么偏偏是柯布西耶把建筑的艺术提得那么高。懂得了黑格尔是在艺术美学的视野中强调建筑的"物质堆"，自然也懂得了柯布西耶是在技术美学的视野中，才那样地高扬建筑的"精神堆"。

各门艺术都有自己的语言，建筑当然也有建筑语言。1945 年，梁思成先生在"中国建筑之两部'文法课本'"一文中，已经关注到中国建筑的语言问题，他说：

每一个派别的建筑，如同每一种的语言文字一样，必有它的"文法""辞汇"……此种"文法"在一派建筑里，即如在一种语言里，都是传统的演变的，有它的历史的……

中国建筑的"文法"是怎样的呢？以往所有外人的著述，无一人及此，无一人知道。不知道一种语言的文法而要研究那种语言的文学，当然此路不通。不知道中国建筑的"文法"而研究中国建筑，也是一样的不可能。

建筑语言就是建筑符号，20 世纪是语言学、符号学的世纪。建筑符号学在 20 世纪 40 年代萌芽，60 年代兴起，70 年代成长。梁先生早在 1945 年就把建筑比拟为语言，把宋《营造法式》和清《工部工程做法》，提到"文法课本"的高度来审视，表明他确是建筑语言学的一位先知。他的这篇文章，可以说是建筑符号学萌芽期在中国闪现的一个亮点。

显而易见，建筑语言与建筑艺术载体、与建筑表现手段是息息相关的。建筑艺术的物质载体是"建筑构件"。由建筑构件构成的建筑实体（"有"）

的体量、样式、色彩、质地、文饰和由建筑构件生成的建筑空间（"无"）的大小、深浅、凹凸、明暗、虚实、旷奥等是建筑艺术的表现手段。由此可知，作为建筑载体的建筑构件，也就是建筑语言的物质载体。而建筑艺术表现手段，就是构成建筑"实体语言"和"空间语言"的形式要素。它们都是由建筑构件自身的形、色、质和构件相互之间的空间组合组构而成。建筑语言的这种构成状态，既受到"笨重的物质堆"的制约，也具有浓厚的"精神堆"的潜能。以雕塑用材作为载体的雕塑，可以具象地再现。而以建筑构件作为载体的建筑，则只能抽象地表现。因此，建筑的一个突出特点是，塑造形象是通过抽象地表现，而非具象地再现。正是由于这个"表现性"的特点，建筑被称为"凝固的音乐"。也正是因为这个特点，黑格尔把建筑列为"象征型艺术"。但是，建筑并非完全的"表现性"。建筑历史发展表明，建筑在表现性主体上，实际上积淀了两种附加的"再现性"成分和做法。一种是运用"象形"，就是把建筑中的某些抽象的几何形转变为具象形，如把门洞做成瓶门，把亭榭平面做成扇面形之类。这种象形可以呈现于构件层次，也可以呈现于单体建筑层次，甚至呈现于组群层次。但总的来说潜能有限。附加"再现性"的另一种做法是"引入其他艺术语言"，就是在建筑语言的框架内，引入具象雕塑、具象绘画以至文学语言。这些具象语言被粘贴、嫁接、融汇到建筑中，我把这些引入建筑中的"非建筑"语言，取了一个名称，称为"建筑外来语"。这些"建筑外来语"都具有很强的"具象性""再现性"，历史上的中外的古典建筑、民间建筑，都在很大程度上，通过"外来语"的融汇来消除黑格尔所说的建筑艺术的"双重缺陷"，强化建筑的艺术表现力。

围绕着"建筑语言"和"建筑外来语"，我针对中国古典建筑做了几点符号学的考察：一是综述中国建筑的指示性符号、图像性符号、象征性符号；二是揭示中国建筑指示性符号与象征性符号的叠加现象；三是论析中国建筑象征符号的表征方式和表征机制；四是分析中国建筑符号的语义信息、审美信息及其协调机制；五是展述中国建筑文学语言与建筑语言的焊接。试图通过这些方面的讨论，深化对建筑语言特性的认知和对中国建筑语言特色的了解。

中国建筑之道Ⅰ：从"基本型"说起

从"有无"哲理来审视中国建筑，我首先注视的是木构架建筑的"基本型"。木构架建筑的基本型就是通常老百姓所说的"一明两暗"式的三开间单体建筑。它的出现很早。早在90年前，日本建筑史学家伊东忠太就曾经推测孔子的弟子伯牛住屋就是这种三开间的"一明两暗"（图9-12）。这件事引起我的很大兴致，我的审视木构架建筑基本型，干脆就从追溯伯牛宅屋起步。

有关这件事，《论语》中有一段记述：

伯牛有疾，子问之，自牖执其手，曰："亡之，命矣夫！斯人也而有斯疾也！斯人也而有斯疾也！"

这段记述说：伯牛病了，孔子去他家看望，孔子从窗户里伸进手去握伯牛的手，说："病得这么危重，这是命呀！这么好的人竟然生了这样的病！这么好的人竟然生了这样的病！"伊东忠太根据这段记述，推测伯牛的住屋是："正面分三间，中央为入口而有户，左右各配以窗"。他配了一幅伯牛宅屋的假想图，这图完全就是我们所熟知的标准的"一明两暗"式平面。

伊东忠太分析说：

当时之民习，病者卧于北牖之下，若君主来慰问，则移床于南牖之下，使君主得南面而视者。伯牛本居于上图乙丙室之北牖下，其师孔子来视疾，乃移床于南牖之下以待之。孔子原当由中央入室，南面以见伯牛；然孔子殆欲避免患者之劳动，或有其他理由，未入室内，只立牖外执患者之手，而述诀别之辞。吾人由此可以推知伯牛家屋之式样，与现代中国之房屋，大略相同。又可推知牖之高与床之高之关系也。

在孔子的学生中，伯牛是比较穷的，伊东忠太的分析，让我们看到了当时较贫穷的士人住屋的"一明两暗"式的蛛丝马迹。

我查看了《礼记》。《礼记·丧大记》提到："疾病……寝东首于北牖下"。古人在生病时，确如伊东忠太所说，有头朝东卧于北牖之床的习俗。伊东忠太说，因为孔子来问疾，为尊崇恩师，伯牛就移床于南窗下以等待孔子。如果是这样的话，孔子"自牖执其手"的这个牖就是南牖。但伊东忠太又说，孔子是

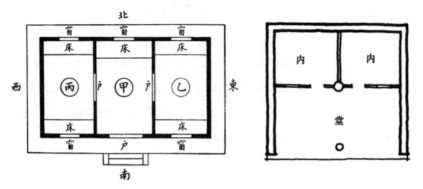

图9-12 伊东忠太推测的伯牛住屋平面　　　　图9-13 刘致平画的"前堂后内式"平面示意图

为了避免患者劳累而未入室内。按这个分析，只有伯牛仍卧于北窗之床，没有移床南窗才能避免劳累，伊东忠太在这里的描述自相矛盾了。那么，孔子到底是为什么不入室，而"自牖执其手"呢？有一本赵杏根著的《论语新解》解释说："或以免传染也"。孔子怎么会因为害怕传染而不入室，我觉得这个分析难以成立。倒是赵杏根在书中引用朱熹诠释说得比较在理。朱熹说：

　　礼：病者居北牖下，君视之，则迁于南牖下，使君得以南面视之。时伯牛家以此礼尊孔子，孔子不敢当，故不入其室，而在牖执其手，盖与之永别也。

　　这事本来是没有必要追究的，我完全是出于兴趣而跟着查索，明白了伯牛宅屋有北牖、南牖，由此知道伊东忠太做出"一明两暗"式的推测是可以成立的。后来我见到山东临淄郎家庄一号东周墓出土的漆画，画中表现有四座三开间的房屋形象，其中有两座就是一明两暗的。我相信，这正是伯牛宅屋的活生生写照。这表明，三开间的"一明两暗"早在春秋时期就已经是平民的通行宅屋。

　　接下来我们从战国中期的秦简"封诊式"中看到有士伍甲居住"一宇二内"的记述；在西汉晁错的《募民实塞疏》中，看到移民边塞的人家"家有一堂二内"的记载。后人对这个"一堂二内"有很热闹的考释。一种论释认为"一堂二内"就是三开间并列的"一明两暗"；另一种论释认为"一堂二内"是一堂在前、二内在后的"前堂后内"。刘致平先生曾经画出这种"前堂后内"式的推测示意图（图 9-13）。古文献中有关这两式的争论把我纠缠得莫衷一是。有一天，我突然醒悟，我完全没有必要一股劲地缠在古人的训诂里拔不出来。我可以发挥自己的优势，对这两种"一堂二内"做一番建筑学的剖析呀。于是我进行了"三间并列式"和"前堂后内式"的建筑比较：一是从空间尺度来比较；二是从空间组织来比较；三是从日照、通风来比较；四是从梁架结构来比较；五是从庭院布局来比较。从这五方面的分析，都是"三间并列式"大大优于"前堂后内式"。我这才恍然大悟，三间并列的"一明两暗"原来是集多方面优势于一身的最突出的优化形式，而"前堂后内式"则恰恰相反，是诸多不利因素的集聚。应该说，对于木构架建筑体系，"三间并列式"是极富生命力的，它理所当然地成为单体建筑的"基本型"。而"前堂后内式"即使有过短暂时间的应用，也只是昙花一现，很快就销声匿迹了。木构架建筑发展的史实正是如此。早在仰韶文化的半坡 F25 和 F24 房址，已经呈现 12 根大柱，已孕育着三开间的雏形，可以说是"一明两暗"基本型的原型。这个原型很快就上升为基本型。到定兴北齐义慈惠石柱，俨然把这个"三开间"的房屋鼎立在纪念柱上，仿佛是为"一明两暗"的三开间树立中国建筑"基本型"的丰碑。到木构架建筑发展的后期，在明清建筑中，三开间的"一明两暗"已经是比比皆是了。

应该说，三开间基本型现象，集中地、典型地反映出中国木构架建筑体系的高度程式化。我们可以看出，单体建筑内部空间的"无"，由"间"来组成。"间"成为单体建筑的空间单元：有身内间，有廊间；按其所处位置，有明间、次间、梢间、尽间之分。单体建筑空间的大小规模，在面阔方向，取决于开间的数量；在进深方向，取决于梁架的架数。显然，单体建筑的"无"是由建筑实体的"有"生成的。不难看出，木构架体系的建筑实体是由构架、台基、屋顶、墙体和装修（小木作）五大部件组成。对于这五大部件的实体，我最最关注的当然是它的"程式化"。我们可以看到，这五大部件，都有各自的"构件"，复杂的"构件"还由若干"分件"组构，而许多"构件""分件"又带有各自的"细部"，因此木构架建筑实体存在着部件、构件、分件和细部四个层次。建筑实体的这个五部件、四层次构成有一个十分触目的现象，就是所有的构成要素，都有明确的命名。如"构架"这个部件由柱类、梁类、桁檩类、枋类、

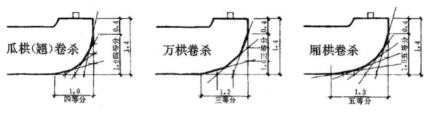

图9-14　清式栱翘卷杀，概括为"瓜三万四厢五"口诀

瓜柱类、椽类、连檐类、板类和斗栱类九类构件组成。柱类再分为檐柱、金柱、
重檐金柱、中柱、山柱、童柱、角柱、重檐角金柱等；梁类构件再分为桃尖梁、
桃尖顺梁、抱头梁、三架梁、五架梁、七架梁、九架梁、顶梁、四架梁、六架梁、
单步梁、双步梁、三步梁、顺梁、采步金、承重梁、顺扒梁、抹角梁、递角梁、
老角梁、仔角梁、太平梁等。斗栱类构件再分为翘昂斗栱、品字科斗栱、两材
斗栱、隔架科斗栱和溜金斗栱等等。斗栱自身还由斗、栱、昂、枋、头木五种"分
件"组成。斗类分件有大斗、十八斗、三才升、槽升子，栱类分件有头翘、二翘、
正心瓜栱、正心万栱、单材瓜栱、单材万栱、厢栱等等。不仅如此，这些构件、
分件还有自己的定型"细部"，如斗栱中的昂嘴、六分头、蚂蚱头、菊花头、
麻叶头、三福云等。我不厌其烦地列出这么多的专用名词，就是要表明，整个
木构架构筑体系大大小小的构成要素所涉及的专用名词之多，实在是一个极显
著的现象。我曾经在《中国建筑美学》中称它为"可命名现象"。为什么会呈
现这个现象，原来根子就出在"程式化""定型化"上。木构架构筑的部件是
定型的，构件是定型的，分件是定型的，细部也是定型的。定型到什么程度呢？
连斗栱中的栱头卷杀的曲线也完全是定型的。清式栱翘卷杀有所谓"万三瓜四
厢五"的口诀，说的是万栱用三瓣卷杀，瓜栱和翘一样用四瓣卷杀，厢栱用五
瓣卷杀（图9-14）。由此可知，大木构架的定型已经渗透到细部的每一片纹饰，
每一根线条。构架的构件、分件如此，台基、屋顶、装修的构件、分件也都是
如此。这样，我们就明白，凡是模件都得重复运用，都得命名，因此命名和定
型是同步的。定型到哪里，哪里的所有构成要素就都得命名。当我们看到所有
的细枝末节都有命名的时候，我们就知道这些细枝末节都是定型的。这就是木

构架构筑形态的全盘定型化。它们构成五大部件、四大层次的"实体程式链"。

由这个"实体程式链"组构的高度程式化的木构架建筑，要适应不同类型、不同功能、不同等级、不同规模、不同性质的建筑需要，必然要具备灵活调节的机制，必然要建立一整套"模件系列差"。这个"模件系列差"首当其冲的自然是尺度调节，中国木构架体系建筑对这一套尺度系列是十分重视的。宋代建立的是"材分制"，清代建立的是"斗口制"。这方面，中国建筑史学已有很成熟、很深入的研究。我在书中，围绕着这个问题，对"材分级差与斗口级差"，对"单向定分与双向定分"，对"檐柱径模数和样等分级"，展开了分析比较。

在构思写作框架时，我意识到对于"模件"来说，仅仅停留于"尺度系列"的考察似乎还不够，似乎还欠缺着什么，而我却捕捉不到。正当我惶惶然找不到出路之际，我的一位挚友——中国科学院大学的张路峰教授到我家来了。那时候他在北京建筑大学任教。他是 1960 年代出生的，比我小很多，我们是学术上的忘年交。他比较早就从哈尔滨建筑大学调到北京建筑大学，等到我退休也迁居北京后，忙碌的他还偶尔抽空到我家来畅聊。我特喜欢他对建筑学术动向的敏锐观察，喜欢听他的学术点评和睿智见解，每次聚聊都能给我很多信息和启迪。这次他特地告诉我，有一本新的书值得看，是德国学者雷德侯写的《万物》。这书是讲中国艺术中的模件化和规模化生产。这个信息太重要了，我第二天就迫不及待地赶到西单图书城把书买到手。读这本书的收获真是难以形容，就像是在我构思木构架建筑程式化机制的时候，及时聆听到高端的指点。这位雷德侯先生，我曾经在某次学术会上见到过他，我没有想到，他对中国艺术的模件化有这么精彩的论著。

雷德侯写道：

中国人发明了以标准化的零件组装物品的生产体系。零件可以大量预制，并且能以不同的组合方式迅速装配在一起，从而用有限的常备构件创造出变化无穷的单元。

在雷德侯论述的中国艺术模件化和规模化生产中，木构架建筑的模件化是其中的一个重要组成。他专辟一章"建筑构件：斗栱与梁柱"，重点阐述构架体系的模件化。他指出：

一座三开间的殿堂也许会建得较原来的宽百分之十至二十，但是一座更加宽敞的殿堂将需要五个开间……这就是细胞增殖的原则：达到某一尺度，一个就会分裂为二，或者如树木萌发出第二个枝丫，而不是把第一枝的直径增加一倍。

　　这是十分精辟的论断。这个"细胞增殖原则"一语中的地揭示了木构架建筑程式化的重要构成机制，这正是我想苦苦寻觅的东西。从这里不仅认识到，木构架建筑从三开间的基本型，派生出五开间、七开间、九开间所呈现的细胞增殖现象；也可以领悟到，在梁架构成、斗栱构成、台基构成、屋顶构成等模件组构中，同样反映着生动的细胞增殖现象。

　　为了与"尺度系列差"相对应，我把这个细胞增殖的调节方式称为"制式系列差"。当一个实体需要放大的时候，在一定的限度内，可以通过"尺度系列"来调节，而超过这个限度，就得用"细胞增殖"的方式，通过"制式系列"来调节。

　　这样，我在论述"尺度系列"之后，就专设一节来论析"制式系列"。我分析了木构架建筑中的"间架增殖""斗栱增殖""楼层单元增殖"和"屋顶重檐增殖"等现象。在分析"细胞增殖"的同时，也捎带分析了"细胞变异"现象。

　　"实体程式链"和"模件系列差"构成了木构架建筑实体的程式化。毫无疑问，这是木构架建筑体系整套程式化中的重要的一环。在认知实体程式化的基础上，我们就可以进一步审视木构架体系单体建筑自身的程式与非程式。

　　我的这个审视是由于匠作区分"正式建筑"和"杂式建筑"引发的。正式建筑是一种规范性的建筑制式，平面形式是规规整整的矩形，屋顶严格采用标准的定型形制，只用硬山、悬山、歇山、庑殿四种基本屋顶定式。而杂式建筑则相反，凡是非矩形的平面，如正方形、圆形、规则多边形、不规则多边形以及凸字形、凹字形、套方形、套圆形、扇面形、曲尺形、万字形等等，都属杂式平面；凡是非硬山、悬山、歇山、庑殿屋顶，如攒尖顶、盝顶、盔顶、十字顶、勾连搭等也都属于杂式屋顶。为什么匠作要做这样的区分呢？我开始是并不明白的。后来细看梁思成先生编订的《营造算例》，发现梁先生在《算例》

中把大木作分为"斗栱大木大式""大木小式"和"大木杂式"三个类别。在"斗栱大木大式"和"大木小式"中，列出的条目都是有关面阔、进深、步架、举架等的"通例"和通用构件的"定制"；而在"大木杂式"中，列出的条目却是楼房、钟鼓楼、垂花门、六角亭等具体建筑的做法。这里既没有"通例"，也没有"定制"的通用构件。我这才知道，原来大木大式、大木小式的定型构件是通用的，是可以列山"通例"和"定制"的。而大木杂式的定型构件是不能通用的，只能为某种建筑所专用。因而只能按具体的建筑列出其专用的构件。这样，我才恍然大悟，区分"正式"和"杂式"是在程式化建筑中作进一步的分解，划分出具有通用性的"正式建筑"和具有专用性的"杂式建筑"。在这之前，我的概念里，木构架建筑只是二分法：一种是程式建筑，另一种是非程式建筑。现在，在程式建筑中又进一步区分了"正式建筑"和"杂式建筑"。正式建筑实质上是以"一明两暗"式的三开间为基本型。由这个基本型，可以扩展为五开间、七开间、九开间，形成不同大小的单体建筑规模，它们在空间上是规则开间的组合，在实体上是通例、定制构件的组构，由此构成规范化的、模件化的、具有等差规制的正式建筑系列。这是进一步划出更具通用性的正式建筑作为程式化建筑的主体。而以专用性的杂式建筑作为程式化建筑的补充。由此我意识到，木构架建筑单体实际上应该是"三分法"，分成三个大类：一是程式建筑Ⅰ：通用型；二是程式建筑Ⅱ：专用型；三是非程式建筑：活变型。

通用型的正式建筑，是木构架建筑的主体，它占据了木构架单体建筑的绝大多数。有了它，中国木构架建筑中的90%的单体就都能达到充分程式化了。这是非常明智的设置。这种正式建筑系列，是针对官工建筑而言的，是一种"官工正式"。实际上，木构架体系的民居建筑和其他民间建筑，也有很大部分是由这种规整开间和定式构件组构的，我们可以称它为"民间正式"。正是这两种"正式"——官工正式和民间正式，组成了木构架体系的通用型建筑。它们在程式化机制上具有多方面的优越性。

我在书中展述了正式建筑的这种优越性。分析了通用型建筑为适应不同类型组群、不同等级规制、不同使用功能、不同气候环境、不同地形地貌所采用的"装修调节""级差调节"和"随宜调节"。

非程式的活变型建筑，突出的是一个"活"字。它的特点就是不拘一格的"灵活"——灵活地适应地段、融入地段；灵活地运用构件、调度构件；灵活地利用空间、争取空间。它同样具备民间木构架建筑的构架、屋顶、墙体、门窗等常规部件，同样运用这些部件所用的常规构件。但是在"构件"组构"部件"的环节，在"部件"组构整个建筑"实体"的环节，它不像正式建成那样规则的、规范的定制组合、定式组合，而呈现这样那样不拘一格的灵活多变的随宜组合。由此构成了非规则的实体，生成非规范的空间，形成非定型、非程式的建筑。在我的心目中，由一座座程式的通用型殿堂组构的经典建筑是可以达到非常精彩的，由一栋栋非程式的活变型房屋组构的民居、园林也是可以达到非常精彩的。但是我一直没有关注到专用型建筑。一直到这次把单体建筑划分为通用、专用、活变三型，我才注意到木构架建筑的专用型，让我对专用型建筑的精彩刮目相看。

跟通用型建筑相比，专用型建筑虽然数量很少，却是品类繁多。梁思成先生在《营造算例》中列出杂式建筑有10项。它们是楼房、钟鼓方楼、钟鼓楼、垂花门、四脊攒尖方亭、六角亭、八角亭、圆亭、仓房、游廊。从这10项就知道，所有的楼阁建筑都是杂式，所有的亭类、游廊建筑都是杂式，所有的异形平面都是杂式，所有的异形屋顶也都是杂式。程式化建筑在正式建筑那里，是极度规范的；而在杂式建筑这里则是五花八门、多姿多态的。这的确是程式化体系中的一个重要的补充，由此解决了程式化建筑的变通性、灵活性和多样性。

我在书中挑选了三种专用型建筑展开论析：一是戏台建筑；二是大佛阁建筑；三是五百罗汉堂建筑。这些建筑都以变通的构筑提供了专用的功能。我在这里想豁出一些笔墨，说一下五百罗汉堂这个值得大书特书的专用型建筑。

五百罗汉堂形成了一种"田"字殿的专用型定式设计。我从文献中查到，杭州净慈寺的田字殿为"江南佛寺之首创"，很可能这种田字殿就是南宋高宗绍兴初年（绍兴元年为1131年）始建的。从净慈寺出现田字形的五百罗汉堂后，几乎所有的五百罗汉堂就都沿用这种专用的定式。

应该说，五百罗汉堂的设计是有很大难度的：一是大数量。它要容纳比真人还要大的罗汉塑像达五百尊之多，这么多的罗汉群体，需要很大很大的殿内空间；二是同质化。五百罗汉都是同等的"四果位"，无主次之分。如此大数量的无主体陈列，欠缺重点和变化，很容易导致观瞻的视觉疲劳，是很难处理的；三是需要达到特定的氛围。罗汉不是佛陀，不是菩萨，也不是金刚，他是达到了最高"果位"而"住世弘法"，不像神那般的神圣、威严，倒是很有点亲近人的意味。罗汉穿的是汉化的僧衣，个个神态各异，喜怒哀乐，栩栩如生。观赏者、参拜者的随喜都要近距离地细看，要求满足方便的观赏和近人的氛围。专用型的田字殿十分智巧地满足了这些要求。我们从田字殿的典型标本——北京碧云寺五百罗汉堂（图9-15、图9-16）可以看出：它的平面是中间辟四个小天井的殿廊组合体；殿内沿外檐墙、天井墙和中柱柱列，设通长的周圈台座；台座上供奉依墙的单列罗汉和沿中柱列相背而坐的双列罗汉。田字殿前方建一个三开间的小殿，内立四大天王，构成正面的主入口；其他三面正中各出一间小抱厦，作为次入口。这样的空间布局，争取到了最大程度的紧凑展位，轻而易举地容纳下五百尊罗汉的供位，并且形成周圈环绕、环环相套的展出队列和周而复始、迂回无尽的观瞻流线。在这里，五百尊罗汉是"一般高，排排坐"。白化文曾经风趣地描述这种状况。他说：

这五百人进入罗汉堂，比肩而坐，主次不分……他们全是主角，又全是群众；是没有群众的主角，又是没有主角的群众。

这种无主体、无差别的成列展示，按说难免是单调、乏味的。难能可贵的是，田字殿的设计，恰恰是将计就计，利用这种大数量的、同质化的无主体群体大做文章，化不利为有利，取得了特殊的观瞻效果。梁思成先生很敏锐地注意到这一点。他在《中国的佛教建筑》一文中，说到碧云寺的五百罗汉堂时，指出：

这里面有五百座富有幽默感的罗汉像，把人带进了佛门那种自由自在的境界。罗汉堂的田字形平面部署尽管是一个很规则的平面，可是给人带来了一种迂回曲折，难以捉摸，无意中会遗漏了一部分，或是不自觉地又会重游一趟的那一种感觉。

的确，田字形罗汉堂塑造了一个奇妙的流动空间，这里纵横交织、循环往复的罗汉队列，这里周而复始、环环相套的参观流线，把无主体、无中心的群相纳入了迷宫式的万千变幻的境界，给人一种左顾右盼、目不暇接、时而遗

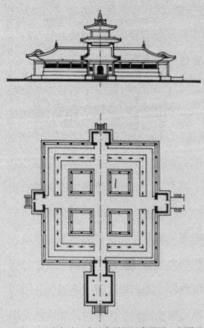

图 9-15　北京碧云寺田字形罗汉堂平面、立面示意（引自孙雅乐、郝慎钧的《碧云寺建筑艺术》）

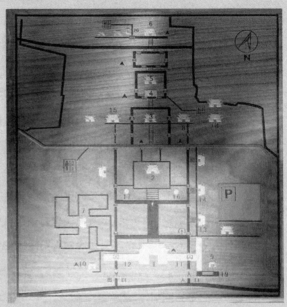

图 9-17　杭州灵隐寺指示版。显示庞大尺度的"卐"字形五百罗汉堂

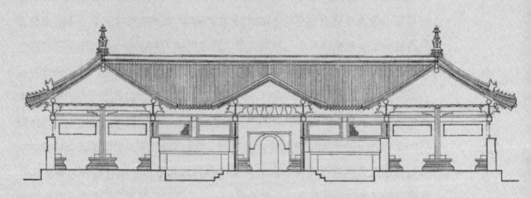

图 9-16　北京碧云寺田字形罗汉堂剖面示意（引自孙雅乐、郝慎钧的《碧云寺建筑艺术》）

漏、时而重复的独特观赏感受。

　　特别值得注意的是，这种大容量的、独特的空间效果，却是以极简易的构件组构而成的，是以极简约的"有"，举重若轻地造就了极精彩的"无"。这个超多展位的殿堂，并没有采用超大尺度、超大跨度的空间。四个天井的设置，把一个九间见方的庞然大物，一下子就转变为深两间的转角房和深一间的十字廊的空间组合，大大地缩小了内里的空间休量，避免了大空间的复杂结构。中柱柱列的运用，不仅吻合双列背靠背展位的空间布局，也把"叠梁"构架转变为"插柱"构架，更进一步缩小了跨度。沿四周外檐开辟一圈横披式高窗，既照顾到罗汉像的陈列，又争取到适宜的采光。四个小天井也为采光、通风提供有利条件，整个堂内空间获得了良好的观瞻条件。应该说，这个田字形的五百罗汉堂，作为专用设计是极富创意的，令人叹为观止的杰作，完全可以纳入"中华设计"的名作之列。早在12世纪30年代，中国建筑就冒出了这样的设计杰作，这在中国建筑史、中国设计史上，都是应予浓墨重彩记述的。

　　《中国建筑之道》出版之后，我重游杭州，才知道杭州灵隐寺里有一座现代版的五百罗汉堂。这座五百罗汉堂是1999年建造的，不知道是哪位建筑师设计的。这座罗汉堂沿袭了五百罗汉堂的队列布局，只是把田字形的平面改为"卐"字形的平面（图9-17）。没想到这么一改，原本环环相套的空间变成了只能一条线地沿着单一流程曲折行进的空间，观赏罗汉的循环往复的流线没有了。由于罗汉的尺度加大了，台座加高了，殿内空间很是高敞，光线也很亮，整个氛围都没有了田字形罗汉堂的感觉，而仿佛是进入了罗汉雕像的现代陈列馆。这件事让我很有些感触，觉得建筑遗产的"软"分析还是很有必要的。如果设计者真正体悟到梁先生说的田字形罗汉堂设计的迂回曲折、循环往复的真髓，这个设计就不会改成"卐"字形了。关于这个"卐"字形，我还想多说一句。在佛教中，表示"吉祥万德"的"万"字，既有"卐"形的"正万"形，也有"卍"的"反万"形。由于法西斯用作"国家社会党（ss）"的纳粹标志，与"正万"形极易混淆，因此在二战结束后，佛教领域使用的"万"字，都尽量回避"正万"形。而灵隐寺的这座现代版五百罗汉堂在用"万"字平面时，却还用"正万"形。从这点说，也是很不应该的。

中国建筑之道Ⅱ：多层面"有无"诠释

《老子》十一章讲了车、器、室三例的"有"与"无"，表明器物的不同层面都可能存在"有无"。基于这个认识，我对中国建筑之道的思索，也从中国建筑多层面的"有无"来审视。在进行了木构架体系单体建筑这个基本层面的"有无"分析之后，就展开木构架建筑其他三个层面的"有无"诠释。

第一个诠释的是：建筑组群"有、无"——屋与庭。

中国木构架建筑是一种"多级递阶系统"。大中型建筑都是由若干单体建筑组成"院"。这种"院"自身就可以说是建筑组群，而"院"与"院"的串联和并列，就组成更大的建筑组群。在这里，院落是比单体建筑高一层次的系统。在这个层面，"屋"成了院落主要的"有"，而其露天的"庭"就是院落的"无"。显而易见这是木构架建筑体系中极其重要的一对"有"与"无"。

我在《中国建筑美学》书中，论析了中国的庭院式组群，指出庭院是主建筑的放大器。探讨了庭院式布局的成因，庭院式布局的优越性，庭院单元的构成形态，庭院组群的组合规律；归纳出庭院式布局突出建筑的空间美、突出建筑的时空构成、突出建筑的复合空间和突出"单体门"的铺垫作用等特色。我当时觉得这是对庭院组群做了颇多的软分析、软思索，自我感觉这样的分析已经颇具理论深度。

后来我才意识到，原来我对庭院组群的认知还欠缺了一大截。这是我真正弄明白"殿、堂、楼、阁、亭、榭、门、廊"是怎么一回事之后，才醒悟的。

我一直怀揣一个大大的问号，弄不懂中国建筑为什么要分为殿、堂、楼、阁、亭、榭、门、廊。我在前面写的"博采众'软'"一节中曾经提到，中国建筑已有种种的分类。按功能性质，中国建筑分为宫殿、坛庙、陵寝、苑囿、宅第、衙署、寺观、店肆等；按工程做法，中国建筑分为大木作、小木作、石作、瓦作、土作、彩画作等等；按构筑类别，中国建筑分为正式建筑、杂式建筑，正式建筑再分为大式、小式。既然已经有了这些分类，为何还要弄出这个"殿、堂、楼、阁、亭、榭、门、廊"的分类呢？我曾经想到，这是中国建筑的一种"形态"区分。殿堂、房室是单层的长方形形态；楼阁是双层、多层的形态；亭是点状的形态；廊是"狭而修曲"的形态；的确它们显现出不同的形态。可是，门是什么形态呢？它既有屋宇门的形式，又有墙门的形式、牌楼门的形式，还有台门的形式，并非某种特定的形态，这表明这种划分也不是按形态而分的。那么，究竟是在什么意义上有这个必要做这样的区分呢？我想来想去，找到了一个答案。这一套"殿、堂、楼、阁、亭、榭、门、廊"原来都是庭院组群的构成要素，这是它们共同的"身份"，它们是在这一点上形成一个"集合"。但是，庭院组群为什么不由各类型建筑直接组构，而要转换为"殿、堂、楼、阁、亭、榭、门、廊"来组构呢？这一点一直到我写《中国建筑美学》时，也没弄明白，因此在《中国建筑美学》中还没触碰到这个问题。忘了是什么时候，有一天，我不经意地接触到论述京剧行当的文章，才恍然大悟，原来这是组构中国的程式化庭院所需要的。建筑中的"殿、堂、楼、阁、亭、榭、门、廊"和京剧中的"生、旦、净、丑"是一回事。一直纠缠着我、让我琢磨不透这一套独特的建筑分类，原来正是庭院舞台上响当当的"建筑行当"。认识到这一点，我分外的高兴。只是在退休前还顾不上为它撰写专题论文，一直拖到这次要诠释庭院的"有无"时，才真正提到日程上来表述。

我们知道，中国京剧是一种程式化的戏剧。它把角色划分为生、旦、净、丑四大行当。行当下面再划分"分型"，如"生行"下面划出老生、红生、小生、武生、娃娃生等分型；"旦行"下面划分出青衣、花旦、武旦、老旦、刀马旦等分型。而"分型"之下还可以再细分出各自的"小分型"，如"小生"进一步分为扇子生、纱帽生、翎子生、穷生、武小生等，"老生"进一步分为安工老生、靠把老生、衰派老生等。京剧划分行当是对剧中人物的角色分类，因为京剧剧目有上千种，有难以胜数的人物形象。划分行当是对剧中人物进行归纳、取舍、提炼的结果。把在性别、年龄、身份、地位、性格、气质上具有相同特点的人物形象概括为同一行当，形成人物程式，在大行当中再分若干分型、小分型，由此形成既简练又细密的角色程式系统。这是中国京剧程式化的一个最重要的构成和特点。

中国木构架建筑与中国京剧一样，具有程式化的特点，自然也会出现相似的程式化机制。"建筑行当"就是这个相似机制的集中体现。我们可以看到，包括宫殿、坛庙、陵寝、苑囿、王府、宅第、衙署、寺观、宗祠、书院、店肆、馆驿、会馆、宅园等等在内的千差万别的不同类型的单体建筑，当它们组合在庭院组群中时，这些建筑单体，或呈现为正座，或呈现为配座，或呈现为门座，或呈现为倒座；有的呈平房，有的呈楼座；有的呈点状，有的呈线型。尽管建筑功能类型千差万别，它们在庭院构成上却是"同构"的。因此，在程式化运作中，完全可以用庭院构成的角色定型来统摄变化万千的建筑功能。这是一种极高明的以简驭繁，一下子就把纷繁的建筑功能类型转化成为有限的组构庭院的建筑角色类型。这是中国建筑的一种极为独特的现象，也是一个极为精彩的现象，与中国京剧的行当有异曲同工之妙。

建筑行当是怎样划分的呢？这一点并不明确。我从庭院的构成把它梳理为五类：殿堂房室；楼阁；亭；廊；门。

殿、堂、房、室都属于"居"（起居）的空间。平面为若干开间组合的规整矩形，均为单层平房，屋顶也是规范的硬山、悬山、歇山、庑殿，都属"正式"建筑之列。它有很多分型品类，在庭院中既担任正座角色，也担当配座、倒座角色，是建筑的主行当，属当家行当。

楼阁也属于"居"的空间。平面也多为若干开间组合的规整矩形，其主要特点是带有楼层。楼与阁最初是不同的，后来已经没有什么区别。它既可以用于庭院的正座、配座，也可以用于庭院组群的门座，是一个多用途的角色。

亭不属于"居"的空间，而是"游"的空间，主要用于停步休憩、定点凭眺和点缀景物。既是观景建筑，也是点景建筑。它的主要形态是小体量的点状，亭亭玉立，随宜建造，可以说是建筑行当中最灵便、最活泼的角色。

廊是一种通道空间，连接于庭院正座、配座、门座的两侧，递迢于楼台亭榭之间，是联系建筑的交通线，也是观赏景物的导游线。它呈现"线"的形态，起着围合院庭、划分庭园的重要作用。

门是建筑行当中多姿多态的一种，这里指的不是板门、隔扇门那种属于装修的门，而是自身成为一个单体建筑的"单体门"。有宫门、宅门、寺门、院门、垂花门、二柱门等等，在庭院组群中构成这样那样不同形态的"门座"。

这五类建筑行当，组成了庭院舞台的主要角色，它是庭院的"有"的主要构成要素。当然，庭院的构成要素远不只这些，除了单体建筑组成的"建筑行当"，还有一整套建筑小品，它们包括院墙、影壁、牌坊、碑碣等等，它们也是构成庭院的"有"，可以视为建筑的"龙套"。实际上，庭院除了建筑行当、建筑龙套外，还有一系列非建筑的构成要素，如庭院中的叠山、理水、栽花、植木以及门狮之类的雕塑，日晷、嘉量、帛炉、铜缸之类的陈列，它们好比是京剧舞台上的"切末"。正是这些建筑行当、建筑龙套和非建筑的切末，组构了中国式的庭院舞台。如果说这一大套建筑行当、建筑龙套和非建筑的切末，都是一个个"棋子"，那么它们所组构的庭院就是一盘盘"棋局"。程式化庭院的奥秘就在于以有限的、程式化的"棋子"，部署出一盘盘变化万千的、无限的"棋局"。这一点是值得大书特书的。

我围绕着庭院组群的这一套程式化的建筑行当，探讨了几个问题：

一是分析各类建筑行当在庭院构成中的作用、机制及其呈现的"准功能"特色；

二是从《园冶》借用了"造式"的概念，分析了"准功能"的程式定型所呈现的基本"造式"形态；

三是分析建筑行当经由分型、小分型的细化，从类型性走向了"准个性"；

四是分析作为当家行当的殿、堂、房、室所呈现的两大分型：堂型分行和室型分行；

五是以"事约而用博"为题，专论"亭"的行当角色；

六是以"千门万户"为题，专论"门"的行当角色；

七是展述由建筑行当组构的"程式院"和"非程式院"。对程式院探讨了它的两种定型方式：范式定型与制式定型；对非程式院探讨了它的两种调度方式：程式调度与非程式调度。

我的自我感觉是，我在《中国建筑美学》中分析庭院时所欠缺的一大截认知，在这里算是给补缀了。透过对庭院组群的"有"与"无"的论释，透过对庭院组群建筑行当的诠释，我似乎真正明白了庭院组群的程式化机制。显然，庭院的这种程式化，是整个木构架体系程式化的重要的一环，也是最高层面的一环、极其精彩的一环。

第二个诠释的是：建筑界面"有、无"——实与虚。

建筑界面是围合建筑空间的实体的"有"，值得注意的是，它并非铁板一块，通常情况下多是虚实结合的。因此，在建筑界面这个层次，也有自己的"有"与"无"。在这里，"实"是它的"有"，"虚"是它的"无"。针对木构架建筑，我从三个方面审视了"界面"的虚实：一是外檐立面的"亦隔亦透"；二是内里空间的"亦分亦合"；三是庭园边沿的"不尽尽之"。

木构架建筑外檐立面，凸显着实的墙体和虚的门窗。在这里，墙体是"隔"，门窗是"透"，它们组成了屋身界面的亦隔亦透。这种隔与透在木构架建筑发展的不同阶段，呈现着不同的形态。《老子》十一章说的"凿户牖以为室"，正是这种隔与透的早期现象，那是版筑墙体的"隔"和开凿户牖的"透"，构成了当时宅屋立面的"有"与"无"。老子在列举三例"有无"时，就列上了它，可见建筑界面的这个"有无"是一种习见的、典型的"有与无"。

到明清时期，殿屋外檐立面已形成一整套完整的外檐装修定制。官式殿座前檐形成隔扇门与槛窗的组合，北方宅屋前檐形成夹门窗与支摘窗的组合，江南一带厅堂、宅屋前檐形成长窗与半窗、长窗与和合窗的组合。在这一套定制组合中，最让我感兴趣的就是隔扇。隔扇是北方殿屋组装门窗的模件，有六抹、五抹、四抹、三抹、两抹等规格。长的隔扇用来组构满槛门扇，短的隔扇用来组构槛窗窗扇。江南一带组构门窗的模件实质上也是隔扇，不过组构门扇的长隔扇称为长窗，组构窗扇的短隔扇称为半窗。长短隔扇和长窗半窗都装有通透的格心，意味着门扇具备着窗扇的透光性能，呈现出门窗的一体化趋势。

有趣的是，我们从隔扇的运用，可以看出五个层次的"隔"与"透"。在外檐立面上，墙体是"隔"，门窗隔扇是"透"，它们构成了第一层次的"隔与透"。在整槛隔扇中，固定扇是"隔"，开启扇是"透"，它们构成了第二层次的"隔与透"；在隔扇自身，裙板、绦环板是"隔"，格心是"透"，它们构成了第三层次的"隔与透"；而在格心中，还存在着棂条的"隔"和棂间空当的"透"，它们构成了第四层次的"隔与透"。不仅如此，在棂条与棂条之间的空当，还裱糊窗纸之类的东西，这窗纸自身也是一种"亦隔亦透"。它要隔寒风、挡鸟虫，却要尽可能地多透光、透视，这可以视为第五层次的"隔与透"。特别值得注意的是，在古代，正是这个第五层次的隔与透是个大难题，很难寻觅到理想的"亦隔亦透"材料。古人采用过窗纸涂油的办法、裱糊绢纱的办法、镶嵌云母片的办法、镶嵌蛎壳磨制的半透明"明瓦"的办法。这样，为了给纸和绢提供密集的支点，隔扇的格心就长期延续着"密棂"现象。菱花、方格、冰裂、码三箭、龟背锦、步步锦等格心都是糊纸贴绢制约下的密棂图式。这种密密麻麻的密棂格心，在殿屋上的大面积分布，形成了立面上的"二次肌理"，对中国殿屋面貌有很大影响。一直到玻璃在窗扇上的运用后，才解放了密棂，中国的宅屋立面才得以转向疏朗。

建筑界面的"有"与"无"，在木构架建筑的内檐装修也有生动的反映，它集中表现在室内隔断上。正是由于内檐隔断的亦实亦虚、亦隔亦透，形成了木构架建筑内里空间的亦分亦合。

中国古代的室内装修，经历了从唐以前的帷帐装修到唐宋以后的小木作装修的演化。我们知道，由木构架的柱梁框架和外檐围合所生成的只是基本的内里空间，这个内里空间还需要针对具体殿屋功能进行"二次再造"。内檐装修做的就是这个二次界定的工作。它有效地组织内里空间，变单一空间为多层次的子空间，起到划分空间领域、完善空间性能、调节空间尺度、丰富空间层次、突出空间重点等作用。

明代海上交通发展，东南亚一带出产的名贵木材红木、紫檀、花梨等输入中国；在木作工具上，线刨、槽刨等也已广泛使用，它们在推进明式家具发展的同时，也为明代内檐装修准备了高档用材和技术前提，在江南地区的大宅、名园中奠定了齐全的内檐隔断品类和精湛的细木技艺。通过明清两代的南匠北调，南北装修工艺频繁交流，汇聚了南北合流的装修格局。我们从鼎盛期的内檐装修可以看到，组织内里空间的内檐隔断，大体上形成四大类别：一是板壁、屏门类的固定隔断；二是碧纱橱类的可开启隔断；三是花罩类的亦隔亦透隔断；四是博古架、书格之类的隔架隔断。

隔断的这四大品类充分满足了殿屋厅堂室内空间分隔的需要，成为调度室内空间不同功能划分和不同审美格调的重要手段。让我特别关注的是这些多姿多彩的隔断，实质上意味着不同程度的隔透度。如果说板壁是完全固定的封

图9-18 内里空间各式隔断呈现的不同隔透度

闭隔断,碧纱橱是可开启、可穿行的封闭隔断,那么各式花罩、隔架就构成了
"亦隔亦透"的模糊隔断。我们把书格、博古架、圆光罩、太师壁、落地罩、
栏杆罩、几腿罩依次排列,就可以看出,它们在"隔"的隶属度上是依次递减
的;相对应的,在"透"的隶属度上是依次递增的(图9-18)。这表明,这
些不同样式的花罩的定型,是基于不同隔透度的选择,它们适应了室内空间不
同程度的亦分亦合的需要。

不要小看了这些"亦隔亦透"的隔断及其所生成的"亦分亦合"的室内空间,
它们是程式化殿屋厅堂通用空间的精致化。正是由于内檐装修的这种"二次再
造",才从"通用"空间走向"专用"空间,才落实细致的功能划分,才完善
室内的空间性能,才凸显特定的个性品格,才完成建筑的整体品质。这是木构
架建筑体系整体程式化构成的一环,也是十分精彩的一环。

建筑界面的"有无",在庭园的边界、边沿也有很丰富的表现。我很早
就从画论中得到这方面的启示,对这一点很感兴趣。我写的第一篇探讨传统建
筑设计手法的文章,就是围绕着庭园的边沿处理展述的。

中国画论有"不患不了,而患于了"的说法。清人邵梅臣说:"一望即了,
画法所忌……山水家秘宝,止此'不了'两字。"清末文论家刘熙载也说:"意
不可尽,以不尽尽之。"所谓"不了""不尽"就是"不了结""不到尽头"
的意思。因为"了结""到头"会堵塞观赏者的审美通道,不利于引发丰富的
想象。山水画布局有这个问题,园林规划也有这个问题,这就涉及庭园的边界、
边沿。作为对园林空间的围合和界定,院墙、围墙、界墙都是必要的。但是它
很容易造成空间的限定、阻隔、了结、到头、碰壁,让人"一望即了",堵塞
想象空间。这样就得在"不了""不尽""不结束"上做文章。在这里,呈现

着一种特定的"有"与"无"。这里的"限定"是"有"，这里的"通畅"是"无"；这里的"尽"是"有"，这里的"不尽"是"无"。为此，造园家智巧地采用了种种的"不了了之""不尽尽之"，用一整套"不限定"的"限定"，来创造园林境界所需要的"有中生无""若有若无""化有为无"的园庭边界。

我把传统园林遗产中的这种院墙、围墙的边界处理方式，大体上归纳为四种"不尽尽之"的手法。

第一种手法是墙面虚化。把原本是灰砖砌筑的墙面抹灰，涂刷为白色的粉墙，这是从色彩和肌理上的化实为虚。这样做的妙处就是"粉壁为纸"，把原本限定空间、堵塞院庭、阻滞视线的"墙"，转变为庭院景物的虚白衬底，成为景观画面的背景构成；把塞口墙从空间感觉上的"了""尽"，转化成了"不了""不尽"。

第二种手法是门窗透漏。在院墙、园墙上设洞门、空窗、漏窗，是取得隔中有透的重要方式。空窗、漏窗是视线的"不隔"；洞门，既是视线的"不隔"，也是人流流线的"不隔"。它们的共同特点就是"有"中生"无"，都是从墙的实体中生成虚空。这种虚空有扇面、月洞、套方、十字、五角、八角、玉壶、玉盏、银锭、汉瓶、梅花、海棠、贝叶、石榴、寿桃等多样门式、窗式，它们都是"负体量"，都在墙面上形成"图底反转"，原本的厚重实墙由此转化为衬底的虚白，人们的视线集中到虚空的、具象的"图"上。这样的效果就是"处处邻虚，方方侧景"，透过亦隔亦透的墙体，取得的是空间的相互渗透；透过空间的相互渗透，看到的是若隐若现的隔院风光。

第三种手法是墙廊复合。庭园依墙设廊，形成墙与廊的复合，就从"墙"的形态转化为"廊"的形态。在这里，墙的界面限定、空间围合的感觉消失了，换来的是廊的通行、廊的引导，院庭空间在观感上立即从院墙的围隔中解脱，而随廊的走势向外展延。园林中的许多厅堂塞口墙采用了这个做法。园林围墙、界墙采用墙廊复合的现象更为普遍，也更富有变化。它们可以是直廊，可以是曲廊；可以是单廊，可以是复廊；可以依墙而建，也可以凸出半亭，夹出零星小角落。原本单调的界墙边沿，由此变幻得曲折有致、空间流连。人们漫步在这样的曲廊中，不仅忘却了院墙的阻隔，延伸了行进的长度，扩大了园庭的空间，而且移步换景，感受着星星点点空间的穿插渗透，延绵潆绕。

第四种手法是边界隐匿。园林界墙的不尽尽之，还有一种更彻底的方式，那就是沿界墙堆起超过墙高的土山，把界墙隐匿在土山后面。这是只见山，不见墙，界墙就从感觉上"化有为无"了。这个做法也让我很感兴趣。虽然觉得这做法似乎很笨，但在大型园林中，用得巧妙，效果还是很好的。颐和园北宫墙就是这种做法的一个范例。我看过张锦秋先生对颐和园后山后湖"两山夹水"的分析，也看过周维权先生对颐和园后湖北岸人工堆山的盛赞，对这一点留下很深的印象。颐和园的后溪河就挨在北宫墙近旁，游人到此，一看就知道此处就是园区边沿，既欠缺自然景致，又暴露出边沿地段的逼仄、局促，自然大煞风景。造园者智巧地把浚河的土方就近堆成北岸山体，既遮挡了北宫墙，消失了园区边沿的逼仄感觉，又形成了"两山夹水"的格局，完善了山间溪水的自然形象和后山后湖的静幽境界。这样的手法应该说是非常精彩的。

我没有想到，从"有无"的视角来审视建筑界面，居然也能从外檐立面、内里空间和庭园边沿看到这么丰富、这么生动的"实"与"虚"，体验到这么有趣、这么精彩的"有"与"无"。

下面接着说第三个诠释：**建筑节点"有无"——榫与卯。**

"三十辐共一毂，当其无，有车之用。"《老子》十一章论述"有无"的第一句话，就说的是小小的车毂中的"有无"。这使我想到，建筑上也有这样的小小"有无"，那就是"榫卯"。在木构架建筑的榫卯中，榫是"有"，卯是"无"，它们是最直观的"有"与"无"。这个小小的"有无"，其实并非不起眼的"细节"，更不是无关紧要的"细部"，而是木构架中至关重要的关节。正是它，把零散的木构件联结成有机的整体。这里是力的交接点、力的集中点、力的转换点，是构架稳定、结构安全的关键所在。谁能想到，恰恰在这个关键的所在，由榫和卯最直白地上演着"有"与"无"的拿手好戏。

我下决心要写一节榫卯的"有无"。但是有些困难，好像写不出多少东西。我写不了对榫卯的深入力学分析，对榫卯史料的所知信息也很肤浅。我只好围绕着榫卯拎出四个关键词：一是"早熟"；二是"多样"；三是"半刚接"；四是"智巧"。仅就这四个角度做一些表述。

"早熟"是肯定的。中国建筑的运用榫卯起步很早，浙江余姚河姆渡遗址一下子就为我们展示了距今7000年前的一批新石器时代的榫卯。这是在没有金属工具的条件下，仅仅靠石器、骨器、角器做出来的。这里已经出现了柱头榫、柱脚榫、燕尾榫、双凸榫、平身柱榫卯、转角柱榫卯、加梢钉的梁头榫、带企口的板木和带直棂栏杆卯口的枋木等等。这表明中国人运用木构榫卯，起步之早在世界木作技术史上是遥遥领先的。

　　"多样"是明摆着的。木构架建筑是多样榫卯集聚的世界。木构件联结部位的多样和联结方式的多样，自然导致木构架榫卯类型的多样。大木构件的联结，大体上有交接、对接、拉接、叠接、搭接、拼接等方式。每一种联结方式随构件的不同、部位的不同，都有多种榫卯做法。我们从马炳坚先生所著的《中国古建筑木作营造技术》一书中可以看到木构榫卯分为6个大类、21个小类。在木装修和木家具中还能见到更多的各式各样的精巧榫卯。

　　"半刚接"是榫卯非常重要的、引人注目的特性。吴玉敏、张景堂、陈祖坪三位专家对这一点做过很细致的分析。原来大木榫卯从受力关系来说主要是两种情况：一种是"榫卯嵌固"，另一种是"平摆浮搁"。直榫、半榫、透榫、燕尾榫、箍头榫、十字刻半榫、十字卡腰榫等等，都属于榫卯嵌固，都力求榫头充分挤压卯口，达到榫与卯的坚实嵌固。但是，这种嵌固达不到钢结构、钢筋混凝土结构那样刚性节点的程度。木材自身有柔性，加上榫与卯只是挤压结合，属于"接触连接"，主要靠摩擦力来维持联结，它既非刚接，也非铰接，而是一种介乎刚接与铰接之间的"半刚接"。而像柱脚与柱顶石连接的管脚榫，柱头与梁头、柱头与栌斗连接的馒头榫，其节点都属于"平摆浮搁"。看上去像是铰接，由于承受很重的荷载和结构自重，通过摩擦力的作用，它实质上也带有"半刚接"的性质。正是这种榫卯的半刚接，使得木构架节点成了柔性节点，使得木构架整体成了一种刚柔相济的柔性结构。这个刚柔相济，在正常荷载下，可以保证构架整体较大的强度储备，具有很高的安全度；在强烈地震作用下，能够以柔克刚，发挥耗能减振与隔震的效能，成为良好的被动减振控制系统。

　　"智巧"更是榫卯的突出亮点。我最初是从赵正之先生《中国营造学》

的讲课中知道榫卯的。后来在沈阳故宫，给学生带测绘实习时，有一次突然从廊檐掉下来一个雀替，让我看到了"雀替暗榫"，才知道这暗榫原来是如此的巧妙（图9-19）。这以后，当我知道狗闭榫的倒插楔子时，就禁不住为狗闭榫叫绝；当我了解到燕尾榫的用"乍"、用"溜"时，也禁不住为燕尾榫叫好。特别是当我知道板缝拼接中的抄手带处理时，更是佩服得五体投地。这个长长的抄手带本来是很难牢牢地嵌固进拼接板的透眼长卯。匠师采用了一个绝招，把抄手带斜破为二，从木板透眼两端，分别相对嵌入，就神奇地把穿带变成了在透眼中可以随宜胀大的长榫，可以充分挤紧透眼的卯口，真是举重若轻，以极便捷的方式解决了极棘手的难题（图9-20）。这些，不由得让我赞叹：榫卯小有无，匠工大智慧。

榫卯这么精彩，我只表述了以上4点，似乎不够丰满，我想应该再深化些。我想到了一点，能不能做一下中外木构的节点比较。我很有点好奇，中国的榫卯这么精彩，外国的木构节点是不是也很精彩，它们有另外的一套吗，有什么样的一套呢？我很想了解英国的木建筑，也很想了解俄罗斯的木建筑。英国的木建筑我没有接触到，手边也没有英国木构节点的文献。哈尔滨倒是有俄罗斯木建筑，可惜我在哈尔滨时，没动过这个脑筋，没有注意这方面的实物信息和资料信息。现在退休了，待在北京，这件事是干不成了。

那么对于榫卯还能写些什么呢？我想到中国的斗栱有很多榫卯，能不能从斗栱的榫卯去深入。当我想到这一点时，突然冒出了一个标题："斗栱：榫卯的大集结"。我很喜欢这个标题，我意识到，有了这个标题，我就可以名正言顺地在"榫卯"这一节里大谈"斗栱"了。斗栱是木构架体系建筑的一个重要的、独特的构成，我在前面的章节中，一直没有机会从"有无"的视角审视它。现在好了，可以痛痛快快地说说斗栱的"有"与"无"了。

这样，我先讨论了斗栱的初始功能，分析了它的承托作用、悬挑作用和繁盛期的整体有机联结作用。讨论了殿堂型构架转向厅堂型构架中斗栱机能的演变，也讨论了明清时期斗栱从高度程式化走向繁缛化。显而易见，从榫卯的"有无"来审视，斗栱中的榫卯大集结现象是有目共睹的。这是因为斗栱自身的攒数很多，每攒斗栱的分件很多，分件与分件之间的连结节点很多，自然导

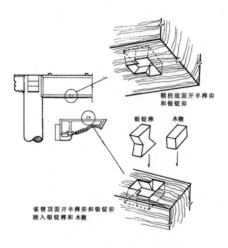

图9-19 倒挂雀替的银锭暗榫

图9-20 板缝拼接中运用的斜面"抄手带"

致榫卯的大量密集。一个太和殿的重檐庑殿顶，仅仅外檐就有372攒斗栱。据于倬云先生统计，清式重翘重昂九踩斗栱，每攒柱头科、平身科、角科的分件，分别为52件、64件和117件。按这样的分件计算，太和殿仅仅上檐的斗栱就有分件达11268件。分件已经这么多，它的榫卯数量更是难以计数了。

　　斗栱中的榫卯给我留下深刻印象的，当推榫卯"等口"和"盖口"的有序分布。斗栱中有一条共同规律，凡是与檐面平行的横栱类分件，包括宋式的泥道栱、瓜子栱、慢栱、令栱（除骑栿慢栱、骑栿令栱外）和清式的瓜栱、万栱、厢栱、正心瓜栱、正心万栱，它的卯口都用"等口"，也就是把卯口开在栱心的上方，等待带"盖口"的十字交叉分件的插入（图9-21）；凡是垂直于檐面的分件，包括宋式的华栱、下昂、耍头木和清式的翘、昂、耍头木、撑头木，它的卯口都用"盖口"，也就是把卯口开在栱心下方，以便覆盖在十字交叉的"等口"分件之上（图9-22）。这是因为，垂直于檐面的斗栱分件是出跳构件，需要承受弯矩，构件的上方是受拉区，当然不宜开口，就将卯口开于下方的受压区。而横栱类的分件不需要受弯，自然就以它开"等口"。

　　斗栱榫卯还给我留下深刻印象的，是对"子荫"的细腻处理（图9-23）。斗栱中的栱、昂、耍头等分件，带有"子荫"，这是为了分件之间卯接咬合紧

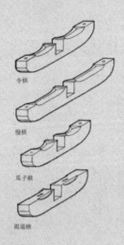

图 9-21 横栱上开
的"等口"

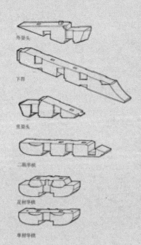

图 9-22 出跳翘、昂、头木
上开的"盖口"

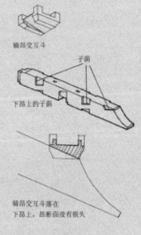

图 9-23 下昂的子荫处理

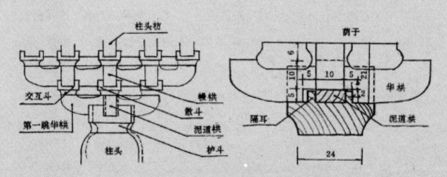

图 9-24 吴玉敏、张景堂、陈祖坪分析的"柔颈"现象。
栌斗与第一跳华栱之间的卯口留有微小空隙

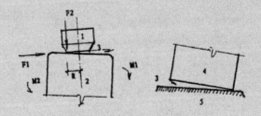

图 9-25 吴玉敏、张景堂、陈祖坪分
析的"高位不倒翁"现象。斗栱平摆，
在地震力作用下产生的反力矩

1 坐斗 2 柱头 3 楔形缝 4 柱脚 5 柱础
F1：水平地震力 F2：屋顶载荷
M1：倾覆力矩 M2：反力矩 R：坐斗底宽之半

密而在表面铲出的浅槽。在这些"子荫"中，承托骑昂交互斗的下昂子荫处理最令人叫绝。我觉得它称得上是受力与审美取得谐调的样板。

对于斗栱的榫卯分析，我觉得应该提到吴玉敏、张景堂和陈祖坪三位专家的贡献。我从这三位作者写的文章中，不仅看到关于榫卯"半刚接"的分析，还看到对斗栱中的"柔颈"作用和"高位不倒翁"现象的分析。"柔颈"说的是栌斗与第一跳华栱之间的卯口留有微小空隙，可以在地震力的水平荷载作用下产生相对位移，从而起到减振作用（图 9-24）。"高位不倒翁"说的是斗栱平摆在柱头上，可以在地震力的水平作用下，产生柱身的倾斜和反力矩的复原（图 9-25）。他们三位的分析，让我们深化了对榫卯刚柔相济、以柔克刚的特性的认知。这三位作者中，张景堂、吴玉敏和我是很熟的。这一对伉俪都是哈工大毕业的，都曾经在哈工大和哈建工学院建筑系任教。他俩有扎实的力学和结构功力，很早就从哈建工学院调到北京的北方交通大学。我没想到的是，他们投入了木构架建筑的结构研究，写出了很有见地的文章，我从中得到很大的教益。

中国建筑之道Ⅲ：用"有"极致和用"无"范例

探讨中国建筑的"有"与"无"，我用了两章的篇幅，诠释了木构架体系单体建筑的"有无"，庭院组群的"有无"，外檐立面的"有无"、内里空间的"有无"和榫卯节点的"有无"。我觉得对于木构架建筑的各个层面的"有无"，可以说是都诠释到位了。接下来应该写什么呢？我想最好是结合经典建筑的实例来分析古人处理"有无"、调度"有无"的意识和手法。一部中国建筑史充满着这样那样的经典实例、精彩实例可以作为例析。但是在我的头脑里，这些信息混混沌沌地乱成一团。在搭构写作框架时，我苦苦地思索，不知道按什么条埋来梳理才好。折腾来折腾去，我想还是从用"有"和用"无"两个视角来审视吧。从用"有"的视角来看，当然最突出的就是高台建筑；从用"无"的视角来看，当然最典型的就是北京天坛。高台是一种建筑类型，在中国建筑发展史上，只是热火朝天地盛行了一段时间就销声匿迹了。它非常独特，但是人们对它的所知甚少。我想趁着分析用"有"的机会，把高台这个特定的建筑类型做一下"有无"特色的综述，还是很有意义的。北京天坛在中国建筑史上有独特的地位，它是明清建筑中规格最高、规模最大的组群，能够趁着分析用"无"的机会，把北京天坛从组群整体到单体建筑都做一下深入细致的"有无"分析，也是很有意义的。这样我就确定了这个写作方案。拿出两章篇幅，一章写"高台建筑：'有'的极致"；另一章写"北京天坛：用'无'范例"。

我写"高台建筑"是有些难度的。因为我对历史上的高台建筑活动并不了解。幸好高介华先生在《华中建筑》先后发表了"楚国第一台——章华台"和"先秦台型建筑"的系列文章，把高台建筑作了一番巡礼。读着高先生的文章，我仿佛随着他的导引，对先秦台榭浏览了一遍，知道了各诸侯国的筑台盛况。当时筑台之多是超乎我们想象的。仅越王勾践在归越后的二十年间，就建了越王台、文台、离台、中宿台、驾台、燕台、渐台、观台等达十三台之多。楚国除著名的章华台外，还建有强台、匏居台、五仞台、层台、钓台、小曲台、五乐台、九重台、荆台、乾谿台、渐台、附就台、放鹰台、中天台、楚阳台、云梦台、阳云台、兰台、汝阳台等不下二十座。这一座座高台是用来做什么的呢？它实际上有诸多用途：可以观天文、窥浸象、望云物、察灾瑞；可以"讲军实"、庋军备、教演习射、据险自守；可以在这里进行朝会、盟约、祭祀、藏宝、囚徒；也可以在这里登高远眺、田猎游息、避暑纳凉、听歌载舞、酬宾宴客，成为多功能游乐中心。由于高台建筑规模浩大，体量巍伟，装饰华奢，人力物力投入极大，足以显示诸侯国王权的显赫和国力的强盛，也具有彰显威仪、炫耀国威的重大政治作用。因而在春秋战国的激荡时代，列国在追求侈靡和力夸国威的双重需要推动下，自然"竞相高以奢丽"，掀起一浪推一浪的筑台热潮。

这样的高台究竟是什么样的呢？我在这方面也没有知识储备。还好，刘致平、傅熹年、杨鸿勋、王世仁等几位先生都做过高台建筑的复原研究，傅熹年先生还对战国铜器建筑图像作了专题研究。从这些研究成果和复原设计，我弄明白了高台建筑大体上是怎么一回事。

原来高台建筑的构成就是"台+榭"，是土构的夯土台体和木构的堂榭广（yan）屋的结合体。我从"有"和"无"的构成上，把它区分为两种构筑形态。一种可以称为"层层落地型"。就是以夯土阶台作为基台，在台顶建堂榭，在各层台侧建回廊、广屋。台顶的堂榭直接坐落于台顶地面，台侧依墉而建的廊屋也直接坐落于各层阶台地面。它们是层层落地的，堂榭与廊屋之间，上层廊屋与下层廊屋之间，都没有结构上的叠压关系。另一种可以称为"回廊层叠型"。它是以夯土阶台为内核，同样在台顶建堂榭，在各层台侧建回廊、广屋。但是这里的廊屋并不是层层落地，而是把廊屋前部伸出台沿，搭构在下层廊屋之上。这样，上下层的廊屋就形成部分的重叠，台顶的主堂也可以向外延伸超出台沿，与台侧廊屋联结成一体，把整个夯土阶台包在木构之中。这两种做法，不管是把土台当作层层基台，还是作为整体内核，都是以土台为中心，以土台为依托。夯土阶台在这里都起着抬高木构、支承木构、联结木构的整合作用。

　　高台建筑的这种做法，是未能达到独立组构大型多层木构的技术条件下所采取的一种独特的构成方式。这种构成方式，充分发挥了土木混合构成中的土的作用，运用当时成熟的夯土技术和大量奴隶劳动的充足劳力资源，筑造了大尺度的核心土台、基座土台，把原本需要的大体量庞杂木构打散，分解为台顶的主体堂榭和四周台侧的回廊、广屋，大大化解了木技术的复杂性。在这里，主体建筑只需要建造尺度不大的一两层堂榭，各层台侧建造的都是背靠台体墉壁的、进深小小的回廊、广屋。对于"回廊层叠型"来说，只有局部的重叠，这些廊屋只相当于二三层楼的构筑；对于"层层落地型"来说，上下层木构都不重叠，这里的廊屋只需要做成单层单坡的坡檐木构就能解决，木构技术更为简易，在打散木构上更为彻底。显然，这是用成熟的土技术来弥补尚属初期发展的木楼阁技术的不足，创造了在当时条件下的辉煌巨构。

　　高台建筑也是建筑空间与建筑实体的对立统一。显而易见，在高台建筑中，夯土阶台占据了很大比重。这些土台基本上是实心的，因此，夯土阶台都属于"有"，可以说在高台建筑的"有无"构成中，达到了"有"的极致。而高台建筑空间的"无"，则呈现出两种状况：一种是其内部的可居可用的空间甚少，仅仅与其小体量的木构实体相关联。建筑整体超大体量的"有"，与其内部空间零散窄小的"无"极不相称。二是其外部空间由于高台建筑的高大体量，而取得宏大壮观的外观形象和组群空间，高台建筑在这方面显现出极大的潜能。当土台为一层时，加上台顶一两层的主堂，就能构成高二三层的台榭整体；当台体为二三层时，加上台顶一二层的主堂，就能构成高四五层的台榭整体。夯土阶台的层数有可能多达九层。九层土台再加上一两层的主堂，完全有可能建成外观超过十层的巨构。土台可以做成各种形态，可以是单轴对称的、双轴对称的，也可以是不对称的。可以像汉长安明堂那样的单一高台为中心、形成庞大的组群；可以像中山王国《兆域图》所示那样，形成五座高台一字排开的横列组群；也可以像王莽九庙那样，组成十余座高台大集结的超大群落；不难想象其艺术表现有多大的潜能。应该说，高台建筑创造了中国土木混合结构的一大奇迹。在初期木楼阁技术水平的制约下能生产这样的建筑巨构，实在是令人叹为观止的。当然，高台建筑的"有"的极致也是它的致命缺憾。巨大的夯土台体从远距离运土到高强度夯筑，都是巨大的人力、物力投入。它虽然可以树立巍峨的建筑形象，组构恢宏的组群外部空间，却只能获得有限的、零散的内部空间。在高台建筑中，满足外部观瞻的精神性功能，取得极为壮观的效果，而满足室内栖居的物质性功能却受到极大的局限，因而注定了高台建筑利于张扬室外组群空间、而不利于获取室内空间的非实用品格。它不适用于节约型的、讲求物质功能实效的实用性建筑，自然不可能普及到建筑的各个类型，不适用于社会下层的民间建筑。高台建筑的这种"有"的极致和内部空间的"无"的缺失，严重局限了它的生命力，使它在经历春秋、战国极盛期之后，从秦汉开始就呈现出转型的趋势。我们见到的西汉未央官前殿遗址，已经是转型了的建筑。从杨鸿勋的复原设想图可以看到它的面貌。这已经不是高台，我想应该称它为"陛台"建筑。这时候只有礼制性建筑还在坚持高台的制式。到了东汉之后，即使是礼制性建筑也不采用高台制式了。

高台建筑退出历史舞台，不等于高台建筑的构成方式就此绝迹。在一些特定的情况下，还能看到它的踪影。北魏熙平六年（516年），在洛阳建了一座永宁寺塔。这个塔特别高，据记载折算，总高度达147米，相当于辽代应县木塔高的2.2倍。这在当时当然不可能用全木构来建造。从遗址发掘的塔基土

图9-26　西藏江孜白居寺吉祥多门塔。杜双修摄

图9-27　白居寺吉祥多门塔剖面，
显示塔体内部为7层土台

台显示，它的确是用高台的土木混合构建的。杨鸿勋、钟晓青、张驭寰、马骁都对此塔作了复原探讨。我最认同的是马骁的复原方案。我们从他的复原设计可以看到，他采用的是"回廊层叠型"的构筑方式。各层木构最多只承受上部三层半的传力，很合理地解决了超高型的结构问题。我最不敢认同的是张驭寰的复原设计。在他的方案中，外檐两圈柱子都是从第九层一直叠压到第一层，这个荷载怎么能吃得消。从这里我觉得真正弄明白高台建筑的结构机制是很重要的。

很有意思的是，高台建筑还有"异质同构"的"活化石"留存至今。大家并不陌生的西藏江孜白居寺吉祥多门塔就是一座活着的"高台建筑"（图9-26）。它建成于明正统元年（1436年）。这个塔的基座平面为折角十字形，外观看上去是由四层塔基、一层塔身覆钵和上部的刹座、相轮、宝盖组成。实际上这座塔层叠着七层土台（图9-27）：第一层至第四层为带龛室的十字折角土台，构成塔的四层基座；第五层为圆形土台，内辟四间凹室，构成塔身覆钵；第六层为内带方形中心土台的折角十字形佛殿，构成塔的刹座；第七层为内带方形中心土台的方形斜顶佛殿，构成塔的下半部相轮。在这七层土台之上，第八层为内带九根方木中心柱的方形斜顶佛殿，构成塔的相轮的上半部；最后第九层为内带一根中心木杜的开敞佛堂，构成塔的宝盖。宝盖之上以喇嘛塔状的宝顶收束。这里的土台当是夯土的，台侧四周的广屋是用土坯砌造的，与夯土阶台混然成一体。它完全是地道的高台构筑方式，只是以土坯墙体取代了木的构筑。

从高台构成上，1～5层呈现的是"层层落地型"的构筑，6、7层呈现的是"回廊层叠型"的构筑。它与春秋战国时期的台榭高台，并不存在传承的渊源，但其构成形态无疑是相同的，是一种典型的"异质同构"的高台活化石。它所呈现的，也是用"有"的极致，也是外部空间壮阔，外观形象高扬，而内部空间却很局促、分散。但是它毕竟取得了68间龛室和8间佛堂。在佛像供奉上，它虽然不能求大，不能供奉大体量的佛座，但可以以多取胜。在这些龛室、佛堂里，不仅有千余尊诸佛菩萨像，还有满绘的金碧辉煌壁画，绘有诸佛菩萨达到27529身之多，因而有"十万佛塔"的美称。

白居寺吉祥多门塔并非高台活化石的孤例。西藏日喀则市拉孜盛康桑巴寺塔也是这种制式。据宿白先生研究，它属于一种"噶当觉顿式"塔，现在还存在一批这种制式的塔。这表明，在特定条件下，这种只需要依赖土技术的简易构筑就能筑造的塔，还是有它的生命力的。

与用"有"极致的高台建筑恰恰相反，北京天坛可以说是用"无"的极致。无论是在单体殿座层面，还是壝院、坛域层面，都有极精彩的表现，堪称中国大型建筑组群的用"无"范例。

天坛是郊祀祭天的建筑。在古代中国，祭天的意义极大。它是演绎"君权神授"的场所，是彰显敬天保民、重农务本、祈求丰收的舞台，是宣扬天命论、表征"天人合一"理念集大成的建筑标本。在中国古代建筑中，它是规格最高的、最尊崇的建筑组群。古代建筑类型的等级排序，礼制建筑的"庙社郊祀坛场"明确地排在"宫殿门阙"之前，而在坛庙郊祀建筑中，郊祭的圜丘自然列于首位。从这个意义上说，北京天坛算得上是明清国家级的头号工程。这个头号工程究竟如何塑造其头号祭礼仪典的神圣场所，如何表征其崇天敬天和"天人合一"的神圣境界，如何在这个极显要的大型建筑组群中贯穿用"无"的意匠，如何具体实施它的用"无"手法，都是值得我们关注的。

北京天坛不是一蹴而就地一次性建成，它经历过明永乐十八年（1420年）始建天地合祭的天地坛，明嘉靖九年（1530年）创建天地分祭的圜丘坛，到嘉靖二十四年（1545年），又在原天地坛太祀殿旧址新建大享殿（后改名祈年殿）和祈谷坛，是经过三个阶段的发展才形成最后的规模。我把它称为改扩建的"非原创杰作"。中国木构架建筑的多级递阶系统，很多都是像北京天坛这样经历一次次的改扩建而形成大型的组群。

我选择了三个层面来考察北京天坛的用"无"。

从单体殿座来看，祈年殿就是一座用"无"的杰作。它是一种"坛而屋之"的构成，由祈年殿与祈谷坛结合成殿坛组合体。祈年殿自身并非超大的殿座，而仅仅是一座圆殿。它的"中分"只是周圈用12根檐柱，直径为24.6米的圆形殿身。这个尺度可以说是很不大，但是它的"上分"采用了三重檐攒尖顶。高高突起的"三重檐"为圆殿取得了"一次形象放大"。它的台基特别矮小，只是三层小小的、微微伸出的圆座，看上去如同三级石阶似的。但这个不起眼的小小台基却坐落在大大的祈谷坛上。超大的祈谷坛俨然成了祈年殿的三层"基台"，转化成了祈年殿的"下分"，使得祈年殿达到总高38米、总宽80米，这构成了祈年殿的"二次形象放大"。这是中国古典建筑在单体建筑构成上以简约的实体的"有"、取得宏大壮阔的"无"的一个经典范例（图9-28）。

从壝院的处理来看，圜丘祭坛主院的用"无"是十分独特的。由于祭天是燔柴露祭，是在露天的坛面上进行，因而圜丘坛自身只是一个不带"上分"、不带"中分"而仅具"下分"的三层坛体。作为祭天的主体建筑，居然没有屋顶、没有屋身，只有三层台体，这是无以复加的、达到极度的简约。三层圜丘坛的直径，上层九丈，中层十五丈，下层二十一丈，用的都是古尺。古尺二十一丈约合55米，应该说坛体自身的尺度并不大。但是圜丘壝院用了两重壝墙。内壝墙为圆形，直径达104.5米；外壝墙为正方形，边长达167.21米。圆的内壝墙在这里成了环环相套的三层圜丘坛同心圆的延续和扩展。正方形的外壝墙，一方面以同心几何形继续维系坛体全方位扩展的态势，另一方面又以方形对于圆形的变形，形成一种相对的收束，加强了圜丘主院的完整性。广阔的内外壝墙对圜丘主院做了双重的放大、扩展，并有意地降低壝墙的高度，以烘托坛体的高突和坛院的舒放。圜丘坛体虽然没有屋身，没有屋顶，覆盖在这里的蓝天，仿佛成了它的无边的穹顶。谁能想到，这座极为尊崇的祭天主体建筑，原来是以这样极度简约的"有"生成的（图9-29）。

我们再看天坛的整体坛域，天坛划分为内坛域和外坛域，由内外两重坛

图 9-28　祈年殿显示的"上分"形象放大和"下分"形象放大

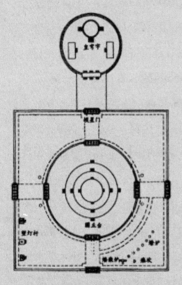

图 9-29　圜丘墙院,祭坛主体建筑仅为不带"上分""中分"的三层台体,通过内外两重墙墙,对墙院作了两次放大

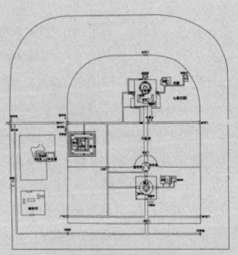

图 9-30　天坛组群中的建筑分布(引自《天坛公园志》)

墙围合。内坛域围合在内坛墙内，外坛域处于内外坛墙之间。内外坛域用"无"之大是惊人的。内坛占地 117 公顷，外坛占地 156 公顷，整个天坛占地达到 273 公顷。这是个极大的占地。它是地坛的 2.7 倍，日坛的 40 倍。与北京紫禁城相比，它也是紫禁城的 3.8 倍。采用这样超大的占地，是从占地指标上凸显出天坛组群的至高无上的规格，为塑造"人间天国"的浩瀚场所和远离尘嚣的静谧境界提供基本条件。

应该强调的是，在这么大的占地环境里，所用的建筑物却是很少的（图 9-30）。内坛仅有圜丘组群、祈年殿组群和斋宫组群三组建筑。外坛仅有神乐署和牺牲所两组建筑。整个内坛的建筑面积，仅为内坛占地面积的 1.58%。如果把这里的建筑视为"有"，占地视为"无"，天坛整体组群的一个最鲜明的特色，就是用"有"极少而用"无"极大。

天坛总体怎么能以极少的"有"，控制极大的"无"？我在书中做了分析，着重提到了两点：一是以超大面积的柏林和充满全坛的林地植被担当非建筑的"有"，为天坛建筑铺设了浓密的林木背景，提供了和谐的植被生态，塑造了"郊坛祭天"的模拟环境，生成了"人间天国"的浩瀚景象和超脱尘嚣的肃穆氛围；二是在建筑调度上突出地强化了一道"丹陛桥"。在内坛域里，由成贞门所在的东西隔墙，把内坛分隔出南部的圜丘坛域和北部的祈谷坛域。圜丘坛域的圜丘祭坛和祈谷坛域的祈年殿，都是天坛组群的主体建筑。按说，在偌大的内坛域里，做这样的建筑部署存在着两个问题：一是建筑数量过少，体量不大，分布稀散，欠缺有机组织；二是两组建筑，一个是南坛域的主体，另一个是北坛域的主体，形成双核"二元"，使得天坛整体欠缺中心，欠缺主轴。天坛的改扩建规划为什么敢于这样布局呢？原来在这里潜存着一条甬道。这条甬道早在永乐天地坛时期就已存在，现在派上了大用途，让它贯通圜丘坛和祈谷坛。它的南端起于成贞门，北端止于南砖门，全长 361.3 米，宽 29.4 米。它不是贴于地面的普通道路，而是高高凸起的一道很宽的、超长的立体路。南端高出原地面约 1 米，北端高出原地面约 4 米。由于这条高起的甬道下方，有一个横穿的供"牺牲"通行的隧道，所以把它称为桥。

这条取名为丹陛桥的甬道起到了重大的作用，它完全扭转了天坛建筑松散、分离的格局。两大主体组群——祈年殿组群与圜丘组群，虽然远隔南北，通过这条强化的丹陛桥的有力联结，形成了有机的整体。正是丹陛桥的联结，才接通了天坛的主轴线；也有赖丹陛桥的分量，才强化了天坛的主轴线。这是中国古代建筑组群中罕见的一条超长的轴线，也是中国古代建筑遗产中极具个性的、极富创意的、极为独特的轴线。难能可贵的是，这么突出、这么重要的主轴线，它的中心段落却是由一道长长的丹陛桥组成，以极简约的"有"，生成极度壮阔的主轴空间的"无"。

北京天坛是中国建筑符号的大集结，这里的用"有"、用"无"都与符号表征息息相关。为表征天坛的至尊等级和天象时序，天坛调度了一整套方位象征、形体象征、数量象征、色彩象征、纹饰象征和命名象征。它以圆象天，突出"圆"的母题。它以蓝色象天，普遍覆盖蓝瓦，蓝色成了天坛触目的标志色。祈年殿三重檐的用瓦色彩，也从最初的青、黄、绿三色改为后来的统一青瓦，以一色的天青与蔚蓝的天空相协调，造就了纯净圣洁的境界。天坛还贯穿着严密的、饱和的数的象征。坛体的层数、台基的层数、祭坛的径长、坛面的墁石数量和石栏杆数量，用的都是表征"阳数"的奇数，都是表征"阳数之极"的"九"和"九"的倍数。特别是祈年殿的用柱，更是集大成的天象时序表征。它以4根龙井柱寓意四季，以12根重檐金柱寓意一年十二个月，以12根下檐柱寓意一昼夜的十二个时辰；以下檐柱加重檐金柱之和的24根柱子寓意一年的二十四个节气；加上4根龙井柱，成28根柱，寓意二十八星宿；再加上8根上檐童柱，成36根柱，还用它来寓意三十六天罡。为了"祈年""祈谷"居然凑出这么多关于农耕天象时序的寓意，可以说是用心良苦的。

在天坛的符号运用中，以斋宫的符号调度最为有趣。斋宫是皇帝祭天大典时用作斋戒的场所，是设在天坛里的皇帝招待所（图9-31）。按说，凡是皇帝御用的建筑，都应该是高等级的体制，而斋宫却不是。在布局上，它没有坐落在天坛主轴线上，而偏居主轴之旁，处于靠边站的位置；在建筑朝向上，它不取坐北朝南的正位，而是坐西朝东的降等；在建筑制式上，斋宫的正殿不用九间大殿，而是五开间的无梁殿；屋顶不用重檐庑殿顶，只是单檐庑殿顶；屋瓦也不用黄琉璃瓦，只是绿琉璃瓦。斋宫的寝殿更用了最低档的硬山顶。所有

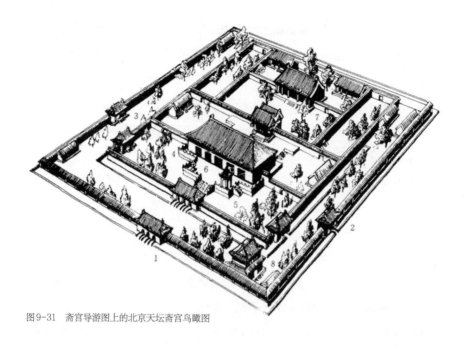

图9-31 斋宫导游图上的北京天坛斋宫鸟瞰图

这一切显然都是在符号的表征上，有意地压低本应至尊的皇帝规格。这是为什么呢？原来这里是"人间天府"，皇帝和天相比，只是"天子"。因此，在建筑符号表征上，它必须比天低一等。斋宫的这一整套符号，是用建筑语言诉说"昊天上帝"与人间皇帝的关系，书写"天"与"天子"的家谱。在这里，低调的斋宫不仅没有贬低皇帝，恰恰相反，是把皇帝纳入"天"的族系，完成了对皇帝最隆重的神圣化。这是用低调唱高调，把建筑符号的调度做到了出神入化的境地。

天坛的艺术境界重在表现"崇天""敬天"的主题。值得注意的是，天坛还特别着力于"观天"视野的营造，也就是在天坛中直接去观赏自然的天，接近自然的天，直接感受和领略自然的天的崇高和广大。不要小看这个"观天"的境界，它的重要意义在于它是"非符号"的境界，不是通过表征"天"的符号来感受"天"，而是直面自然的、活生生的"天"的现实，这是天坛得"天"独厚的特有条件。因为自然的天就笼罩在天坛的上空，提供了以"非符号"的途径直接观"天"的可能。天坛的规划设计中，在艺术境界创造上的一个重大成就，就是明智地把握住这个直观天穹的机缘，做足了在天坛"观天"的文章。我从圜丘坛的处理和祈年殿、祈谷坛的处理，分析了这两个重要的"点"的观天视野，也分析了丹陛桥把这两个观天的"点"，连接成长长的观天的"线"，提供了持续的、不间断的观天历程，把天坛的观天视野推广到极致；透过自然的天的辽阔壮美，进一步引发人们对于主宰的"天"的敬仰、敬畏，完成了天坛所追求的崇天、敬天主题。

分析了天坛的突出用"无"和善于用"无"，我们自然会追问，是什么缘由导致天坛如此地重"无"、用"无"？我觉得答案是不难得出的，那就是基于"功能不对称"。

建筑有两种不同的功能：一种是满足实用的物质功能；另一种是满足审美的、表征的精神功能。因此，相对应地，建筑的处理有两种不同性质的"尺度"：一种是"实用尺度"；另一种是"观瞻尺度"。北京天坛作为祭天祈年的建筑组群，尽管它是最高规格的祭祀场所，要在这里举行最隆重的盛大仪典，但它自身在实用功能上的要求却并不复杂，所需祭祀建筑，在数量和规模上都很有限，也就是说它所需要的"实用尺度"是不大的。但是，天坛的精神功能要求却是极高的。这里是天子亲临祭天的神圣场所，是汇演"天人合一"理念的大舞台，如何凸显皇天上帝的无上尊崇，如何表征崇天敬天的至尊至诚，如何创造恢宏、壮阔、崇高、静谧、凝重、圣洁的建筑氛围，都是要求极高、难度极大的课题。

天坛的规划设计采取了极明智的方针。它所有的建筑处理，都是以物质功能所需的"有"，来满足精神功能所需的"无"，也就是说，是以简约的"实用尺度"的"有"，来创造盛大的"观瞻尺度"的"无"。正是在这一点上，天坛成为中国古典建筑重"无"、用"无"的典范，体现了一整套中国建筑重视用"无"、善于用"无"的传统。

应该说，这种精神功能远高于物质功能的不平衡现象，并非天坛建筑所独有，它是古代礼制建筑、陵墓建筑和现代纪念性建筑的共同特性。以"实用尺度"的简约的"有"来创造盛大的"观瞻尺度"的"无"，是中国这一类型建筑通用的高妙手法。我觉得认知这一点是很有必要的。中国近代有一次中外

图 9-32　吕彦直设计的、获首奖的南京中山陵，体现"用无"理念

建筑师参与的南京中山陵设计竞赛，大家都知道，获首奖的是吕彦直方案。为什么吕彦直方案能获得首奖？我认为最最关键的就是它成功地体现了传统陵寝建筑的"重无"理念和用"无"手法（图 9-32）。它以少量的建筑控制大片的陵区，通过长长的墓道、大片的绿化和宽大满铺的石阶、平台，把散立的、尺度不大的建筑联结成整体。这是对于"重无"、"用无"的传统的极好的继承。而获得二等奖、三等奖和名誉奖的设计方案，都有悖于这个理念和手法，都不是着力于"无"，而是着力于"有"，都一股劲地放大祭堂主体建筑的体量，走的都是西方建筑大体量集中型的设计路子。我们不难看出，在这几个奖项中，祭堂建筑的体量越大，形象越繁杂，其得奖的名次就越低（图 9-33），它们成了鲜明的反比。

　　显然，北京天坛是中国建筑的一份珍贵遗产，它反映的是离散型的中国木构架建筑组群善于用"无"的重要传统，体现的是中国建筑处理精神功能隶属度高于物质功能隶属度的建筑组群的一个普适的设计手法——以物质功能所需的"实用尺度"的"有"，营造精神功能所需的"观瞻功能"的"无"。这是一种非常明智的设计理念和设计手法。如果说，北京天坛的用"无"，蕴涵的是建筑的"软"传统，那么，吕彦直在中山陵设计中的用"无"，就意味着对建筑"软"传统的"软"继承。从这里，我们不难领会到"软"思索、"软"

二等奖，范文照方案

三等奖，杨锡宗方案

名誉奖，戈登士达方案

图 9-33　南京中山陵设计竞
赛的二等奖、三等奖、名誉奖
方案，沿袭西方大体量集中型
的设计路子

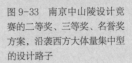

图9-34　完成口述史的留影

分析、"软"传统、"软"继承的意义和价值。

通过对《老子》有无之道的诠释，通过对建筑之道本体论、艺术论的诠释，通过对中国建筑用"有"、用"无"机制和各层面"有无"的诠释，我满脑袋装的都是"有"与"无"，更加领会到"有无"哲理的至理、至智、至慧。在我的心目中，"有无"这个关键词对于中国建筑的意义，就如同"阴阳"这个关键词对于中国医学的意义一样。我仿佛觉得自己从一个"有无"哲理的热忱信仰者，转变成了一个有无之道的虔诚传播者。我特别庆幸中国出了一位像老子这样的哲学鼻祖；庆幸老子给我们留下了像《老子》这样的堪称哲学之源的世界宝典；庆幸《老子》这部哲学宝典居然讲述了器物的"有无之道"；庆幸这个"有无之道"的至理名言恰恰特别适用于建筑，为我们提供了认知建筑之道、认知中国建筑之道最对口径的思想武器。我也很庆幸自己在退休后的写作，锁定了以"有无"哲理审视中国建筑的选题。虽然磨磨蹭蹭，总算是慢吞吞地做了自己的读解和诠释，而且很意外地、像是抢到红包似的，得到了一个很响亮的书名——《中国建筑之道》。

说到这里，我的口述史可以结束了（图9-34）。但是我还没有从这个"道"、那个"道"的思绪中走出来。我想到汉语中有一个跟"道"相关联的常用语——"知道"。知道者，知"道"也。用"知道"来表述"知晓""明白""懂得"，可以说是最准确、最具哲理深度的。想不到如此文绉绉的、如此富有哲理的用词竟然成了最普及、最大众化、几乎人人天天挂在嘴边的常用语，俨然成了汉语人群的"集体无意识"，这是很值得我们深思的。我不由地冒出一句格言式的感悟：

我们应该知"道"。

后 记

　　大约是三年前，中国建筑工业出版社的易娜、陈海娇两位编辑来到我家，盛意约我撰写口述史。在这之前，王莉慧副总编辑也跟我提过这事。她们都说写口述史可以对自己的治学作一番梳理，可以讲写作背景、选题初衷、构思意图和理论脉络，能起到导读作用。我从来没有想过我能写口述史。我的经历这么简单，社会交往这么狭窄，没经过多大风浪，也没有传奇故事，实在没什么可写的。倒是"能起点导读作用"，有些打动我。因为我写了一些理论的东西，生怕读者没耐性看。我想如果能有机会做些"导读"，岂不甚好。这样，我就试着回顾、梳理，还真的能捋出一条线索。原来我经历过"美学"和"方法论"的两次"发烧"，落下了喜爱哲理的偏好，一股劲地就赖在"软"字上做文章。讲"软软"的课，写"软软"的书；专注建筑"软"端，寻觅建筑之道。我想干脆就紧扣着这条线来写，这口述史还真的有话可说。

　　毕竟岁数大了，已是年过 80 岁的人，我的记忆力大成问题。要写口述史，我实际上已做不到大段的、集中的口述。因此我不敢请出版社的同志或是自己的学生帮我整理，只能化整为零，把整体划分成小小的片段，以"蚂蚁啃骨头"的方式，顺着一个个碎片慢慢回忆。这样，就只能在家里细水长流地进行，就只能让老伴帮我整理。亏得老伴身体还行，我们以极慢的进度，总算也磨蹭出来了。老两口到这个岁数还能合作完成这份成果，真是分外高兴。

　　两位责任编辑十分关照我的口述史写作，特别认真地细看书稿。我看到易娜编辑在朋友圈里发的编稿感言，很为她能够进入那样执着的看稿境界而深深感动。

　　非常感谢中国建筑工业出版社。非常感谢王莉慧副总编辑、易娜编辑、海娇编辑，是几位的盛意推动，让我们俩有了这份可爱的收获。

2017 年 4 月